塑料加工设备 与技术解惑 系列

挤塑成型设备
操作与疑难处理
实例解答

刘西文　刘　浩　编著

化学工业出版社
·北京·

挤出成型是塑料的重要成型方法之一，随着塑料工业的发展，挤出成型塑料板材、管材、型材、薄膜、电线电缆等制品已经广泛应用于建筑、交通、汽车、电子电气、包装等国民经济的各个领域。本书是作者根据多年的实践和教学、科研经验，以大量典型工程案例，以挤出生产线为主线，分别对挤出机和挤出管材、型材、板（片）材、吹塑薄膜、电线电缆包覆、中空吹塑等生产线的操作、维护保养等具体生产过程和工程实例进行了重点介绍，详细解答挤出成型设备操作与维护中出现的大量疑问与难题。

本书立足生产实际，侧重实用技术及操作技能，内容力求深浅适度，通俗易懂，结合生产实际，可操作性强。本书主要供塑料加工、生产企业一线技术人员和技术工人、技师及管理人员等相关人员学习参考，也可作为企业培训用书。

图书在版编目（CIP）数据

挤塑成型设备操作与疑难处理实例解答/刘西文，刘浩编著．—北京：化学工业出版社，2016.7（2023.9重印）
（塑料加工设备与技术解惑系列）
ISBN 978-7-122-27066-5

Ⅰ.①挤… Ⅱ.①刘…②刘… Ⅲ.①塑料成型-挤压成型-成型机-操作-问题解答 Ⅳ.①TQ320.5-44

中国版本图书馆 CIP 数据核字（2016）第 102458 号

| 责任编辑：朱 彤 | 文字编辑：王 琪 |
| 责任校对：王素芹 | 装帧设计：刘丽华 |

出版发行：化学工业出版社（北京市东城区青年湖南街 13 号　邮政编码 100011）
印　　装：北京科印技术咨询服务有限公司数码印刷分部
787mm×1092mm　1/16　印张 13½　字数 354 千字　2023 年 9 月北京第 1 版第 2 次印刷

购书咨询：010-64518888　　　　　售后服务：010-64518899
网　　址：http://www.cip.com.cn
凡购买本书，如有缺损质量问题，本社销售中心负责调换。

定　　价：75.00 元

前言

随着中国经济的高速发展，塑料作为新型合成材料在国计民生中发挥了重要作用，我国塑料工业的技术水平和生产工艺得到很大程度提高。为了满足塑料制品加工、生产企业最新技术发展和现代化企业生产工人的培训要求，进一步巩固和提升塑料制品、加工企业一线操作人员的理论知识水平与实际操作技能，促进塑料加工行业更好、更快发展，化学工业出版社组织编写了这套《塑料加工设备与技术解惑系列》丛书。

本套丛书立足生产实际，侧重实用技术及操作技能，内容力求深浅适度，通俗易懂，结合生产实际，可操作性强，主要供塑料加工、生产企业一线技术人员和技术工人及相关人员学习参考，也可作为企业培训教材。

本分册《挤塑成型设备操作与疑难处理实例解答》是该套《塑料加工设备与技术解惑系列》丛书分册之一。随着塑料工业的发展，塑料挤出成型技术及设备也得到较快发展，挤出成型塑料板材、管材、型材、薄膜、电线电缆等制品已经广泛应用于建筑、交通、汽车、电子电气、包装等国民经济的各个领域。为了帮助广大塑料挤出工程技术人员和生产操作人员尽快熟悉挤出设备相关理论知识，熟练掌握挤出成型设备操作与维护技术，作者编写了这本《挤塑成型设备操作与疑难处理实例解答》。

本书是作者根据多年的实践和教学、科研经验，用众多企业生产中的具体案例为素材，以问答的形式，详细解答挤出成型设备操作与维护中出现的大量疑问与难题。本书的编写以挤出生产线为主线，分别对挤出机和挤出管材、型材、板（片）材、吹塑薄膜、电线电缆包覆、中空吹塑等生产线的操作、维护保养等方面出现的疑难问题及故障处理进行重点介绍。

本书由刘西文、刘浩编著，杨中文、王海燕等参编。在编写过程中得到了企业技术人员黄东、田志坚、阳辉剑、冷锦星、彭立群、李亚辉、周晓安、田英等的大力支持与帮助，在此谨表示衷心感谢！

由于作者水平有限，书中难免有不妥之处，恳请同行专家及广大读者批评指正。

编著者

2017 年 6 月

目录

第5章　型材挤出机组操作与疑难处理实例解答　　119

第1章
挤出机疑难处理实例解答

1.1 单螺杆挤出机疑难处理实例解答

1.1.1 挤出机有哪些类型？普通挤出机的结构组成如何？

(1) 挤出机的类型

挤出机有多种结构形式，按螺杆的有无可分为螺杆式挤出机和无螺杆式挤出机；螺杆式挤出机按螺杆的数目又可分为单螺杆挤出机、双螺杆挤出机和多螺杆挤出机等；按可否排气来分，可分为排气挤出机和非排气挤出机；按螺杆在空间的位置来分，可分为卧式挤出机和立式挤出机。生产中较为常用的是卧式单螺杆或双螺杆挤出机。

(2) 普通挤出机的结构组成

普通挤出机主要由挤压系统、传动系统、加料系统、加热冷却系统、控制系统等部分组成。图1-1所示为单螺杆挤出机结构组成。挤压系统主要由料筒、螺杆、分流板和过滤网等组成，图1-2所示为普通螺杆与机筒。物料通过挤压系统而塑化成均匀的熔体，并且在这一过程中建立起一定的压力，使物料在螺杆的作用下被压实，并且连续定压、定量、定温地挤出挤出机。

图1-1 单螺杆挤出机结构组成　　　　　　　**图1-2 普通螺杆与机筒**

传动系统主要由电机、齿轮减速箱和轴承等组成。其作用是驱动螺杆，并且使螺杆在给定的工艺条件（如温度、压力和转速等）下获得所必需的扭矩和转速并能均匀地旋转，完成挤塑过程。

加料系统主要由料斗和自动上料装置等组成。其作用是向挤压系统稳定且连续不断地提供所需的物料。加热冷却系统主要由机筒外部所设置的加热器、冷却装置等组成。其作用是通过对机筒、螺杆等部件进行加热或冷却，保证成型过程在工艺要求的温度范围内完成。

挤出机的控制系统由各种电器、仪表和执行机构组成，根据自动化水平的高低，可控制挤出机的拖动电机、驱动油泵、油（汽）缸及其他各种执行机构按所需的功率、速度运行以及进行检测；控制挤出机的温度、压力、流量，最终实现对整个挤出机组的自动控制和对产品质量的控制。

1.1.2 单螺杆挤出机的螺杆有哪些类型？普通单螺杆的结构如何？

(1) 螺杆的类型

螺杆是挤出机的关键部件，挤出机螺杆的结构形式比较多，包括普通螺杆和新型螺杆。普通螺杆按其螺纹升程和螺槽深度不同，可分为等距变深螺杆、等深变距螺杆和变深变距螺杆。其中等距变深螺杆按其螺槽深度变化快慢，又分为等距渐变螺杆和等距突变螺杆。而新型螺杆则包括分离型螺杆、屏障型螺杆、分流型螺杆和波状螺杆等。

(2) 普通螺杆的结构

普通螺杆的结构如图 1-3 所示，螺杆的结构参数主要包括螺杆直径、螺杆的有效工作长度、长径比、螺槽深度、螺距、螺旋角、螺棱宽度、压缩比、螺杆（外径）与机筒（内壁）的间隙等。

螺杆直径（D）是指螺杆外径，单位用 mm 表示。

螺杆的有效工作长度（L）是指螺杆工作部分的长度，单位 mm。对普通螺杆，人们常常把螺杆的有效工作长度 L 分为加料段（L_1）、熔融段（L_2）、均化段（L_3）三段。

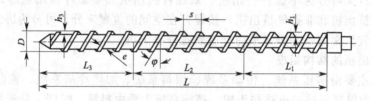

图 1-3 普通螺杆的结构示意图

① 加料段（L_1） 其作用是将松散的物料逐渐压实并送入下一段；减小压力和产量的波动，从而稳定地输送物料；对物料进行预热。

② 熔融段（L_2） 又称为压缩段，其作用是把物料进一步压实；将物料中的空气推向加料段排出；使物料全部熔融并送入下一段。

③ 均化段（L_3） 又称为计量段，其作用是将已熔融物料进一步均匀塑化，并且使其定温、定压、定量连续地挤入机头。

螺杆长径比是指螺杆的有效工作长度（L）与螺杆直径（D）之比，通常用 L/D 表示。

螺槽深度是一个变化值，用 h 表示，单位 mm。对普通螺杆来说，加料段的螺槽深度用 h_1 表示，一般是一个定值；均化段的螺槽深度用 h_3 表示，一般也是一个定值；熔融段的螺槽深度是变化的，用 h_2 表示。

螺距是指相邻两个螺纹之间的距离，一般用 s 表示，单位 mm。

螺旋角是指在中径圆柱面上，螺旋线的切线与螺纹轴线的夹角，一般用 φ 表示，单位°。

螺棱宽度是指螺棱法向宽度，用 e 表示，单位 mm。

螺杆（外径）与机筒（内壁）的间隙一般用 δ 表示，单位 mm。

在螺杆设计中，压缩比一般是指几何压缩比，它是螺杆加料段第一个螺槽容积和均化段最后一个螺槽容积之比，用 ε 表示。

$$\varepsilon = \frac{(D-h_1)h_1}{(D-h_3)h_3}$$

式中，h_1 和 h_3 分别是螺杆加料段第一个螺槽的深度和均化段最后一个螺槽的深度。还有一个物理压缩比，它指的是塑料受热熔融后的密度和松散状态的密度之比。设计时采用的几何压缩比应当大于物理压缩比。

1.1.3　单螺杆挤出机的料筒结构怎样？有哪些形式？各有何特点？

(1) 料筒结构

在挤出过程中，料筒和螺杆一样也是在高压、高温、严重的磨损、一定的腐蚀条件下工作的，同时料筒还要将热量传给物料或将热量从物料中带走，料筒外部还要设置加热冷却系统、安装机头及加料装置等。因此，料筒的结构和材料的选择对挤出过程有较大影响。

大中型挤出机料筒一般由衬套和料筒基体两部分组成，基体一般由碳素钢或铸钢制造，衬套由合金钢制成，耐磨性好，而且可以拆出加以更换。衬套和基体要有良好的配合，如采用 $D/g_c \sim D/g_d$ 配合。

为了提高固体输送率，在料筒加料段内壁开设纵向沟槽和将加料段靠近加料口处的一段料筒内壁做成锥形（IKV 加料系统）。在料筒加料段处开纵向沟槽时，只能在物料仍然是固体或开始熔融以前的那一段料筒上开。纵向沟槽长 $(3\sim5)D$，有一定锥度。沟槽的数目与螺杆直径有关，一般槽数不能太多，否则会导致物料回流，使输送量下降。表 1-1 所示为几种直径的螺杆下料筒纵向沟槽的开设。

料筒内壁做成锥形时，一般锥度的长度可取 $(3\sim5)D$（D 为料筒内径），加工粉料时，锥度可以加长到 $(6\sim10)D$。锥度的大小取决于物料颗粒的直径和螺杆直径，螺杆直径增加时，锥度要减少，同时加料段的长度要相应增加。

表 1-1　几种直径的螺杆下料筒纵向沟槽的开设

螺杆直径 D/mm	沟槽数目	槽宽 b/mm	槽深 h/mm
45	4	8	3
60	6	8	3
90	8	10	4
120	12	10	4
150	16	10	4

(2) 料筒结构形式与特点

料筒的结构形式通常有整体式料筒、组合式料筒、衬套式料筒和双金属料筒等几种，如图 1-4 所示。整体式料筒是在整体坯料上加工出来的。这种结构容易保证较高的制造精度和装配精度，也可以简化装配工作，便于加热冷却系统的设置和拆装，而且热量沿轴向分布比较均匀，但这种料筒要求较高的加工制造条件。

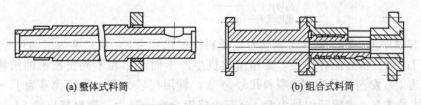

(a) 整体式料筒　　　　　　　　　　(b) 组合式料筒

图 1-4　料筒的结构示意图

组合式料筒是指一根料筒是由几个料筒段组合起来的。一般排气式挤出机和用于材料改性的挤出机多用组合式料筒。采用组合式料筒有利于就地取材和加工，对中小型厂是有利的，但实际上组合式料筒对加工精度和装配精度要求很高。组合式料筒各料筒段多用法兰螺栓连接在一起，这样就破坏了料筒加热的均匀性，增加了热损失，也不便于加热冷却系统的设置和维修。

双金属料筒通常是在碳素钢料筒的内壁离心浇铸一层耐磨合金，如 Xaloy 合金，然后加工至所需尺寸，这种料筒有很好的耐磨性、耐腐蚀性，从而可大大延长料筒的使用寿命。

1.1.4 表征单螺杆挤出机性能的参数主要有哪些？挤出机型号如何表示？

(1) 单螺杆挤出机主要的性能参数

表征单螺杆挤出机性能的参数主要有螺杆直径、螺杆长径比、螺杆的转速范围、驱动电机功率、料筒加热段数、料筒加热功率、挤出机生产率以及挤出机的外形尺寸等。

螺杆直径是指螺杆外径（D，单位 mm），通常用来表示挤出机的规格。

螺杆长径比（L/D）是指螺杆的工作部分长度（即有螺纹部分的长度）与螺杆直径之比，一般可表征螺杆的强度，长径比越大，螺杆的强度会越小。

螺杆的转速范围一般用 $n_{min} \sim n_{max}$ 表示。n_{max} 表示最高转速，n_{min} 表示最低转速，用 $n(\mathrm{r/min})$ 表示螺杆转速。

驱动电机功率（N，单位 kW）是指驱动螺杆旋转的所需功率。

料筒加热段数（B）是为了能保证物料的塑化质量，一般料筒需分段加热控制，加热段数越多，越有利于温度的准确控制。通常挤出机料筒的加热段数应在三段以上。

料筒加热功率（E，单位 kW）是指将料筒加热至所需温度的功率，一般料筒的加热功率越大，加热至所需温度的时间越短。

挤出机生产率（Q，单位 kg/h）是指单位时间的挤出产量，挤出机生产率越高，产量越高。

机器的中心高（H，单位 mm）是指螺杆中心线到地面的高度。机器的外形尺寸为长、宽、高，单位 mm。

(2) 挤出机规格型号的表示

由于挤出机的品种类型较多，因此对于挤出机规格型号的表示，国家橡胶塑料机械标准GB/T 12783—2000 中进行了统一的规定。根据规定，我国挤出机型号编制是以字母加数字来表示，其表示方法如下。

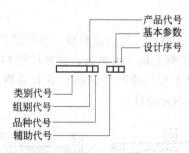

从左向右顺序为：第一格为类别代号，塑料机械代号为 S；第二格为组别代号，挤出成型机械代号为 J；第三格为品种代号，是指挤出机生产不同产品和不同挤出机的结构形式代号，排气式代号为 P，发泡代号为 F，喂料代号为 W，鞋用代号为 E，阶式代号为 J，双螺杆代号为 S，锥形代号为 Z，多螺杆代号为 D。这三个格组合在一起为：塑料挤出机 SJ，塑料排气式挤出机 SJP，塑料发泡挤出机 SJF，塑料喂料挤出机 SJW，塑料鞋用挤出机 SJE，阶式塑料挤出机 SJJ，双螺杆塑料挤出机 SJS，锥形双螺杆挤出机 SJSZ，双螺杆发泡塑料挤出机 SJSF，多

螺杆塑料挤出机 SJD。第四格为辅助代号，用来表示辅机，代号为 F；如果是挤出机组，则代号为 E。第五格为基本参数，标注螺杆直径和长径比。第六格为设计序号，是指产品设计顺序，按字母 A、B、C 等顺序排列。第一次设计不标注设计号。

例如，SJ-45×25 表示塑料挤出机，螺杆直径为 45mm，螺杆长径比为 25∶1。螺杆长径比为 20∶1 时不标注。

1.1.5　对于普通螺杆性能的好坏应如何评价？

对于普通螺杆性能的评价通常主要由塑化质量、产量、单耗、适应性、制造难易等几方面因素来考虑。

① 塑化质量　一根螺杆首先必须能生产出合乎质量要求的制品。所谓合乎质量要求是指所生产的制品应当具有合乎规定的物理、化学、力学、电学性能及外观质量等。如挤出的熔体温度以及温度的均匀性、轴向波动、径向温差的大小，挤出的熔体的压力波动性、着色剂和其他助剂分散的均匀性等都与螺杆的塑化质量有较大的关系。

② 产量　所谓产量是指在保证塑化质量的前提下，通过给定机头的产量或挤出量。一根好的螺杆，应当具有较高的塑化能力。通常以挤出机单位时间或螺杆旋转一周所挤出熔料的质量表示（kg/h，或 kg/r）。

③ 单耗　单耗是指每挤出 1kg 塑料所消耗的能量。单耗越大，则表示塑化物料所需要的能量越多，即意味着所耗费的加热功率越多。性能好的螺杆应是在保证塑化质量的前提下，单耗尽可能低。

④ 适应性　所谓螺杆的适应性是指螺杆对加工不同塑料、匹配不同机头和不同制品的适应能力。一般来说，适应性越强的螺杆其塑化效率会降低。但好的螺杆应兼具有适应性广和高的塑化效率。

⑤ 制造难易　螺杆还必须易于加工制造，成本低。

1.1.6　普通螺杆的结构参数应如何确定？

普通螺杆的结构参数主要包括螺杆直径和长径比、螺杆三段参数，以及压缩比、螺杆与料筒配合间隙的确定等。

(1) 螺杆直径的确定

螺杆直径是指螺杆的外径，它是挤出机的重要参数，是表征挤出机规格的参数。挤出螺杆的直径我国已标准化、系列化了，目前所颁布的螺杆直径系列主要有 30、45、65、90、120、150、200 等规格。

生产中螺杆直径一般根据所加工制品的断面尺寸、加工塑料的种类和所要求的生产率来确定。制品截面积的大小和螺杆直径的大小有一个适当的关系。一般来说，大截面的制品选大的螺杆直径，小截面的制品选小的螺杆直径。这对制品的质量、设备的利用率和操作比较有利。表 1-2 列出了不同螺杆直径所适合的几种挤出制品的断面尺寸。如果用大直径的螺杆生产小截面的制品是不经济的，因为若将挤出机开到合适的工作速度，则物料通过口模的速度过快，机头压力过高，有损坏机器零件的可能。不易定型冷却，对某些塑料如 PVC，工艺条件也不易掌握；若降低螺杆工作速度，则机器的生产能力得不到充分发挥。

表 1-2　不同螺杆直径所适合的几种挤出制品的断面尺寸

项目	指标						
螺杆直径/mm	30	45	65	90	120	150	200
硬管直径/mm	3～30	10～45	20～65	30～120	50～180	80～300	120～400

项目	指标						
吹膜直径/mm	50～300	100～500	400～900	700～1200	约2000	约3000	约4000
挤板宽度/mm			400～800	700～1200	1000～1400	1200～2500	

（2）螺杆长径比的确定

螺杆的长径比在一定意义上也表征螺杆的塑化能力和塑化质量。螺杆的长径比大，螺杆的长度长，塑料在料筒中停留的时间长，塑化得更充分、更均匀，故可以保证产品质量。在此前提下，可以提高螺杆的转速，从而提高挤出量。但长径比大时，螺杆、料筒的加工和装配都比较困难和复杂，成本也相应提高，并且使挤出机加长，增加所占厂房的面积。此外，长径比大，螺杆的下垂度增大，因此会增加螺杆的弯曲度而造成螺杆与料筒的间隙不均匀，有时会使螺杆刮磨料筒而影响挤出机的寿命。因此，应当力求在较小的长径比的条件下获得高产量和高质量，才是多快好省的途径，切不可盲目地加大长径比。特别是对于小直径的螺杆，当长径比加大后，加料段的螺纹根径较小，螺杆强度会下降，若提高螺杆转速，其扭矩必然加大，易造成螺杆弯曲变形甚至扭断。例如，直径45mm的螺杆，加工HDPE，当螺杆转速达到80r/min时，达到强度限的长径比极限为37.5；在转速为10080r/min时，达到强度限的长径比限为32；当加工LDPE或PP时，长径比的极限值为30。

（3）螺杆各段长度的确定

对于普通三段螺杆，各段参数的确定一般应根据所加工物料的性质来确定。加工PVC等非结晶性塑料时，通常压缩段的长度比较长，占螺杆有效部分长度的55%～65%。而加料段比较短，为（3～5）D，为了提高PVC粉料的产量，可以将这一段的长度增加到（6～10）D。

加工PE等结晶性塑料时，压缩段长度较短，一般仅为（2～5）D。加料段为螺杆有效部分长度的60%～65%。

（4）压缩比的确定

压缩比的作用是将物料压缩、排除气体、建立必要的压力，保证物料到达螺杆末端时有足够的致密度。压缩比的确定除了应考虑塑料熔融前后的密度变化之外，还要考虑在压力下熔融塑料的压缩性、螺杆加料段的装填程度和挤压过程中塑料的回流等因素。压缩比与物料的性质、制品的情况等有关。它可用试验决定，目前多根据经验选取，因而即使加工同一种塑料和同一种制品，各厂也会采取不尽相同的压缩比。表1-3所示为常用几种塑料所采用挤出螺杆的压缩比。

表1-3　常用几种塑料所采用挤出螺杆的压缩比

物料	压缩比	物料	压缩比
硬质聚氯乙烯（粒）	2.5(2～3)	ABS	1.8(1.6～2.5)
硬质聚氯乙烯（粉）	3～4(2～5)	聚甲醛	4(2.8～4)
软质聚氯乙烯（粒）	3.2～3.5(3～4)	聚碳酸酯	2.5～3
软质聚氯乙烯（粉）	3～5	聚苯醚（PPO）	2(2～3.5)
聚乙烯	3～4	聚砜（片）	2.8～3
聚苯乙烯	2～2.5(2～4)	聚砜（膜）	3.7～4
纤维素塑料	1.7～2	聚砜（管、型材）	3.3～3.6
有机玻璃	3	聚酰胺（尼龙6）	3.5
聚酯	3.5～3.7	聚酰胺（尼龙66）	3.7
聚三氟氯乙烯	2.5～3.3(2～4)	聚酰胺（尼龙11）	2.8(2.6～4.7)
聚全氟乙丙烯	3.6	聚酰胺（尼龙1010）	3
聚丙烯	3.7～4(2.5～4)		

（5）螺杆与料筒配合间隙的确定

螺杆与料筒配合间隙是一个表征螺杆与料筒相互关系的参量。通常螺杆与料筒配合间隙增大，为熔融所需要的螺杆长度就要增加。例如，直径 $D=65\text{mm}$ 的螺杆，加工 LDPE 配合间隙约为 $0.5\%D$，则所需要的熔融长度为间隙为零时所需要的熔融长度的 2.25 倍。配合间隙的大小还会直接影响熔融过程的稳定性。螺杆与料筒配合间隙大时，漏流也会随着增加，因而使挤出量下降。一般配合间隙达到均化段螺槽深度的 15%，漏流相当大，螺杆即不能再使用。

螺杆和料筒的配合间隙的确定必须结合被加工物料的性质、机头阻力情况、螺杆和料筒的材质及其热处理情况、机械加工条件以及螺杆直径的大小来选取。对于不同的物料，应选择不同大小的配合间隙。例如 PVC，由于其对温度敏感，配合间隙小会使剪切增大，易造成过热分解，因此应选得大一些。而对于低黏度的非热敏性材料，如 PA、PE，应当选尽量小的配合间隙，以增加其剪切。一般来说，螺杆直径越大，配合间隙的绝对值应选得越大。表 1-4 所示为我国挤出机系列推荐的螺杆和料筒的配合间隙。

在生产过程中螺杆和料筒原配合间隙能否保持住，与螺杆料筒的耐磨性能有关，也与原间隙的大小有关。一般原配合间隙越小时磨损得越快，原配合间隙越大时磨损得越慢。

表 1-4　我国挤出机系列推荐的螺杆和料筒的配合间隙

项目	指标						
螺杆直径/mm	30	45	65	90	120	150	200
最小间隙/mm	+0.10	+0.15	+0.20	+0.30	+0.35	+0.40	+0.45
最大间隙/mm	+0.25	+0.30	+0.40	+0.50	+0.55	+0.60	+0.65

（6）螺纹升角的确定

一般物料形状不同，对加料段的螺纹升角要求也不一样。加工粉料时，螺纹升角一般在 30°左右较为合适；加工圆柱形物料时，一般在 17°左右较为合适；加工方块形物料时，一般在 15°左右较为合适。

1.1.7　挤出螺杆头有哪些结构形式？各有何特点？

当塑料熔体从螺旋槽进入机头流道时，其料流形式急剧改变，由螺旋带状的流动变成直线流动。为了得到较好的挤出质量，要求物料尽可能平稳地从螺杆进入机头，尽可能避免局部受热时间过长而产生热分解现象。螺杆头是物料从螺旋槽到机头的一个过渡件，螺杆头部的结构形式会直接影响塑料熔体在机头内的流动，从而影响产品的质量。目前国内外常用的螺杆头的结构形式主要有钝形、锥形、光滑鱼雷头形等。

钝形螺杆头与机头之间有较大的空间，一般容易使物料在螺杆头前面停滞而产生分解，也易造成挤出波动，故一般用于加工热稳定性较好的（如聚烯烃类）塑料。这类螺杆头一般在其前面还要求装分流板。

锥形螺杆头主要用于加工热稳定性较差的（如 PVC）塑料，但仍然能观察到因有物料停滞而被烧焦的现象；锥部斜切截的螺杆头，其端部有一个椭圆平面，当螺杆转动时，它能使料流搅动，物料不易因滞流而分解。锥部带螺纹的螺杆头，能使物料借助锥部螺纹的作用而运动，较好地防止物料的滞流结焦，主要用于电缆行业。

光滑鱼雷头与料筒之间的间隙通常小于它前面的螺槽深度，有的鱼雷头表面上开有沟槽或加工出特殊花纹，它有良好的混合剪切作用，能增大流体的压力和消除波动现象，常用来挤出黏度较大、导热性不良或有较为明显熔点的塑料，如纤维素、聚苯乙烯、聚酰胺、有机玻璃等，也适于聚烯烃造粒。

1.1.8　螺杆常用的制作材料有哪些？各有何特点？

在挤出过程中螺杆需经受高温、一定腐蚀、强烈磨损、大扭矩的作用。因此，螺杆的制作材料必须是耐高温、耐磨损、耐腐蚀、高强度的优质材料，并且还应具有良好的切削性能、热处理后残余应力小、热变形小等特点。目前螺杆常用的制作材料主要有 45 钢、40Cr 钢、渗氮钢等。45 钢价格便宜，加工性能好，但耐磨、耐腐蚀性能差。40Cr 钢的性能优于 45 钢，但往往要镀上一层铬，以提高其耐腐蚀、耐磨损的能力。但对镀铬层要求较高，镀层太薄易于磨损，太厚则易剥落，剥落后反而加速腐蚀。

渗氮钢综合性能比较优异，应用比较广泛。例如采用 38CrMoAl 渗氮处理深度为 0.3～0.6mm 时，外圆硬度在 740HV 以上，脆性不大于 2 级。但这种材料抵抗氯化氢腐蚀的能力较 40Cr 钢低，而且价格较高。渗氮钢 34CrAlNi7 和 31CrMoV9 等，渗氮后表面硬度可达 1000～1100HV，其强度极限都在 900MPa 左右，有较好的耐磨、耐腐蚀性能。

1.1.9　分离型螺杆的结构如何？有何特点？

(1) 结构

分离型螺杆是指在挤出塑化过程中能将螺槽中固体颗粒和塑料熔体相分离的一类螺杆。根据塑料熔体与固体颗粒分离的方式不同，分离型螺杆又分为 BM 型螺杆、Barr 型螺杆和熔体槽螺杆等。图 1-5 所示为 BM 型螺杆的结构，这种螺杆的加料段和均化段与普通螺杆的结构相似，不同的是在熔融段增加了一条起屏障作用的附加螺棱（简称副螺棱），其外径小于主螺棱，这两条螺棱把原来一条螺棱形成的螺槽分成两个螺槽以达到固液分离的目的。一条螺槽与加料段相通，称为固相槽，其螺槽深度由加料段螺槽深度变化至均化段螺槽深度；另一条螺槽与均化段相通，称为液相槽，其螺槽深度与均化段螺槽深度相等。副螺棱与主螺棱的相交始于加料段末，终于均化段初。

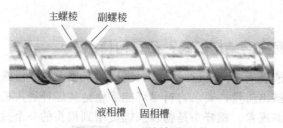

图 1-5　BM 型螺杆的结构

当固体床在输送过程中开始熔融时，因副螺棱与机筒的间隙大于主螺棱与机筒的间隙，使固相槽中已熔的物料越过副螺棱与机筒的间隙而进入液相槽，未熔的固体物料不能通过该间隙而留在固相槽中，这样就形成了固、液相的分离。由于副螺棱与主螺棱的螺距不等，在熔融段形成了固相槽由宽变窄至均化段消失，而液相槽则逐渐变宽直至均化段整个螺槽的宽度。

Barr 型螺杆与 BM 型螺杆不同之处是主副螺棱的螺距相等，固相螺槽和液相螺槽的宽度自始至终保持不变。固相螺槽由加料段的深度渐变至均化段的深度，而液相螺槽深由零逐渐加深，至均化段固体床全部消失时，液相螺槽变至最深，然后再突变过渡至均化段的螺槽深。这种螺杆加工比较方便，但由于液相螺槽到达均化段时很深，故用于直径较小的螺杆时有强度不够的危险。

熔体槽螺杆是在熔融开始并形成一定宽度的熔池处的下方螺槽内开一条逐渐变深、宽度不变的附加螺槽，一直延续到均化段，再突变过渡至均化段螺槽深。螺杆的液相螺槽窄而深，与机筒接触面积小，得到的热量少，受到的剪切小，对实现低温挤出是有利的。而固相螺槽宽且保持不变，能保持与机筒内壁的最大接触面积，可以获得来自机筒壁较多的热量，故熔融效率高。

(2) 特点

分离型螺杆具有塑化效率高，塑化质量好，由于附加螺棱形成的固、液相分离而没有固体床破碎，温度、压力和产量的波动都比较小，排气性能好，单耗低，适应性强，能实现低温挤出等特点。

1.1.10　屏障型螺杆的结构如何？有何特点和适用性？

所谓屏障型螺杆就是在普通螺杆的某一位置设置屏障段，使未熔的固相物料不能通过，并且促使固相物料彻底熔融和均化的一类螺杆，如图 1-6 所示。典型的屏障段有直槽型、斜槽型、三角型等。直槽屏障段是在一段外径等于螺杆直径的圆柱上交替开出数量相等的进、出料槽，如图 1-7 所示，进入出料槽前面的凸棱（屏障棱）与螺杆外径有一个屏障间隙（C），如图 1-7 所示。

当含有未熔物料的熔体流到屏障段时，会被分成若干股料流进入屏障段的进料槽，熔体和粒度小于屏障间隙 C 的固态小颗粒料越过屏障棱进入出料槽。塑化不良的小颗粒料在屏障间隙中受到剪切作用，大量的机械能转变为热能，使小颗粒物料熔融。另外，由于在进、出料槽中的物料一方面向前作轴向运动，另一方面会随螺杆的旋转作圆周运动，因而使物料在进、出料槽中呈涡状环流，促进物料之间的热交换，加快固体物料的熔融；物料在进、出料槽的分流与汇合增强了对物料的混合作用。

图 1-6　屏障型螺杆

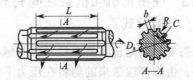

图 1-7　直槽屏障段的结构示意图

屏障段是以剪切作用为主、混合作用为辅的元件。屏障段通常是用螺纹连接于螺杆主体上，替换方便，屏障段可以是一段，也可以将两个屏障段串接起来，形成双屏障段，可以得到最佳匹配来改造普通螺杆。屏障型螺杆的产量、质量、单耗等项指标都优于普通螺杆。

屏障型螺杆主要适于聚烯烃类物料的成型加工。

1.1.11　分流型螺杆的结构如何？有何特点？

所谓分流型螺杆是指在普通螺杆的某一位置上设置分流元件，如销钉或通孔等，将螺槽内的料流分割，以改变物料的流动状况，促进物料的熔融、增强对物料混炼和均化的一类新型螺杆。其中，利用销钉起分流作用的简称为销钉型螺杆，如图 1-8 所示；利用通孔起分流作用的则称为 DIS 螺杆。

销钉型螺杆是在普通螺杆的熔融段或均化段的螺槽中设置一定数量的销钉，而且按照一定的相隔间距或方式排列。销钉可以是圆柱形的，也可以是方形或菱形的；可以是装上去的，也可以是铣出来的。

图 1-8　销钉型螺杆

销钉型螺杆是以混合作用为主，剪切作用为辅。由于在螺杆的螺槽中设置了一些销钉，故易将固体床打碎，破坏熔池，打乱两相流动，并且将料流反复地分割，改变螺槽中料流的方向和速度分布，使固相物料和液相物料充分混合，增大固体床碎片与熔体之间的传热面积，对料流产生一定阻力和摩擦剪切，从而增加对物料的混炼、均化。

这种形式的螺杆在挤出过程中不仅温度低、波动小，而且在高速下这个特点更为明显。可以提高产量，改善塑化质量，提高混合均匀性和填料分散性，获得低温挤出。

1.1.12 波型螺杆的结构如何？有何特点？

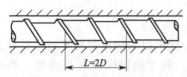

图1-9 偏心波型螺杆的结构示意图

波型螺杆是螺杆螺棱呈波浪状的一类螺杆。常见的是偏心波型螺杆结构，如图1-9所示，它一般设置在普通螺杆原来的熔融段后半部至均化段上。波型段螺槽底圆的圆心不完全在螺杆轴线上，是偏心地按螺旋形移动，因此，螺槽深度沿螺杆轴向改变，并且以 $2D$ 的轴向周期出现，槽底呈波浪形，所以称为偏心波状螺杆。物料在螺槽深度呈周期性变化的流道中流动，通过波峰时受到强烈的挤压和剪切，得到由机械功转换来的能量（包括热能），到波谷时，物料又膨胀，使其得到松弛和能量平衡。其结果加速了固体床的破碎，促进了物料的熔融和均化。

由于物料在螺槽较深之处停留时间长，受到剪切作用小，而在螺槽较浅处受到剪切作用虽强烈，但停留时间短。因此，物料温升不大，可以达到低温挤出。另外，波状螺杆物料流道没有死角，不会引起物料的停滞而分解，因此，可以实现高速挤出，提高挤出机的产量。

1.1.13 在挤出机和机头之间有时为何要安装静态混合器？静态混合器有哪些结构形式？

静态混合器是设在挤出机口模与螺杆之间的一组形状特殊并按一定规律排列的新型混炼固定元件。由螺杆输送来的物料在压力下通过这些元件时，会被不断地分割成若干股，每股料流不断改变其流动方向和空间位置，然后汇合进入机头。在静态混合器中，物料的各种组分得到均化，温度也更均匀。

静态混合器用于挤出生产线时，因不需要修改原塑化装置，特别适用于改造旧的挤出机以提高产品质量。可用来加工薄膜、异型材、板、管、单丝和发泡制品。但一般会增加压力损失，熔体有少量温升，因此选用时应加以注意。

静态混合器种类很多，常见的主要有 Kenics 静态混合器、Ross 静态混合器和 Sulzer 静态混合器三种结构形式。这几种形式的静态混合器几乎适用于所有热塑性塑料的加工，如 LDPE、LLDPE、HDPE、PP、PS、PC、ABS、PET、PA6 等。但由于 PVC 易分解，因此使用时要注意。

① Kenics 静态混合器 其是由许多扭曲板件（扭曲方向有左、右之分）按不同方向相对交错镶嵌在空心圆管内壁构成的，相邻两个板件端面交叉成 90°焊接在一起。图 1-10 所示为 Kenics 静态混合元件。

图1-10 Kenics 静态混合元件

熔体通过这组元件时，被不断地分割，通过多个元件就被分成两股料流。而且两股料流通过元件时都会产生回转，回转方向与元件螺旋方向相反，在两元件交界处产生混合流动。这些流动能消除径向的组分浓度、温度、黏度的差异，如可使径向温度差降低至几度。这种混合器特别适合吹塑薄膜生产。

② Ross 静态混合器　其是由多个两端有 120°切口的圆柱体切口互成 90°，入口的切口内凹，出口的切口外凸的元件连接而成的，两个相接元件间形成一个四面体空间，如图 1-11 所示。每个元件出入端都有四个排列在一条直径线上的孔，两条直径线互成一定角度，而且每个孔的径向位置发生变化，原在一端外侧的孔，到达另一端时，就变成位于内侧的孔。前一个元件的四个孔的排列直线与后一个元件的四个孔的排列直线成 90°。

元件上 120°的斜切面可以使水平方向流进的物料转换成垂直方向流出的物料。两个相邻元件孔的扭向一个是顺时针，一个是逆时针，这样可以提高物料的混合效果。

③ Sulzer 静态混合器　其是由几个以不同方式排列的波状薄片组成的叠层单元放在圆管中构成的，每一叠层单元的相邻薄片的波纹互成 90°，其元件结构如图 1-12 所示。物料进入混合器后，被分割成许多层，而且与其他波状薄片的料流发生混合、转向，以达到均化的目的。

图 1-11　Ross 静态混合元件　　　　　　图 1-12　Sulzer 静态混合元件

1.1.14　挤出螺杆头部设置分流板和过滤网的作用是什么？应如何设置？

(1) 设置分流板和过滤网的作用

在螺杆头部和口模之间设置分流板和过滤网的作用是使料流由螺旋运动变为直线运动，阻止未熔融的粒子进入口模，滤去金属等杂质。同时，分流板和过滤网还可提高熔体压力，使制品比较密实。另外，当物料通过孔眼时能进一步塑化均匀，从而提高物料的塑化质量。但应注意在挤出硬质 PVC 等黏度大而热稳定性差的塑料时，一般不宜采用过滤网，甚至也不用分流板。

(2) 分流板和过滤网的设置方法

分流板有各种形式，目前使用较多的是结构简单、制造方便的平板式分流板。分流板多用不锈钢板制成，其孔眼的分布一般是中间疏、边缘密，或者边缘孔的直径大，中间孔的直径小，以使物料流经时的流速均匀，因料筒的中间阻力小，边缘阻力大。分流板孔眼多按同心圆周排列，或按同心六角形排列。孔眼的直径一般为 3～7mm，孔眼的总面积为分流板总面积的 30%～50%。分流板的厚度由挤出机的尺寸及分流板承受的压力而定，根据经验取为料筒内径的 20%左右。孔道应光滑无死角，为便于清理物料，孔道进料端要倒出斜角。

在制品质量要求高或需要较高的压力时，例如生产电缆、透明制品、薄膜、医用管、单丝等，一般放置过滤网。过滤网一般使用不锈钢丝编织粗过滤网，铜丝编织细过滤网。网的细度为 20～120 目，层数为 1～5 层。具体层数应根据塑料性能、制品要求来叠放。

设置分流板及过滤网时，其位置是：螺杆—过渡区—过滤网—分流板。分流板至螺杆头的距离不宜过大，否则易造成物料积存，使热敏性塑料分解；距离太小，则料流不稳定，对制品质量不利。一般为 0.1D（D 为螺杆直径）。

设置过滤网时，如果采用两层过滤网，则应将细的过滤网放在靠螺杆一侧，粗的靠分流板放，若采用多层过滤网，可将细的过滤网放在中间，两边放粗的，这样可以支承细的过滤网，防止细的过滤网被料流冲破。

1.1.15 换网装置有哪些类型？各有何特点？

分流板及过滤网在使用一段时间后，为清除板及网上杂质，需要进行更换。挤出机上简单的分流板及过滤网需要停车后用手工更换，当塑料中含有杂质较多时，过滤网堵塞较快，必须频繁更换。过滤网两侧使用压力降连续监控装置，如压力超过某一定值，则表明网上杂质比较多，需要换网。目前主要有非连续换网器和连续换网器两种。

（1）非连续换网器

非连续换网器有手动操作的快速换网装置和液压驱动的滑板式非连续换网器等多种结构形式。手动操作的快速换网装置如图 1-13 所示，它是最简单的一种换网装置，在换网时挤出生产线必须中断。

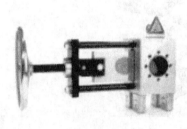

(a) 手动旋转式换网器   (b) 手动滑板式换网器

图 1-13　手动操作的快速换网装置

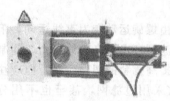

图 1-14　液压驱动的滑板式非连续换网装置

液压驱动的滑板式非连续换网装置如图 1-14 所示，它是通过液压驱动滑板实现换网动作。需要换网时，液压活塞将带有滤网组的分流板向一侧移开，移出的脏网更换后备用，同时将带有新网的分流板移入相应位置。此装置的换网时间少于 1s，但熔体的流动会受到瞬时的影响。主要用于工业生产中，若用于拉条切粒生产，则会破坏料条。

（2）连续换网器

连续换网器的结构形式有单柱塞式和双柱塞式两种形式，其主要组成为换网器驱动装置（液压驱动装置）及换网器本体两部分，如图 1-15 所示。单柱塞式连续换网器密封性好，具有短平直的熔体流道，可快速换网不停机。运行成本低，性价比高，适用于低黏度熔体，但是压力波动较高，最高应用温度为 300℃。

(a) 单柱塞式   (b) 双柱塞式

图 1-15　连续换网器

双柱塞式连续换网器总共有四个过滤流道，在换网时至少有一个过滤网在工作，可在工作中不中断熔体的流动并在多孔板并入流道时排出空气。两个滑板有一个缓慢的运动，使聚合物熔体预填入多孔板，从而保证挤出压力波动很小。

1.1.16　挤出机的加料装置结构如何？应如何选用？

挤出机的加料装置一般由料斗部分和上料部分组成。料斗的形状常见的有圆锥形、圆柱形、圆柱-圆锥形等。料斗的侧面开有视窗以观察料位，料斗的底部有开合门，以停止和调节加料量，料斗的上方可以加盖，防止灰尘、湿气及其他杂物进入。常见的普通料斗对物料没有干燥作用，而热风干燥料斗可通过鼓风机将热风送入料斗的下部对物料进行干燥，温度控制仪控制热风加热温度。同时还可以提高料温，加快物料熔融速度，提高塑化质量。

生产中料斗最好选用轻便、耐腐蚀、易加工的材料做成，一般多用铝板和不锈钢板。料斗的容积视挤出机规格的大小和上料方式而定，在一般情况下，为挤出机 1～1.5h 的挤出量。除一些小型挤出机外，大多数挤出机都采用专门的上料装置。挤出机的上料装置主要有鼓风上料、弹簧上料、真空上料、运输带传送装置等。

鼓风上料是利用风力将物料吹入输送管道，再经设在料斗上的旋风分离器后进入料斗内，这种上料装置较适用于输送粒料，用于输送粉料时一定要注意输送管道的密封，否则不仅易造成粉尘飞扬污染环境，而且导致输送效率降低。

弹簧上料装置由电动机、弹簧夹头、进料口、软管及料箱组成，如图 1-16 所示。电动机带动弹簧高速旋转，物料被弹簧推动沿软管上移，到达进料口时，在离心力的作用下，被甩至出料口而进入料斗。

弹簧上料装置结构简单、轻巧、效率高、使用方便可靠，故应用范围广，但输送距离小，只能用于单机台短距离送料。一般采用粉料、粒料和块状料，而且输送距离不远时可选用，但应注意其弹簧的选用及弹簧露出部分的安放，否则弹簧易坏，也易烧坏电动机。

真空上料装置是通过真空泵使料斗内形成真空，使物料通过进料管进入料斗，如图 1-17 所示。由于真空泵有作用可以除去在物料中的空气和湿气，以保证管材质量。可适用于粉料和粒料的上料。一般加工 PA 类等吸湿性较大的物料以及水分、挥发分含量较大的物料时，多选用真空上料装置。

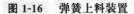

图 1-16　弹簧上料装置　　　　　　　　　图 1-17　真空上料装置

1.1.17　挤出机下料口为何易出现下料不均匀及"架桥"？有何克服办法？

在挤出过程中，一般物料由料斗落入料筒并进入螺槽是依靠自身的重力，由于料斗中料位高度的变化也必然会引起进料速度的变化，而造成加料不均匀。当料斗中的物料多时，料筒的下料口处的物料受的重压力作用大，易被压实，会使下料阻力大，而导致下料口下料不畅，出现阻塞或"架桥"现象，特别是采用粉料时更显得严重。通常需为保证挤出过程中下料均匀，采取的办法主要有两种：一是在料斗中设置料位控制装置；二是设置强制加料装置。

料位控制装置可保持料斗中的料位在一定范围内变动，使下料的速度基本稳定。料位控制装置通常是在料斗中设有上料和下料两个料位计，如图 1-18 所示，以控制上料和下料的上下限，一旦料位超过上下限，便可控制上料装置自动停止上料或进行自动上料。另外的办法是采用强制加料装置。

强制加料装置是在料斗中设置搅拌器和螺旋浆叶，图 1-19 所示为螺旋强制加料装置结构，其加料螺旋由挤出机螺杆通过传动链驱动，加料器螺旋的转速与螺杆转速相适应，因而加料量可适应挤出量的变化。这种装置还设有过载保护装置，当加料口堵塞时，螺旋就会上升，而不会将塑料硬往加料口中挤，从而避免了加料装置的损坏。

强制加料克服加料口"架桥"或阻塞现象，并且对物料有压填的作用，能保证加料均匀，从而提高挤出机的产量和产品的质量。

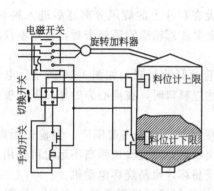

图 1-18　料位控制装置

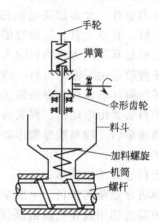

图 1-19　螺旋强制加料装置

1.1.18　挤出机加热的方式有哪些？各有何特点？

挤出机的加热通常有液体加热和电加热两种方式，其中以电加热方式用得最多。

（1）液体加热

液体加热的原理是先将液体（水、油、联苯等）加热，再由它们加热料筒，温度的控制可以用改变恒温液体的流率或改变定量供应的液体的温度来实现。这种加热方法的优点是加热均匀稳定，不会产生局部过热现象，温度波动较小。但加热系统比较复杂，以及有的液体（油）加热温度过高有燃烧的危险，有的液体（联苯和苯的最低恒沸混合物）又易分解出有毒气体，而且这种系统有较大的热滞，故应用不太广泛。主要应用在一些有严格温度控制的场合，例如热固性塑料挤出机等。

（2）电加热

电加热又分为电阻加热和电感应加热，其中电阻加热的使用最为普遍。

① 电阻加热　电阻加热是利用电流通过电阻较大的导线产生大量的热量来加热料筒和机头。这种加热方法包括带状加热器、铸铝加热器和陶瓷加热器等。

a. 带状加热器是将电阻丝包在云母片中，外面再覆以铁皮，然后再包围在料筒或机头上，其结构如图 1-20 所示。这种加热器的体积小，尺寸紧凑，调整简单，装拆方便，韧性好，价格也便宜。但在 500℃以上，云母会氧化，其寿命和加热效率取决于加热器是否在所有点都能很好地与金属料筒相接触，如果装置不当，会导致料筒不规则过热，也会导致加热器本身过热甚至损坏。

b. 铸铝加热器是将电阻丝装于铁管中，周围用氧化镁粉填实，弯成一定形状后再铸于铝合金中，将两半铸铝块包到料筒上通电即可加热，其结构如图 1-21 所示。它除具有带状加热器的体积小、装拆方便等优点外，还因省去云母片而节省了贵重材料，因电阻丝为氧化镁粉铁管所保护，故可防氧化、防潮、防震、防爆、寿命长，如果能够加工得与料筒外表面很好地接触，其传热效率也很高。但温度波动较大，制作较困难。

图 1-20　带状加热器

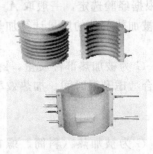

图 1-21　铸铝加热器

c. 陶瓷加热器是将电阻丝穿过陶瓷块，然后固定在铁皮外壳中，如图 1-22 所示。这种加热器具有耐高温、寿命长（4～5 年）、抗污染、绝缘性好等特点；能满足现代塑料加工业中需要高温加热的工程塑料的加工要求，最高加热温度可达 700℃。电阻加热的特点是外形尺寸小、重量轻、装拆方便。

② 电感应加热　电感应加热器是在机筒的外壁上隔一定间距装上若干组外面包以主线圈的硅钢片构成的，其结构如图 1-23 所示。当将交流电源通入主线圈时产生电磁，而电磁在通过硅钢片和机筒形成的封闭回路中产生感应电动势，从而引起二次感应电压及感应电流，即图中所示的环形电流，亦称为电的涡流。涡流在机筒中遇到阻力就会产生热量。

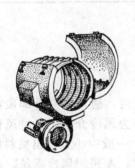

图 1-22　陶瓷加热器

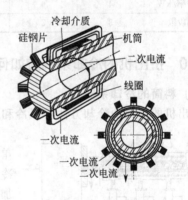

冷却介质

硅钢片

机筒

二次电流

线圈

一次电流

一次电流

二次电流

图 1-23　电感应加热器

电感应加热的特点是：预热升温的时间较短，加热均匀，在机筒径向方向上的温度梯度较小；对温度调节的反应灵敏；节省电能，比电阻加热器可节省大约 30%；使用寿命比较长。但加热温度会受感应线包绝缘性能的限制，不适合于加工温度要求较高的塑料，成本高；机身的径向尺寸大，装拆不方便，不便于用于加热机头。

1. 1. 19　单螺杆挤出机料筒的加热功率应如何确定？加热系统应如何设置？

(1) 料筒的加热功率的确定

单螺杆挤出机料筒的加热功率一般根据经验估算来确定。加热功率大小的估算是根据升温时间的要求、加热器的成本和加热器的利用率等方面综合确定。

加热功率估算的方法常用的有按料筒表面积计算加热功率、按被加热部件的质量计算加热功率及综合考虑升温时间、加热效率和被加热部件质量计算加热功率等几种估算方法。

① 按料筒表面积计算加热功率　其公式如下：

$$E=0.001\pi \times D^2 \times (L/D) \times A=0.001\pi \times D \times L \times A$$

式中，D 为料筒内径，cm；L/D 为螺杆长径比；A 为单位面积上的加热功率，W/cm^2，A 的数值根据经验选定，一般取 $A=3\sim4W/cm^2$，其大小因加工物料、长径比而异。

② 按被加热部件的质量计算加热功率　其公式如下：

$$E=0.45G$$

式中，G 为被加热部件质量，kg。

③ 综合考虑升温时间、加热效率、被加热部件质量计算加热功率　其公式如下：

$$E=\frac{G \times \Delta T \times C}{\eta \times t}$$

式中，G 为被加热（料筒、螺杆）零件的质量，kg；ΔT 为温度差，℃；η 为加热效率，一般可取 0.6；t 为加热时间，h；C 为料筒、螺杆的比热容，取 $0.128kcal/(kg \cdot ℃)$；E 为加热功率，kW。

（2）加热系统的设置

加热系统要求分段设置，一般根据螺杆直径 D 和长径比 L/D 的大小，将料筒分为若干区段进行控制，通常料筒的加热段数至少不得少于两段，每段长度为 $(4\sim7)D$，加料口处 $(2\sim3)D$ 范围内不设置加热器。随着挤出机向高速高效发展，挤出机的加热功率和加热段数都有增加的趋势。表 1-5 所示为常用单螺杆挤出机的加热功率和加热段数。

表 1-5　常用单螺杆挤出机的加热功率和加热段数

螺杆直径/mm	30	45	65	90	120	150	200
加热功率/kW	4	6	12	24	40	60	100
加热段数	3	3	3	4	4	5	5

1.1.20　挤出机的冷却系统应如何设置？

（1）料筒的冷却系统

挤出机的料筒的冷却方法有风冷和水冷。

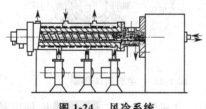

料筒采用风冷系统时，通常每一冷却段都配置一个单独的风机，用空气作为风冷介质，通过风机鼓风进行冷却，如图 1-24 所示。一般中小型挤出机料筒采用铸铝加热器、带状加热器时，多采用风冷系统。风冷比较柔和、均匀、干净，但风机占的空间体积大，如果风机质量不好易有噪声。

图 1-24　风冷系统

料筒的水冷系统是由冷却管道、冷却介质循环装置以及水处理装置组成的。料筒的冷却管路的开设形式有多种，目前常用的形式是在机筒的表面加工出螺旋沟槽，然后将冷却水管（一般是紫铜管）盘绕在螺旋沟槽中，如图 1-25（a）所示。这种结构最大的缺点是冷却水管易被水垢堵塞，而且盘管较麻烦，拆卸亦不方便。冷却水管与料筒不易做到完全的接触而影响冷却效果。

图 1-25（b）所示是将冷却水管同时铸入同一块铸铝加热器中，这种结构的特点是冷却水管也制成剖分式的，拆卸方便。但铸铝加热器的制作变得较为复杂。

图 1-25（c）所示是在电感应加热器内部设有冷却水套，这种装置装拆很不方便，冷冲击较为严重。

　　料筒采用水冷系统时，通冷却介质应是经过处理的去离子水，以防管壁生成水垢及被腐蚀。因此，还必须要有冷却的水处理装置。水冷系统的冷却速度快，体积小，成本低。但易造成急冷，从而扰乱塑料的稳定流动，如果密封不好，会有跑、冒、滴、漏现象。水冷系统主要用于大中型挤出机。

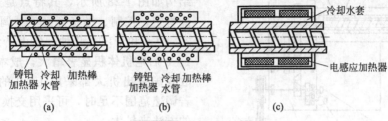

図 1-25　料筒冷却系统

（2）螺杆冷却系统

　　螺杆冷却系统是由冷却管路和冷却介质循环装置两部分组成的。螺杆内部冷却管路的设置如图 1-26 所示，它是在螺杆中心开设通道后，再插入冷却水管，并且可通过固定的或轴向可移动的塞头或者不同长度的同轴管而使冷却水限制在螺杆中心孔的某一段范围内，对螺杆冷却长度进行调节，以适应不同要求。这种冷却装置也可采用油和空气作为冷却介质，油和空气的优点是不具有腐蚀作用，温控比较精确，也不易堵塞管道，但大型挤出机用水冷却效果较好。

（3）料斗座冷却系统

　　冷却料斗座的目的是为了防止加料段的物料温度太高，造成加料口产生所谓的"架桥"现象，使物料不易加入。同时还为了阻止挤压系统的热量传往止推轴承和减速箱，从而影响其正常工作条件。料斗座的冷却通常是在料斗座安装冷却水套，或在料斗座内开设冷却水通道，如图 1-27 所示。料斗座多用水作为冷却介质。

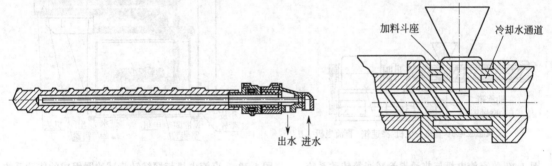

図 1-26　螺杆内部冷却管路的设置　　　　図 1-27　料斗座的冷却装置

1.1.21　单螺杆挤出机传动系统由哪些部分组成？常用传动系统的形式有哪些？各有何特点？

（1）单螺杆挤出机传动系统的组成

　　单螺杆挤出机的传动系统一般由原动机和减速器两大部分组成。目前挤出机常用的原动机主要是整流子电机、直流电机、交流变频电机等，它们本身带有调速装置，传动系统可不必再设调速装置，这种原动机又称为变速电机。挤出机常用的减速装置主要有齿轮减速箱、蜗轮蜗杆减速箱、摆线针轮减速器、行星齿轮减速器等。

（2）常用传动系统的形式及特点

　　单螺杆挤出机的传动系统中不同的原动机可与不同的减速器相配合时，即可组成不同的传动形式。常用的传动形式主要有整流子电机与普通齿轮减速箱、直流电机与普通齿轮减速箱、直流电机和摆线针轮减速器或行星齿轮减速器、交流变频调速电机与普通齿轮减速箱等。

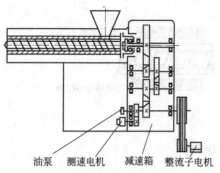

　图 1-28　整流子电机与普通齿轮减速箱传动系统

整流子电机与普通齿轮减速箱传动系统的结构如图 1-28 所示，其特点是运转可靠，性能稳定，控制、维修都简单。调速范围有 1∶3、1∶6 和 1∶10 几种。但由于调速范围大于 1∶3 后电机体积显著增大，成本也相应提高，故我国挤出机大都采用 1∶3 的整流子电机。若调速范围不足时，可采用交换皮带轮或齿轮的方法来扩大。

直流电机与普通齿轮减速箱传动系统的结构如图 1-29 所示，其特点是启动比较平稳，调速范围大，如我国生产的 Z_2-51 型直流电机最大的调速为 1∶16，它既可实现恒扭矩调速，也可实现恒功率调速。并且体积小、重量轻、传动效率高。但直流电机在转速低于 $100\sim200r/min$ 时，其工作不稳定，而且在低速时电机冷却能力也相应下降。为了使直流电机在低速时散热良好，可以另加吹风设备进行强制冷却。

直流电机和摆线针轮减速器或行星齿轮减速器传动系统具有结构紧凑、轻便、速比大、承载能力高、效率高和声响小等优点，但维修较为困难，在小型挤出机中应用越来越广泛。图 1-30 所示为直流电机与摆线针轮减速器组成的传动系统。

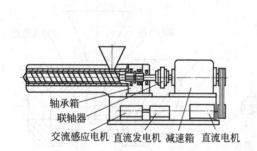

图 1-29　直流电机与普通齿轮减速箱传动系统

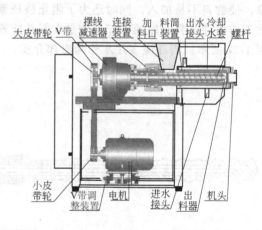

图 1-30　直流电机与摆线针轮减速器组成的传动系统

交流变频调速电机与普通齿轮减速箱组成的传动系统的特点是：调速范围宽、性能好，快速响应性优良，恒功率和恒转矩调速节能效果好；启动转矩大，过载能力强；运转可靠，性能稳定，能保持长时间低速或高速运行；噪声低，振动小；结构紧凑、体积小，控制简单，维修方便，容易实现自动化、数字化控制，调速方案先进，目前应用日渐增多。

1.1.22　减速器用止推轴承有哪些类型？轴承的布置形式有哪些？各有何特点？

（1）减速器用止推轴承的类型

减速器用止推轴承有推力球轴承、推力圆柱滚子轴承、推力圆锥滚子轴承、推力向心球面滚子轴承等。推力球轴承的承载能力小，推力向心球面滚子轴承的承载能力大。由于挤出机工作时所受的轴向力与挤出大小有关，还与机头压力有关，一般挤出机机头压力都较大，通常为 30～50MPa，因此大中型挤出机中一般不选用推力球轴承。我国一般使用推力向心球面滚子轴承（39000 和 69000 系列）。

（2）轴承的布置形式及特点

减速器中止推轴承的作用是将受到向后的轴向力及机头法兰处受到向前的轴向力，通过机筒、加料座、连接螺钉构成力的封闭系统。止推轴承的布置有两种形式：一种是布置在减速器前部（即靠近机筒），如图 1-31 所示；另一种是布置在减速器后部，如图 1-32 所示。

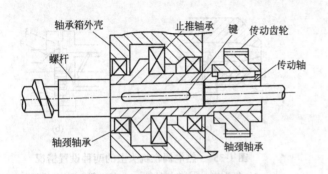

图 1-31　推力轴承装在减速箱前部

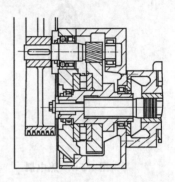

图 1-32　推力轴承装在减速箱后部

当推力轴承装在减速器前部时，减速器箱体承受部分或不承受轴向力的作用，轴向力大都作用在料筒上，使之与机头作用在料筒上的力相平衡，因此在挤出机中应用广泛。当减速器箱体承受部分轴向力作用时，通常可通过加厚箱体受力部分的结构，以保证箱体有足够的强度和刚度。要使箱体不受力时，则可采用止推板或止推套结构，如图 1-33 所示。止推轴承装在前部时由于轴承空间受限制，因此装拆较困难。

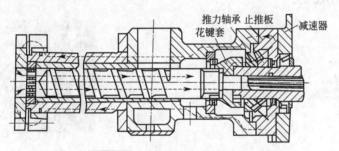

图 1-33　推力轴承止推板结构

当推力轴承装在减速器后部时，箱体全部承受轴向力，而且箱体壁受弯曲应力，因此箱体要有足够强度。后部安装推力轴承有较大空间，安装和维修较方便。

1.1.23　单螺杆挤出机的温度控制装置组成如何？控制的原理怎样？

（1）单螺杆挤出机温度控制装置的组成

在挤出过程中准确地测定和控制挤出机的温度并减少其波动，对提高产品的产量和质量是至关重要的。挤出机的温度控制装置通常主要是对机头、机筒、螺杆的各段进行温度测量和控制的装置。

温度控制装置主要由测温仪、温度指示调节仪两部分组成。测温仪主要有热电偶、测温电阻和热敏电阻等类型。其中热电偶最为常用。

热电偶的结构如图 1-34 所示，热电偶测温头是由两根不同的金属丝或合金（铂铑-铂、镍铬-镍铝等）丝一端连接，接点处为测温端，另一端作输出端，分别连接毫伏计或数字显示电路。测温时，由于测温端受热，与输出端产生温差，而形成温差电势，测量出温差电势的大小，即可确定测温点的温度。热电偶安装在机头处时，最好是能使热电偶直接与物料接触，以便能更精确地测量和控制机头的温度，一般有两种设置情况，如图 1-35 所示。若需要测量和控制螺杆的温度，热电偶可装在螺杆上。

图 1-34　热电偶

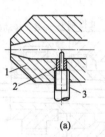
(a)

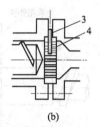
(b)

图 1-35　热电偶在机头上的两种设置情况

1—机头体；2—绝热材料；3—热电偶；4—分流板

测温电阻是利用温度来确定导体电阻的数值，再将此数值转换成温度值的一种测温方法，其结构如图 1-36 所示。它是用铂金、铜和镍等作为电阻的。测温电阻的体积比热电偶大，也比热敏电阻大。在测温时还存在探测的迟缓现象，但它可以直接测定温度。

热敏电阻是由数种金属氧化物组成的测温电阻，其结构如图 1-37 所示。它的温度系数小，探测的迟缓现象亦小，所以得到广泛的应用。用它来测低温的效果较好，在 360℃ 以上使用较长时间时就会表现不稳定。

图 1-36　测温电阻

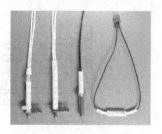

图 1-37　热敏电阻

温度指示调节仪的类型有可动线圈式示温控制仪、数字式温度控制仪等。可动线圈式示温控制仪是放于永久磁铁磁场内的可动线圈，由热电动势的作用所产生的电流通过它时，它就会按照电流的比例转动起来而指示温度的一种装置，如图 1-38 所示。目前常采用 XCT-101、XCT-111、XCT-141、XCT-191 等型号的可动线圈式示温控制仪。

数字式温度控制仪是把热电偶产生的热电势通过数字电路用数码管显示出来，如图 1-39 所示。它更为准确、直观，调节方便，已越来越广泛地被用于挤出机的温度控制。

图 1-38　可动线圈式示温控制仪

图 1-39　数字式温度控制仪

（2）温度控制的原理

温度控制的原理如图 1-40 所示。其由检测装置将控制对象的温度 T 测出，转换成热电势信号，输入到温度调节仪表与设定值温度 T_0 进行比较，根据偏差 $\Delta T = T - T_0$ 数值的大小和极性，由温度调节仪表按一定的规律去控制加热冷却系统，通过对加热量的改变，或者对冷却程度及冷却时间的改变，达到控制机筒或机头温度并使之保持在设定值附近的目的。

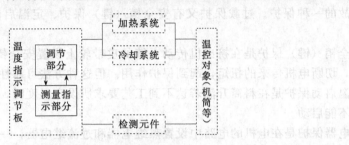

图 1-40　温度控制的原理

1.1.24　单螺杆挤出机压力如何调节控制？

单螺杆挤出机压力主要通过测压表和压力控制调节装置等进行调节控制。常用测压表的类型主要有液压式测压表和电气式测压表等类型。液压式测压表的结构如图 1-41 所示，其使用方便，但测量精度较低。电气式测压表的结构如图 1-42 所示，它可进行动态测试，并且可自动记录数值，其测量的灵敏度、精度高，应用广泛。

图 1-41　液压式测压表

图 1-42　电气式测压表

挤出机压力的调节一般是采用压力调节阀进行压力调节。它是通过改变物料输送过程中的流通面积来改变流道阻力以调节压力。压力调节阀的形式有径向调节和轴向调节两种。径向调节形式如图 1-43（a）所示，它是通过螺栓的上下调节流道阻力。其结构简单，控制简便，调节范围和精度很有限，而且不利于物料的流通，适用于除硬质聚氯乙烯塑料以外的塑料加工。轴向调节形式如图 1-43（b）所示，它是一种轴向调节间隙的压力调节装置，可通过移动螺杆而调节阀口轴向的间隙，其结构较复杂。

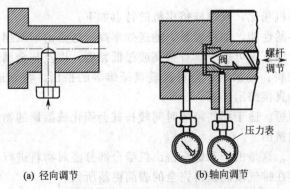

(a) 径向调节　　(b) 轴向调节

图 1-43　各种压力调节装置

1.1.25 单螺杆挤出机应具有哪些安全保护措施？

单螺杆挤出机应具有的安全保护措施是过载保护、加热器断线报警、金属检测装置及磁力架、接地保护、防护罩保护等。过载保护是为了防止挤出机的螺杆、止推轴承、机头连接零件等在工作过程中所承受的工作应力超出其强度许用应力范围时，可能造成零件损坏或发生人身安全事故的一种保护。过载保护又有安全销（键）保护、定温启动保护、继电器保护等多重保护。

安全销（键）保护是在挤出机传动系统的皮带轮上设置安全销（键），当过载时，安全销被剪断，切断电机传来的扭矩，起到保护作用。但这种方法可靠性较差。

定温启动保护是在料筒升温若达不到工艺要求所设定温度时，即使按下启动按钮，挤出机电机也不能启动。

继电器保护是在电机的电路中设置热继电器和过流继电器，一旦出现过载，继电器便可以切断电源。

加热器断线报警是在任何一段加热器断线，在电气柜上都有报警显示，以便及时维修。金属检测装置及磁力架是为了防止原料中含有金属杂物或因工作不慎将金属物件落入料斗而严重损坏螺杆、机筒，一般在挤出机料斗上设置金属检测装置，一旦金属杂物进入料斗便自动报警或停机。磁力架是永久强磁磁铁，可以吸住进入料斗的磁性金属，以免金属落入料筒。

机身及电气柜都应按规定接地保护，电气控制柜应有开门断电保护及警示标牌，以避免人员发生触电安全事故。

挤出机传动系统皮带传动、联轴器和料筒的加热器都应设有防护罩，以免引起人身安全事故。

1.2 双螺杆挤出机疑难处理实例解答

1.2.1 双螺杆挤出机与普通单螺杆挤出机相比有何特点？

单螺杆挤出机由于其螺杆和整个挤出机设计简单，制造容易，价格便宜，因而在塑料加工工业中得到广泛应用。但由于单螺杆挤出机的输送作用主要靠摩擦，故其加料性能受到限制，粉料、玻璃纤维、无机填料等较难加入。排气效果、混合效果比较差，不能满足聚合物合成时脱水、脱挥发分的需要，以及不能适用于聚合物的高效着色、混料等。因此普通单螺杆挤出机存在较大的局限性。

与普通单螺杆挤出机相比，双螺杆挤出机的特点如下。

（1）具有强制加料的性能，加料容易、输送效率高。这是由于双螺杆挤出机是靠正位移原理输送物料，没有压力回流。可适于具有很高或很低黏度，以及与金属表面之间有很宽范围摩擦系数的物料，如带状料、糊状料、粉料及玻璃纤维等的挤出。特别适用于加工聚氯乙烯粉料，可由粉状聚氯乙烯直接挤出产品。

（2）物料停留时间短。适于那些停留时间较长就会固化或凝聚的物料的着色和混料，例如热固性粉末涂层材料的挤出。

（3）排气性能优异。这是由于双螺杆挤出机啮合部分能对物料进行有效混合，同时排气部分的自洁功能使得物料在排气段能获得完全的表面更新所致。

（4）混合、塑化的性能优异。这是由于两根螺杆互相啮合，物料在挤出过程中进行着较在单螺杆挤出机中远为复杂的运动，经受着纵、横向的剪切混合所致。

（5）比功率消耗低。由于双螺杆挤出机的螺杆长径比较小，摩擦小，物料的能量多由外热输入。

（6）容积效率非常高，其螺杆特性曲线比较"硬"，流率对口模压力的变化不敏感，用来挤出大截面的制品比较有效，特别是在挤出难以加工的材料时更是如此。

1.2.2　双螺杆挤出机有哪些类型？结构如何？

（1）双螺杆挤出机的类型

双螺杆挤出机的类型有很多，其分类方法也有多种。根据两螺杆的相对位置分为非啮合型（图 1-44）和啮合型。啮合型根据啮合程度又分为全啮合型（紧密啮合型）和部分啮合型（不完全啮合型）。全啮合型是指一根螺杆的螺棱顶部与另一根螺杆的螺槽根部之间不留任何间隙，如图 1-45 所示。部分啮合型是指一根螺杆的螺棱顶部与另一根螺杆的螺槽根部之间留有间隙，如图 1-46 所示。

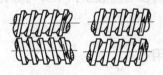

图 1-44　非啮合型

图 1-45　全啮合型

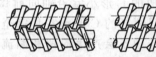

图 1-46　部分啮合型

根据相对旋转方向分类，分为同向旋转型和异向旋转型。同向旋转型的两根螺杆旋转方向一致，因此两根螺杆的几何形状、螺棱旋向完全相同，如图 1-47（a）所示。异向旋转型的两根螺杆的几何形状对称，螺棱旋向完全相反。异向旋转双螺杆又分为向外异向旋转和向内异向旋转，如图 1-47（b）和（c）所示。

(a) 同向旋转　　　　(b) 向外异向旋转　　　　(c) 向内异向旋转

图 1-47　双螺杆旋转方式

根据两根螺杆轴线的相对位置可分为锥形双螺杆和平行双螺杆。锥形双螺杆的螺纹分布在圆锥面上，螺杆头端直径较小。两根螺杆安装好后，其轴线呈相交状态，如图 1-48 所示。在一般情况下，锥形双螺杆属于啮合向外异向旋转型双螺杆。

图 1-48　锥形双螺杆

平行双螺杆又分为共轭螺杆和非共轭螺杆。当两根螺杆全啮合，而且其中一根螺杆的螺棱与另一根螺杆的螺槽具有完全相同的几何形状和尺寸，并且两者能紧密地配合在一起，只有很小的制造和装配间隙时，称为共轭螺杆。当两根螺杆的螺棱与螺槽之间存在较大的配合间隙时，称为非共轭螺杆。

（2）双螺杆挤出机的结构

图1-49　双螺杆挤出机螺杆与料筒

双螺杆挤出机主要由挤压系统、传动系统、加热冷却系统、排气系统、加料系统和电气控制系统等组成，各组成部分的职能与单螺杆挤出机相同。双螺杆挤出机的两根螺杆并排安放在一个8字形截面的料筒中，如图1-49所示。

双螺杆挤出机的加料系统，一般有螺杆式加料和定量加料两种，而定量加料装置应用较多。定量加料装置由直流电机、减速箱及送料螺杆组成。当改变双螺杆速度时，进料速度能在仪器上显示出来并可以跟踪调节，以保证供料量与挤出量的平衡。

1.2.3　双螺杆挤出机为何对物料有良好的输送作用？

对于反向旋转啮合的双螺杆挤出机，其两根螺杆相互啮合时，一根螺杆的螺棱嵌入另一根螺杆的螺槽中，使一根螺杆中原本连续的螺槽，被另一根螺杆的螺棱隔离为一系列C形小室。螺杆旋转，两根螺杆之间形成的C形小室沿轴向前移，螺杆转一圈，C形小室就向前移动一个导程。全啮合反向旋转双螺杆的C形小室是完全封闭的，小室中的物料就被向前推动一个导程的距离。因此，输送中不会产生滞留和漏流，而是具有正位移的强制输送物料的作用。

对于啮合同向旋转的双螺杆挤出机，各螺纹与料筒壁组成封闭的C形小室，物料在小室中按螺旋线运动，但是由于在啮合处两根螺杆圆周上各点的运动方向相反，而且啮合间隙非常小，使物料不能从上部到下部，这样就迫使物料从一根螺杆与料筒壁形成的小室转移到另一根螺杆与料筒壁形成的小室，从而形成8字形的运动。这种同向啮合的双螺杆，一根螺杆的外径与另一根螺杆的根径的间隙一般很小，因此，对物料有很强的自洁作用。

由于双螺杆挤出机对物料的正位移输送机理，使其加料性能好，不论螺槽是否填满，其输送速度基本保持不变，不易产生局部积料，能适于各种形状物料的挤出，如粉料、粒料、带状料、糊状料、纤维、无机填料等。

1.2.4　双螺杆挤出机为何对物料有较强的混合作用？

双螺杆的混合作用是通过同时旋转的两根螺杆在啮合区内的物料存在速度差以及改变料流方向两方面的作用而实现的。

（1）速度差作用

对于反向旋转的双螺杆，在啮合点处一根螺杆的螺棱与另一根螺杆的螺槽的速度方向相同，但存在速度差，所以啮合区内的物料受到螺棱与螺槽间的剪切，而使物料得到混合与混炼。

对于同向旋转的双螺杆，因一根螺杆的螺棱与另一根螺杆的螺槽在啮合点速度方向相反，其相对速度就比反向旋转的要大，物料在啮合区受到的剪切力也大，故其混炼效果比反向旋转双螺杆好。

(2) 改变料流方向作用

双螺杆挤出机两根螺杆的旋转运动会使物料的流动方向改变。对于同向旋转的双螺杆，因在啮合方向速度相反，使一根螺杆的运动将物料拉入啮合间隙，而另一根螺杆却将物料带出，这使部分物料呈 8 字形运动，即改变了料流方向，促进了物料的混合与均化。

对于反向旋转的双螺杆，当部分料流经过啮合区后，部分物料包覆高速辊，即原螺槽中的物料转移到了螺棱，因而料流方向也有所改变。

但对于封闭型双螺杆，在 C 形小室中的物料得不到混合。因此通常开放型双螺杆的混合与混炼效果要好些，但是挤出流率和机头压力会有部分损失。

另外，为强化混炼效果，有些双螺杆上设置了多种混合剪切元件，使物料获得纵、横向的多种剪切混合。

1.2.5　双螺杆挤出机有哪些方面的应用？应如何选用？

(1) 双螺杆挤出机的应用

双螺杆挤出机的成型加工主要用于生产管材、板材及异型材。其成型加工的产量是单螺杆挤出机的两倍以上，而单位产量制品的能耗比单螺杆挤出机低 30% 左右。因双螺杆输送能力强，可直接加入粉料而省去造粒工序，使制件成本降低 20% 左右。

双螺杆挤出机可用于配料、混料工序（以下简称配混）。因双螺杆挤出机可一次完成着色、排气、均化、干燥、填充等工艺过程，所以常用其给压延机、造粒机等设备供料。目前，配混双螺杆挤出机逐渐代替了捏合机-塑炼机系统。

双螺杆挤出机也可用于对塑料填充、改性及着色。在单螺杆挤出机中难以在塑料中混入高填充量的玻璃纤维、石墨粉、碳酸钙等无机填料的加工，用双螺杆挤出机更容易实现。

双螺杆挤出机还可用于反应挤出加工，与一般间歇式或连续式反应器相比，其熔融物料的分散层更薄，熔体表面积也更大，从而更有利于化学反应的物质传递及热交换。双螺杆挤出机可使物料在输送中迅速而准确地完成预定的化学变化。在大搅拌反应器中不易制备的改性聚合物也能在双螺杆反应挤出机中完成。利用双螺杆挤出机进行反应加工，还具有容积小、可连续加工、设备费用低、不用溶剂、节能、低公害、对原料及制品都有较大的选择余地、操作简便等特点。

(2) 双螺杆挤出机的选用

啮合同向旋转双螺杆挤出机具有分布混合及分散混合良好、自洁作用较强、可实现高速运转、产量高等特点，但输送效率较低，压力建立能力较低。因此它主要用于聚合物的改性，如共混、填充、增强及反应挤出等操作，而一般不用于挤出制品。

啮合异向旋转双螺杆挤出机是双螺杆挤出机的另一大类，它包括平行的和锥形的两种。平行的又有低速运转型和高速运转型。

平行异向啮合双螺杆挤出机的正位移输送能力比同向双螺杆挤出机强很多，压力建立能力较强，因而多用来直接挤出制品，主要用来加工 RPVC，造粒或挤出型材。但由于存在压延效应，在啮合区物料对螺杆有分离作用，使螺杆产生变形，导致料筒内壁磨损，而且随螺杆转速升高而增强，所以此种挤出机只能在低速下工作，一般螺杆的转速为 10～50r/min。

对于异向平行非共轭的双螺杆挤出机，其压延间隙及侧隙都比较大。则当其高速运转时，物料若有足够的通过啮合区的次数，会加强分散混合及分布混合的效果，而且熔融效率也比同向旋转双螺杆挤出机高。这种双螺杆挤出机主要用于混合、制备高填充物料、高分子合金、反应挤出等，其工作转速可达 200～300r/min。

对于锥形双螺杆挤出机，若啮合区螺槽纵横向都为封闭，则正位移输送能力及压力建立能力皆很强。因此主要用于加工 RPVC 制品，如管材、板材以及异型材的加工；若锥形双螺杆挤出机的径向间隙及侧向间隙都较大时，正位移输送能力会降低，但会加大混合作用，因此一般只用于混合造粒。

对于非啮合向内异向旋转的双螺杆挤出机，物料对金属的摩擦系数和黏性力是控制输送量的主要因素。其指数性的混合速率强于线性混合速率的单螺杆挤出机，具有较好的分布混合能力、加料能力、脱挥发分能力，但分散混合能力有限，建立压力能力较低。所以，这类挤出机主要用于物料的混合，如共混、填充和纤维增强改性及反应挤出等。

1.2.6 双螺杆挤出机主要有哪些性能参数？

双螺杆挤出机性能参数主要有螺杆公称直径、螺杆长径比、螺杆的旋转方向、螺杆的转速范围、双螺杆中心距等。

(1) 螺杆公称直径

螺杆公称直径是指螺杆的外径，对于平行双螺杆挤出机其螺杆外径大小不变，而锥形双螺杆挤出机的螺杆直径有大端直径和小端直径之分，在表示锥形双螺杆挤出机规格大小时，一般用小端直径（螺杆头部）表示。一般双螺杆的直径越大，表示挤出机的加工能力越大。因两根螺杆驱动齿轮的限制，双螺杆直径不能取得太小，一般生产用螺杆直径不小于 45mm，但实验用可小至 25mm。最大的螺杆直径为 400mm。螺杆直径增加，产量也相应增加。我国生产的异向旋转的挤出机螺杆直径一般在 65～140mm 之间。

(2) 螺杆长径比

螺杆长径比是指螺杆的有效长度与外径之比。由于锥形双螺杆挤出机的螺杆直径是变化的，其长径比 L/D 是指螺杆的有效长度与其大端和小端的平均直径之比。而对于组合式双螺杆挤出机来说，其螺杆长径比也是可以变化的，通常产品样本上的长径比应当为最大可能的长径比。一般来说，螺杆长径比增加，有利于物料的混合和塑化。因为双螺杆加料、塑化、混合和输送能力比单螺杆强，而且其所受的扭矩比单螺杆大，所以一般其长径比 L/D 比单螺杆小，一般 L/D 为 8～18，但目前的长径比取值范围已扩大，目前我国常用异向平行双螺杆挤出机的最大长径比 L/D 为 26，同向平行双螺杆挤出机的长径比 L/D 已达 48，但一般小于 32。

(3) 螺杆的旋转方向

螺杆的旋转方向有同向和异向两种，两根螺杆的相对转向关系不同，对物料的加工性能也不同。一般要根据对物料的加工要求来确定两根螺杆的转向关系。同向旋转双螺杆的两根螺杆几何形状可以完全一样，而反向旋转双螺杆的几何形状是对称的。一般同向旋转多用于混料，而异向旋转多用于挤出成型制品。

(4) 螺杆的转速范围

螺杆的转速范围是指螺杆允许的最低转速和最高转速之间的范围。双螺杆挤出机两根螺杆的旋向关系不同，对转速的限制要求也不同。由于反向旋转双螺杆具有"压延效应"，而且会随螺杆转速的增加而加剧，因此反向旋转的双螺杆一般转速比较低，通常限制在 8～50r/min。同向旋转的双螺杆因"压延效应"作用小，其转速可以较高，最高可达 300r/min。

(5) 双螺杆中心距

双螺杆中心距是指平行布置的两根螺杆的中心距。双螺杆中心距取决于螺杆直径、螺纹头数和对间隙的要求。对于单头螺纹的双螺杆中心距可取为 (0.7～1)D；双头螺纹的双螺杆中心距为 (0.77～1)D；三头螺纹的双螺杆中心距通常为 (0.87～1)D。

另外，双螺杆挤出机也与单螺杆挤出机一样，还有表征能耗大小及生产能力大小的参数，如螺杆的驱动功率、加热功率、比功率、比流量和产量等。

我国生产的双螺杆挤出机的基本参数及规格分别如表 1-6 和表 1-7 所示。

表 1-6　JB/T 5420—2001 同向旋转双螺杆挤出机的基本参数

螺杆公称直径/mm	中心距公称尺寸/mm	螺杆长径比	螺杆最高转速/(r/min)	主电机功率/kW	最高产量/(kg/h)
30	26	23~33	300	5.5	≥20
34	28	14~28			≥25
53	48	21~30		30	≥100
57					
60	52	22~28		40	≥150
68	60	26~32		55	≥200
72		28~32	260		
83	76	21~27	300	125	

注：本表所列参数为基本型。

表 1-7　JB/T 6492—1992 锥形旋转双螺杆挤出机的基本参数

螺杆小端公称直径 d/mm	螺杆最大与最小转速的调速比 i	产量 Q(HPVC)/(kg/h)	实际比功率/[kW/(kg/h)]	比流量/[(kg/h)/(r/min)]	中心高/mm
25	≥6	≥24	≤0.14	≥0.30	1000
35		≥55		≥1.22	
45		≥70		≥1.55	
50		≥120		≥3.75	
65		≥225		≥6.62	
80		≥360		≥9.73	
90		≥675		≥19.30	1100

1.2.7　双螺杆结构如何？有哪些类型？

双螺杆的结构如图 1-50 所示，一般分为 6 个功能区段：加料段、熔融段、压缩段（塑化段）、排气段、混合段和计量段（挤出段）。根据加工工艺的需要也可设置有 4 段或 5 段。

图 1-50　双螺杆的结构

双螺杆结构类型较多，通常按螺杆的整体结构来分，可分为整体式和组合式两种类型。整体式螺杆由整根材料做成，锥形双螺杆挤出机和中小直径的平行异向双螺杆挤出机多采用整体式螺杆。组合式螺杆亦称积木式螺杆，它是由多个单独的功能结构元件通过芯轴串接而成的组合体，如图 1-51 所示。串接芯轴有圆柱形芯轴、六方形芯轴、花键芯轴三种类型，其中花键芯轴用得最多。组合式双螺杆可根据不同用途、不同的加工对象及加工要求，选用不同的基本元件组成不同职能段螺杆，一杆多用，经济、方便。一般平行同向双螺杆多采用组合式。

图 1-51　组合式螺杆

1.2.8 组合式双螺杆的元件有哪些类型? 各有何功能特点?

(1) 组合式双螺杆的元件类型

组合式双螺杆的元件的类型有很多,形状各异,一般按其功能可分为输送元件、剪切元件、混合元件等。按结构形状有螺棱元件、捏合盘、齿形元件、销钉段、反螺纹段、大螺距螺棱元件、六棱柱元件、剪切环等。

(2) 元件功能特点

输送元件的主要功能是输送物料,一般为螺棱元件。按螺棱头数,螺棱元件可分为单头、双头和三头螺棱元件。

单头螺棱元件结构如图 1-52(a) 所示,它具有高的固体输送能力,多用于加料段,以改进挤出量所受加料量的限制,以及用于输送那些流动性差的物料。由于螺棱宽,对机筒内壁接触面积大,磨损大,而且对物料的加热不均匀。双头螺棱元件结构如图 1-52(b) 所示,其剪切作用较柔和,平均剪切热较低;可承受较大的驱动功率;生产效率高;比能耗低。常用于粉料的输送和加工对剪切和温度敏感的物料。三头螺棱元件结构如图 1-52(c) 所示,其平均剪切速率和剪应力高,螺槽浅,料层薄,热传递性能好,有利于物料熔融塑化。主要用于需要高强度剪切物料的加工,而不宜用于对剪切敏感或玻璃纤维增强物料的加工。

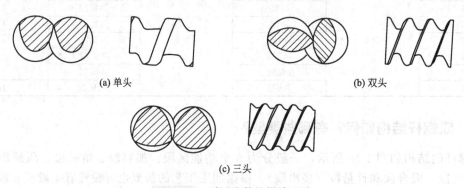

(a) 单头　　　　　　　　　　(b) 双头

(c) 三头

图 1-52　不同头数的螺棱元件

剪切元件主要是指常用的捏合盘元件。由于它能提供高强度的剪切,产生良好的分布混合和分散混合,所以称为剪切元件。捏合盘不能单个使用,而是在两根螺杆间成对和成串使用。一般把多个捏合盘串接在一起所形成的结构称为捏合块。捏合盘在制造和安装时,把相邻捏合盘之间沿周向错开一定的角度(圆心角),它可使相邻捏合盘之间有物料交换;可使成串的捏合盘形成螺棱元件似的"螺旋角",沿捏合块的轴线方向有物料的输送。

捏合盘有单头、双头和三头等类型,依次亦称为偏心、菱形和曲边三角形捏合盘,如图 1-53 所示。它们分别与相同头数的螺棱元件对应使用。单头捏合盘由于其凸起顶部与机筒内壁接触面积大,功耗和磨损大,较少应用。双头捏合盘与机筒内壁形成的月牙形空间大,输送能力大,产生的剪切不十分强烈,故适于对剪切敏感的物料及玻璃纤维增强塑料,在啮合同向双螺杆挤出机中得到广泛应用。三头捏合盘与机筒内壁形成的月牙形空间小,故对物料的剪切强烈,但输送能力比双头捏合盘低,如图 1-53(b) 所示,可用于需要高强度剪切才能混合好的物料。

混合元件的主要作用是搅乱料流、使物料均化等,有齿形元件、销钉段、反螺纹段等多种类型。齿形元件一般成组使用但不啮合,而是沿两根螺杆轴线方向交替布置齿盘,如图 1-54 所示。大螺距螺棱元件结构如图 1-55 所示,它能使大部分物料经受恒定的可控剪切和建立恒定的压力,物料的温升较低。

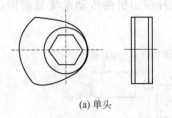
(a) 单头

(b) 双头

(c) 三头

图 1-53　捏合盘

图 1-54　混合元件

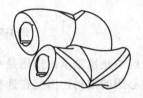

图 1-55　大螺距螺棱元件

六棱柱元件结构如图 1-56 所示，它能提供恒速移动的啮合区，产生挤压、有周期性的流型，能连续地将料流劈开，有利于物料的熔融和混合。

剪切环元件结构如图 1-57 所示，一个环的外径与一个环的根径间、环的外径与机筒内壁的间隙中会产生对物料的剪切，无输送能力。

图 1-56　六棱柱元件

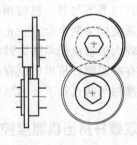

图 1-57　剪切环元件

1.2.9　双螺杆挤出机的传动系统组成如何？

由于双螺杆挤出机螺杆要承受很大扭矩和轴向力，而且两根螺杆径向尺寸有限，因此使双螺杆挤出机的传动系统中的推力轴承组件、两根螺杆的扭矩传递、配比齿轮减速装置等的布置困难。

而双螺杆挤出机工作时，要求传动系统必须实现规定的螺杆转速与范围、螺杆旋转方向；扭矩均匀分配、合理布置轴承；降低相应齿轮载荷，抵消或减小传动齿轮的径向载荷，传递较大的扭矩（功率）和轴向力；消除螺杆的径向力，防止螺杆的弯曲；提高轴承的使用寿命，并且应装配和维修方便。

双螺杆挤出机的传动系统主要由驱动电机（含联轴器）、齿轮箱、止推轴承等组成。

常用的驱动电机主要有直流电机、交流变频调速电机、滑差电机、整流子电机等。其中以直流电机和交流变频调速电机用得最多。直流电机可实现无级调速，而且调速范围宽，启动平稳。变频调速电机性能稳定，调速性能好。

双螺杆挤出机的齿轮箱由减速和扭矩分配两大部分组成。其结构布置主要有整体式和分离式两种形式。整体式齿轮箱的减速部分和扭矩分配部分在一起，结构紧凑，应用较为普遍。分离式齿轮箱的减速部分和扭矩分配部分是分开的，锥形双螺杆挤出机的传动系统目前国内外大多采用这种分离式结构，如图1-58所示。

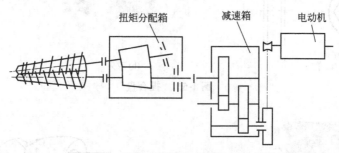

图1-58　锥形双螺杆挤出机的传动系统

传动系统中止推轴承的作用是承受螺杆的轴向推力作用。双螺杆挤出机中传动系统由于受到两螺杆中心距的限制，因此在选择止推轴承时不宜采用大直径的止推轴承，而小直径的止推轴承能承受的轴向力小，故一般将同规格的几个小直径的止推轴承串联起来组成止推轴承组，由几个轴承一起承受轴向力。常用的止推轴承有油膜止推轴承、以碟簧作为弹性元件的滚子止推轴承组和以圆柱套筒作为弹性元件的止推轴承组三种类型。

止推轴承组布置可分为相邻（并列）排列布置、相错排列布置。止推轴承组相邻排列布置时，由于两根轴上的轴承组相邻，其外径只能小于两轴间距离，所选轴承外径最小，故承载能力最小。止推轴承组相错排列布置时，由于两轴承组沿轴向错开，因而一根轴上的轴承外径可选择得大些，只要不与另一根轴相接触即可，故可承受较大的轴向载荷。而对于锥形双螺杆挤出机的轴承系统即为两个大直径止推轴承的错列布置形式，由于两螺杆驱动端空间较大，故安装两个直径较大的轴承能承受大的轴向力。

另外，有些双螺杆挤出机也有采用一根轴上装止推轴承组，另一根轴上装一个大直径止推轴承。大止推轴承的直径不受两轴中心距限制。

1.2.10　双螺杆挤出机温度控制系统有哪些类型？各有何特点？

双螺杆挤出机温度控制主要是指料筒和螺杆的温度控制。

（1）螺杆的温度控制系统

对于挤出量较小的双螺杆挤出机和锥形双螺杆挤出机，螺杆的温度控制一般采用密闭循环系统，其温度控制系统是在螺杆内孔中密封冷却介质，利用介质的蒸发与冷凝进行温度控制。螺杆芯部开有很长的孔，灌装进去某种液体介质，其体积约为芯部孔体积的1/3，然后封死。挤出机工作时，当熔融的物料接近或到达螺杆末端时，温度最高，可能超过设定温度，必须将多余的热量导走，否则会引起物料过热分解。这时螺杆将高温传给螺杆芯部封装的液体介质，液体介质气化，吸收热量，使物料温度降低到分解温度以下。气化的液体介质沿着螺杆芯部的孔向加料端移动，与加料端的物料进行热量交换，使物料温度升高，气化介质冷凝成液体。冷凝的液体介质又向螺杆端部方向移动，再一次循环气化。

对于大多数双螺杆挤出机，螺杆的温度控制多采用强制循环温控系统，如图1-59所示，它由一系列管道、阀、泵组成，其结构复杂，温控效果好，温度稳定。

（2）料筒的温度控制系统

双螺杆挤出机料筒的加热方式一般有电加热和载体加热。

① 电加热　电加热方法又可分为电阻加热和电感应加热。电阻加热器又可分为带状加热器、陶瓷加热器和铸铝、铸铜加热器。电阻加热结构紧凑，成本较低，其效率及寿命在很大程

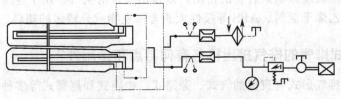

图 1-59　双螺杆强制循环温控系统

度上取决于整个接触面上电热器与料筒间的接触是否良好，接触不好，会引起局部过热，并且导致电热器寿命过短。当啮合同向双螺杆挤出机挤出熔点较高的塑料时，由于挤出机的工作温度可达 300℃ 以上，而铸铝加热器易出现熔化现象，温度升不上去，故应采用铸铜加热器，即把套在导管内的电阻丝铸在铜中。

电感应加热器加热均匀，料筒内的温度梯度小，而且功率输入变化中的时间滞后较小。不会发生接触不良引起的过热现象，热损失少，故功率消耗低，但其发热效率较低，而且成本较高。

② 载体加热　载体加热主要是采用油作为载体进行加热。其原理是首先将油加热，再用热油来加热机筒。其优点是温度升降柔和稳定，但多了一套油加热装置及循环系统。一般多用于啮合导向双螺杆挤出机。

料筒的冷却方法有空气冷却、水冷却及蒸汽冷却。空气冷却是在挤出机料筒下安装鼓风机形成强制空气冷却。空气冷却热传递速率较小，容易控制。要求强力冷却时，空气冷却则不适宜。一般用于中小型且料筒外形是圆形的双螺杆挤出机。

水冷却是在料筒壁开设通道，如螺旋沟槽，再绕上铜管，通水或油，作封闭循环流动，通过换热器将热量带走，进行冷却。采用水作为冷却介质时，必须是软化水，与空气冷却相比，水冷却对温度控制系统要求更高。啮合同向双螺杆挤出机，在大多数情况下料筒元件是扁方形的，一般都采用水冷却。水和油冷效率高，但有一套循环系统，使成本增加。

蒸汽冷却系统是在料筒的加热器外部设有一个环绕夹套，环绕夹套内通入介质，介质的蒸发潜热被环绕远离料筒的冷凝室的水冷系统所摄取，将热量带走，使料筒冷却。这种形式的蒸汽冷却操作特性平稳且温度控制良好。

1.3　排气式及其他形式挤出机疑难处理实例解答

1.3.1　排气挤出机有哪些类型？有何适用性？

排气挤出机的类型较多，通常可根据螺杆的数量、结构及几何参数等的不同进行分类。一般根据螺杆数目、排气阶段数目的不同，排气挤出机大致可归纳为单螺杆排气挤出机、双螺杆排气挤出机、二阶式排气挤出机及多阶式排气挤出机。

只有一个排气段的称为二阶式排气挤出机，有两个或两个以上的称为多阶式排气挤出机。工艺上只需要排除物料中所含不凝性气体和挥发物时，用二阶式排气挤出机已足够有效，故其应用较广。多阶式排气挤出机主要用以满足某些特殊物料要求的加工。

根据排气形式及部位的不同，又可分为直接抽气式挤出机、旁路抽气式挤出机、中空排气式挤出机和尾部式排气挤出机。

排气挤出机的应用范围广，一般用于含水分、溶剂、单体的聚合物在不预干燥的情况下直接挤出；用于加有各种助剂的预混合物粉料挤出，除去低沸点组分并起到均匀混合作用；用于夹带有大量空气的松散或絮状聚合物的挤出，以排出夹带的空气；用于连续聚合的后处理。如用于加工硬质聚氯乙烯干混料、ABS等极性大或含挥发物成分较多的塑料。

1.3.2　不同形式排气的排气挤出机各有何特点和适用性？

排气挤出机的排气形式有直接抽气式、旁路式、中空式和尾部式等多种形式，不同的排气形式，由于其结构有所不同，对挤出过程的影响也有所不同，因此应用上各有特点。

(1) 直接抽气式排气挤出机

其是在工作时物料由第一计量段进入排气段后，气体从开设在排气段的排气口直接排出的挤出机，这种排气形式的螺杆加工容易，料筒外部的加热冷却系统容易设置。物料流动通畅，阻力较小，因而物料积存少，不易引起因滞料而产生分解等现象，因此对物料的适用性广，但该种排气挤出机在流量大时，在排气段会出现冒料现象。

(2) 旁路式排气挤出机

其是在料筒上开设一个旁路系统，并且安设调压阀，以控制流量；在螺杆的第一计量段末再设置一小段反螺纹，以迫使物料从旁路进入排气段的挤出机。其设计目的是控制流量，以防止排气段的冒料，旁路式排气挤出机结构如图1-60所示。旁路式排气挤出机料筒形状复杂，热处理加工时容易变形，螺杆上的反螺纹段加工也较困难，旁路结构的设置使加热冷却系统装置难以布置。由于旁路的流道复杂，物料易出积滞而产生分解等现象，因此此类形式一般不适于加工热敏性塑料。

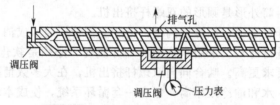

图1-60　旁路式排气挤出机结构示意图

(3) 中空式排气挤出机

其是在旁路式排气挤出机上的改进，其结构特点是在螺杆的第一计量段后面设一小段反螺纹，在第一计量段结束处还在螺杆上开设一段与第二阶螺杆相通的中心通孔（代替原来的旁路通道）。熔体通过时，在反螺纹的作用下，迫使其从螺杆中心孔中流到第二阶螺杆，而逸出的气体却可以通过反螺纹到达排气段后而排出，脱去了气体的物料经压缩和塑化后从机头挤出，其结构如图1-61所示。此类排气挤出机一般适用于大直径螺杆挤出机，对于小直径螺杆挤出机，会使螺杆的冷却长度受到限制。螺杆结构比较复杂，不适宜加工热敏性塑料。

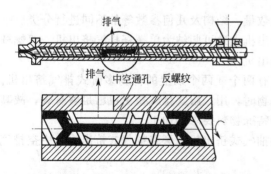 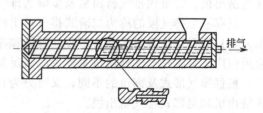

图1-61　中空式排气挤出机结构示意图　　**图1-62　尾部式排气挤出机结构示意图**

尾部式排气挤出机是在螺杆压缩段较短，排气口开设在排气段的螺杆上，气体从螺杆中心孔到螺杆尾部排出，故称为尾部式排气挤出机，其结构如图 1-62 所示。尾部式排气挤出机的螺杆加工较复杂，而且螺杆冷却受到限制，但是料筒的加工、加热及冷却装置的安装方便。

1.3.3　单螺杆排气挤出机螺杆的结构如何？工作原理怎样？其稳定挤出的基本要求是什么？

(1) 螺杆的结构

单螺杆排气挤出机螺杆的结构类似于两根常规三段螺杆串联而成，在两根螺杆连接处设置排气口。排气口前面的一段螺杆称为第一阶螺杆，它由加料段、第一压缩段、第一均化段组成；排气口后面的一段螺杆称为第二阶螺杆，它由排气段、第二压缩段、第二均化段组成。其结构如图 1-63 所示。

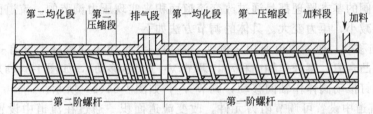

第二均化段　第二压缩段　排气段　第一均化段　第一压缩段　加料段　加料

第二阶螺杆　　第一阶螺杆

图 1-63　单螺杆排气挤出机螺杆的结构示意图

(2) 工作原理

排气挤出机工作时，塑料经第一阶螺杆的加料段、压缩段混合后达到基本塑化状态。从第一计量段进入排气段起，因排气段的螺槽突然变深（几倍于第一均化段螺槽深），而且排气口与真空泵相连通，使此段料筒内的物料压力骤降至零或负压。因而物料中一部分受压缩的气体和气化的挥发物直接从物料中逸出，还有一部分包括在熔体中的气体和气化挥发物使熔体发泡，在螺纹的剪切作用下，使熔体气泡破裂并从物料中脱出，并且在真空泵的作用下在排气口被抽走。脱除了气体及挥发物的塑料继续通过第二压缩段和第二计量段，被重新压缩，最后被定量、定压、定温度地挤入机头而得到制品。为了能提高排气效果，由排气段连接的串联螺杆可以是多阶的，其排气也可以是多阶的。

(3) 排气挤出机稳定挤出的基本要求

① 排气段螺槽不应完全充满熔体，以保证物料有足够的发泡和脱气空间及自由表面。

② 排气挤出机稳定生产的充分必要条件是：第一阶螺杆计量段的挤出流率（Q_1）与第二阶螺杆计量段的挤出流率（Q_2）相等，即 $Q_1 = Q_2$。若 $Q_1 > Q_2$，如果二者相差太大，必然有多余的熔融物料由排气口溢出，产生"冒料"现象，使排气无法进行；但如果二者相差甚小，考虑到排出的气体，可以认为能正常工作。

如果 $Q_1 < Q_2$，则第二均化段不能够为熔融材料充满。如果 Q_1、Q_2 相差太大，会产生缺料现象，严重时会引起流率和压力的波动，挤出也就不稳定，使制品密度不够，制品尺寸不均匀。

③ 从排气要求和挤出稳定出发，希望排气段的螺槽只能部分地充满熔体，否则就没有自由表面来排出气体，并且有可能使排气孔堵塞，第二均化段应充满熔体，否则会引起出料速率的波动。但在实际中，为了保证能连续稳定地挤出，考虑到排出的气体一般使 Q_1 稍大于 Q_2，而又不致引起排气口冒料。

④ 由于 Q_1、Q_2 分别受第一均化段末（即排气口处）的压力和机头处压力的影响。在

第二均化段为熔体充满的条件下，第一、第二均化段的输送能力只有在一定的机头压力下才能取得一致。当超过这个压力时，排气口就会溢流；当低于这个压力时，第二均化段就不会全部充满熔体。因此，对于没有安装压力调节阀的排气挤出机的螺杆必须和机头严格匹配。

1.3.4　排气挤出机为何要严格控制熔体的压力？压力应如何调节控制？

(1) 压力调节作用

对排气挤出机压力调节的作用是为使排气挤出机能克服排气挤出机工作范围窄这个缺点，使其有较大的适应性，能在不同类型、不同压力的机头口模等条件下实现流量平衡，以进行稳定挤出。

(2) 压力调节方法

压力调节控制的方法通常是在排气挤出机的第一计量段末或同时在第一、第二计量段末设置调节阀。调节阀的基本原理都是通过改变流道面积来实现压力调节的。流道面积增大，压力变小；流道面积减小，压力变大。具体的调节方法如下。

① 通过轴向移动，改变流道面积　例如，在第一计量段末的螺杆上设有一个与料筒内壁的凹圆环相对的凸台肩，螺杆作轴向移动，调节 V_1（阀芯移动），如图1-64(a) 所示；或在机头上安装调节螺钉推动阀体作轴向移动，调节 V_2，如图1-64(b) 所示。

② 通过在流道中设置可调节阻力元件，改变流道面积　通过在流道中设置调节螺钉，使阀芯移动来改变阀芯突入流道的多少，改变流道面积，调节流道阻力，以实现压力、流量调节，其结构如图 1-65 所示。

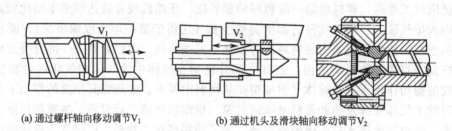

(a) 通过螺杆轴向移动调节V_1　　　　　(b) 通过机头及滑块轴向移动调节V_2

图 1-64　轴向移动改变流道面积结构示意图

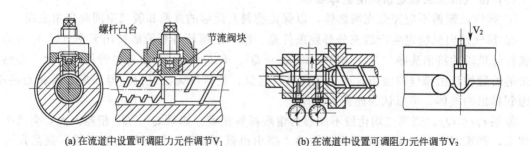

(a) 在流道中设置可调阻力元件调节V_1　　　(b) 在流道中设置可调阻力元件调节V_2

图 1-65　在流道中设置可调节阻力元件改变流道面积结构示意图

设置压力调压阀时，一般应在第一计量段结束处设置一个压力调压阀 V，在机头或第二计量段结束处或者口模处增设一个压力调节阀 V'。当挤出过程中 $Q_1 < Q_2$ 时，通过调节调压阀 V' 来使机头的压力增大，以降低第二阶螺杆的挤出流率 Q_2，从而达到前后两阶螺杆的流量平衡，减少了波动现象。当挤出过程中 $Q_1 > Q_2$ 时，可通过调压阀 V 使第一计量段的产量 Q_1 下降，从而使两个计量段的流量平衡，以实现稳定挤出。

1.3.5 排气挤出机主要有哪些技术参数？如何选用？

排气挤出机的技术参数主要有长径比、螺杆各段长度、泵比、二阶螺槽深度、排气口形状及结构。

(1) 长径比和螺杆各段长度分配

排气挤出机的螺杆长径比一般为 24～30，比一般的单螺杆的要长。

两阶螺杆长度的分配如下：排气螺杆在排气段之前的长度应能保证塑料在进入排气段之前基本塑化，在一般情况下，它的长度占螺杆全长的 52%～58%，最大不大于螺杆全长的 2/3。对长径比较大的挤出机，这个百分比可取较大值。

第一阶螺杆的加料段、压缩段与计量段三段长度的分配原则与普通螺杆相同，只不过第一计量段可以短些。因为搅拌均匀、定压定量挤出等方面的功能主要由第二计量段来保证。

长径比 L/D 为 30 的排气螺杆，其排气段长度大都在 (2～6)D 之间，以 4D 居多。第二压缩段长度不大于 2D。在可能的情况下，第二计量段长度应取得较长，以保证挤出过程比较稳定。在一般情况下，占全长的 15%～25%。长径比较大的螺杆这个百分比可取大些。

(2) 泵比

所谓泵比，是指第二均化段的螺槽深度与第一均化段的螺槽深度之比，即：

$$X = \frac{h_{\mathrm{II}}}{h_{\mathrm{I}}}$$

在不设调压阀的情况下，当螺杆直径、螺旋角和螺杆转速一定时，排气挤出机的生产率是由 h_{I} 来决定的，h_{I} 的选择与普通非排气螺杆差不多。当 h_{I} 选定后，h_{II} 就不能单独决定了，它和泵比有一定关系。

泵比 X 越接近 1，冒料的可能性越大；X 越大，冒料的可能性越小。一般 X 应在 1.6～1.7 之间选取。目前排气挤出机的泵比 X 大多在 1.5～2.0 之间。如果排气挤出机被用来混色，泵比 X 可取大些；若用作稳定挤出，则应取小些。

(3) 二阶螺槽深度

第二计量段槽深应根据泵比大小来确定。排气段螺槽深度为一阶计量段槽深的 2.5～6 倍，一般视螺杆直径而定。当螺杆直径大时，可取大值；当螺杆直径小时，应取小值。但应注意排气段螺杆的强度，因为螺槽太深，有可能会削弱螺杆的强度。

(4) 排气口形状及结构

排气段参数的选择，如排气段长度、物料在排气段的停留时间及排气段物料承受的剪切速率梯度的大小、物料充满该段螺槽的程度等，会直接影响排气效果。一般排气段长度为 (2～6)D，排气段螺槽深度可取 2.5～6 倍的第一均化段的螺槽深度。

排气口的形状和位置应有利于排气，减少冒料，便于观察和清理，而且应加工方便。排气口的形状有圆形、肾形或长方形等。为长方形时，长边为 (1～3)D，面积与螺杆截面积之比为 0.6～1。排气口的位置可以是向上的，也可以是水平的或倾斜 45°，其中心线可稍偏离料筒轴线几毫米。考虑到物料离开料筒壁进入排气口时的弹性膨胀（巴勒斯效应），在螺杆旋转方向和物料前进方向的料筒壁上加工出一个 $\alpha = 20°$ 的切角，称为吸料角，以避免弹性鼓起的熔体被夹角刮在排气口上累积，堵塞排气口。该角可以将物料拉回，保证排气口干净，其结构如图 1-66 所示。

排气口最好设计为可拆卸的，如图 1-67 所示，以便在不需要排气时，可卸下换上塞子，或在有大量冒料时，能更换排气口装置，以保证正常加工。

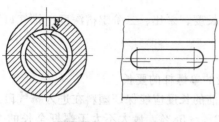
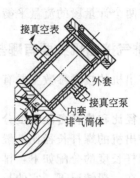

图 1-66 排气口形状   图 1-67 排气口结构

1.3.6 行星螺杆式挤出机的结构如何？有何特点？

(1) 行星螺杆式挤出机的结构

行星螺杆式挤出机主要由一根较长的主螺杆（亦称太阳螺杆）与若干根行星螺杆及内壁开有齿的机筒组成，其行星螺杆的数量与行星段主螺杆直径成正比，一般为 6～18 根。行星段螺棱的螺旋角有 45°，在行星段的末段都设有止推环，以防止螺杆产生轴向移动。为防止加料段与行星段的温度相互干扰，在两段之间还设置有隔热层，其结构如图 1-68 所示。

挤出机工作时，由传动系统驱动中央的主螺杆旋转，从而带动行星螺杆转动，行星螺杆浮动在主螺杆与机筒内壁之间。物料从加料段送至行星段，由于行星段主螺杆与行星螺杆之间以及行星螺杆与机筒内壁的螺旋齿之间连续啮合，使物料受到反复剪切和捏合，从而促使其充分地混合与塑化。

(2) 行星螺杆式挤出机的特点

行星螺杆式挤出机的特点是：物料接触面积大，便于热量交换，热交换面积比单螺杆挤出机大 5 倍以上，混炼和塑化效率高；剪切作用小，物料停留时间短，防止降解，能耗低，产量大。多用于供料与造粒，主要起熔融和混炼作用，主要适用于加工热敏性物料。

(a) 外观   (b) 内部

图 1-68 行星螺杆式挤出机

1.3.7 串联式挤出机的结构如何？有何特点？

(1) 串联式挤出机的结构

串联式挤出机由两段独立驱动相互串联起来的挤出机构成，其布置形式主要有两种：一种是两阶挤出机平行排列，如图 1-69(a) 所示；另一种是两阶挤出机垂直排列，如图 1-69(b) 所示。一般第一挤出机螺杆的直径小，以高速旋转，能在短时间内给物料较大的剪切应力，使物料强力混炼和塑化，该段以加热升温为主。第二挤出机螺杆直径较大，以低速旋转，使物料缓慢地混炼和塑化，能在输出端建立高压，实现稳定的挤出，此段以冷却保温为主。

(a) 平行排列   (b) 垂直排列

图 1-69   串联式挤出机

(2) 串联式挤出机的特点

① 两段螺杆转速可单独调节，容易达到流量平衡，工艺适应性强，不易产生冒料现象，挤出稳定。

② 加热升温与冷却保温分开进行，能节省能源。

③ 物料的混炼与成型同时进行，可减少加工过程对物料的污染。

④ 能用较小的螺杆在较广范围内进行大容量的挤出，如用于 PP、PET、PS 等大型双向拉伸宽幅薄膜、PS 一步法发泡片材、PVC 电线电缆的包覆等的挤出以及物料的连续混炼等。

2

第2章

挤出机操作维护疑难处理实例解答

2.1 单螺杆挤出机操作维护疑难处理实例解答

2.1.1 单螺杆挤出机操作步骤如何？

(1) 开机前的准备

① 对初次操作使用所需设备者来说，在使用前必须仔细阅读该设备的操作说明书，熟悉设备水、电、润滑系统位置及各开关按钮的功能，掌握该设备操作应注意的事项。

② 检查电机、加热器、热电偶及各电源接线是否完好，仪表是否正常。

③ 水冷系统及润滑系统是否有泄漏，润滑油及各需润滑部位的状态是否良好，并且对各润滑部位进行润滑。

④ 安装好分流板和机头，需要安装过滤网时还要按要求安装好过滤网。

⑤ 用铜塞尺调整口模间隙，使周向均匀一致。

(2) 开机操作

① 打开总电源及挤出机电源开关，根据工艺要求设定各段的工艺温度。

② 开启电热器，对机身、机头及辅机均匀加热升温，待各部分温度比正常生产温度高10℃左右时，恒温 30min，旋转模头恒温 60min，使设备内外温度基本一致。

③ 待料筒温度达到要求后，若为带传动，应拨动带轮，检查各转动部位、螺杆和料筒有无异常，螺杆旋向是否正确，螺杆旋向如图 2-1 所示。

④ 低速启动螺杆，作 2min 左右的空转，检查有无异常声响，各控制仪表是否正常，注意空转时间不能太长，以免损坏螺杆和料筒。

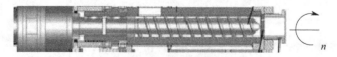

图 2-1　螺杆旋向

⑤ 待各部分都达到正常的开机要求后，先少量加入物料，待物料挤出口模时，方可正常投料。在物料被挤出之前，任何人均不得处于口模的正前方，以免发生意外。

⑥ 检查挤出物料的塑化、水分、杂质等状态是否达到要求，并且根据物料的状态对工艺

条件做适当的调节。

⑦ 物料挤出后，立即将其慢慢引上冷却定型、牵引设备，然后根据控制仪表的指示值和对制品的要求，将各环节进行调整，直到挤出操作达到正常状态。

⑧ 在挤出机速度达到工作状态时，开通机筒加料段冷却循环水。

(3) 停机操作

① 关闭主机的进料口，停止进料。

② 关闭料筒和机头加热器电源，关闭冷却水阀。

③ 断料后，观察口模的挤出量明显减少时，将控制主电机的电位器调至最小，频率显示为零，再断开主电机电源和各辅机电源。

④ 打开机头连接法兰（图 2-2），清理多孔板及机头各个部件。清理时应使用铜棒、铜片，清理后涂上少许机油。螺杆和机筒的清理，一般可用过渡料换料清理，必要时可将螺杆从机尾顶出清理。

⑤ 关掉控制柜面板总开关和空气开关。

⑥ 倒出剩余原料，清理场地。

⑦ 记下试车的情况，供今后查阅参考。

⑧ 挤出聚烯烃类塑料，通常在挤出机满载的情况下停车（带料停机），这时应防止空气进入机筒，以免物料氧化而再继续生产时影响制品的质量。

⑨ 遇到紧急情况需停主机时，应迅速按下红色紧急停车按钮，如图 2-3 所示。

图 2-2　机头、法兰

图 2-3　紧急停车按钮

2.1.2　单螺杆挤出机应如何进行维护与保养？

(1) 在生产过程中，随时注意压力传感器所测的换网装置前的熔体压力。当压力超过正常范围时，极有可能是过滤网严重堵塞，须及时换网。如换网后仍未使压力降至正常范围，应检查其他原因。在正常情况下应 24h 换一次网。

(2) 平时对机器的维护与保养应该特别重视，在挤完一种产品时，应及时地清理螺杆和机筒，尤其是分流板和过滤网，应经常地清理，以免杂物积多而堵塞。

(3) 为降低启动扭矩，机筒加料段的循环冷却水在开机前应关闭。主机处于正常工作状态时打开水阀，循环水出水口温度保持在 30～50℃，而且必须保持水温、水压恒定。

(4) 严禁无料空运转，以免螺杆与机筒磨损，严防金属等杂质落入机筒。

(5) 螺杆、机筒的清理，可用螺杆清洗料来清理。拆卸清洗时要保护好流道表面，不得损伤。

(6) 如果是长期不用的螺杆，为防止变形，应垂直悬挂放置。

(7) 每次停机后必须将各电机调速电位器回零，以免再次启动时损坏机器等意外发生。

(8) 电气控制部分应经常检查，车间内湿度不能太高，以免元件受潮而损坏。车间内也应注意环境卫生，不得有较多的灰尘，以免损坏设备。

(9) 减速箱内的润滑油运行初期应 3 个月更换一次，运转正常后每隔半年更换一次，各润滑点应经常按期加注润滑油（脂）。

（10）每年要对齿轮箱的齿轮、轴承、油封、螺杆及料筒进行一次检修。

2.1.3　单螺杆挤出机螺杆的拆卸步骤如何？螺杆应如何清理和保养？

（1）单螺杆挤出机螺杆的拆卸步骤

① 先加热机筒至机筒内残余物料的成型温度要求。

② 开机把机筒内的残余物料尽可能排净。

③ 升温至成型温度后，趁热拆下机头。

④ 排净机筒内物料后，停机并关闭电源。

⑤ 松开螺杆冷却装置，取出冷却水管。

⑥ 在螺杆与减速箱连接处，松开螺杆与传动轴的连接，采用专用螺杆拆卸装置从后面顶出螺杆。

⑦ 待螺杆伸出机筒后，用石棉布等垫片垫在螺杆上，再用钢丝绳套在螺杆垫片处，然后将螺杆拖出。采用前面拉后面顶，趁热拔螺杆。当螺杆拖出至根部时，用另一钢环套住螺杆，将螺杆全部拖出。

（2）螺杆的清理和保养方法

螺杆从挤出机拆卸并取出后，应平放在平板上，立即趁热清理。清理时应采用铜丝刷清除附着的物料，同时也可配合使用脱模剂或矿物油，使清理更快捷和彻底，再用干净软布擦净螺杆。待螺杆冷却后，用非易燃溶剂擦去螺杆上的油迹，观察螺杆表面的磨损情况。对于螺杆表面上小的伤痕，可用细砂布或油石等打磨抛光，如果是磨损严重，可采用堆焊等办法补救。清理好的螺杆应抹上防锈油，如果长时间不用，应用软布包好，并且垂直吊放，防止变形。

2.1.4　挤出机在生产过程中应如何对螺杆和减速箱进行保养？

在挤出生产过程中，要保证产品质量，延长挤出机的使用寿命，必须对挤出机螺杆和减速箱进行合理保养。保养方法有：①螺杆只允许在低速下启动，空转时间不超过1min，须及时喂料才能逐渐提高螺杆转速；②禁止金属和砂石等杂质进入料斗；③每运转1000h应检查机筒和螺杆的磨损情况，视磨损情况，必要时进行修复或更换备件；④经常检查主机电流是否稳定，如有异常情况应及时停机进行检查；⑤检查减速箱和机筒有无异常声音及箱体的温度情况；⑥检查润滑油系统工作是否正常，油温因季节及负载大小而异，应在30～60℃范围内为正常；⑦每运行500h清理油过滤器和吸油管；⑧检查开机作业人员是否按规范作业，应有操作记录。

2.1.5　挤出机减速箱齿轮磨损情况应如何进行分析检验？

挤出机减速箱齿轮磨损情况一般可通过齿轮润滑剂的取样分析、齿轮箱的温度检验、诊听齿轮箱的声响以及测量齿隙游移量等几方面来分析判断齿轮磨损情况。

（1）齿轮润滑剂的取样分析

齿轮润滑油液中所含磨损物的浓度与零件的磨损量存在线性关系，通过测定润滑油中磨损物的浓度可判断齿轮磨损量的大小。并且根据磨损物的粒度和形状还可进一步判断零件的磨损状况。

当零件处于正常磨损阶段时，磨损物的颗粒一般较为细小而均匀；在磨合阶段，磨损物的颗粒相对较大；而在达到磨损极限状态时，则可能出现粗大的颗粒。正常的磨料磨损，其磨损产物的颗粒呈不规则截面的粒状；而发生黏着磨损时，则可能出现条状的表面无光泽的磨损颗粒；齿轮和滚动轴承发生疲劳剥落，其碎屑呈片状，这种碎屑的摩擦面光滑明亮，而另一面则是布纹状的粗糙组织。

对于密闭且油量有限的润滑系统，可采用光谱分析方法对润滑剂进行定期的取样分析，确定油液中含有的磨损物颗粒浓度有无异常的增加，根据颗粒的状态还可判断磨损的性质和部位。

(2) 齿轮箱的温度检验

齿轮工作时会产生一定的摩擦热，如果齿轮磨损了，温度就会明显上升。如果齿轮负荷超限使用，温度也会升高。因此，经常检查齿轮箱是否发生不正常温升，也是判断齿轮是否磨损的一个简便方法。

(3) 诊听齿轮箱的声响

当齿轮箱的状态发生变化时，常常会随之发生声响的变化。利用诊听齿轮箱是否有异常声响也可作为判断齿轮是否发生磨损的依据，这种方法较难掌握。只有具有一定实际经验的操作、检修人员才能胜任这一工作。

(4) 测量齿隙游移量

判断齿轮磨损状况，除了用千分表测量齿轮间隙的增大外，还可以通过总的齿隙游移量的变化来估计齿轮的使用情况。

齿隙游移量的测量方法是：先将齿轮箱输出轴固定不动，用冲子之类的工具在输入轴某个机件（如小齿轮、带轮或联轴节等）上做个记号，然后将做有记号的机件前后微微转动，量出两边极限位置之间的距离 S，每次测量之后记录下 S 的尺寸。这样，就可以通过与以前各次测量结果做比较，由此来确定是否发生了磨损，从而确定是否需要检查齿轮箱的内部。

通常，当齿轮齿面均匀正常磨损、齿廓完整、主动齿轮弦齿厚的磨损量在 6% 以内、辅助传动齿轮在 10% 以内时，齿轮被认为可继续使用。若当齿轮齿面疲劳点蚀为长度的 1/3、齿高的 1/2 时，则需更换。局部轻微点蚀可不予更换。但当齿面有严重的黏着现象时，应立即更换。

2.1.6　挤出机采用 V 带传动有何特点？ V 带的规格型号如何表示？

(1) V 带传动的特点

在中小型单螺杆挤出机中，大部分电动机和齿轮减速箱之间是采用 V 带传动。V 带传动工作的特点是：组成 V 带传动的零件结构简单，工作时噪声比较小，安装和维修都比较方便；如果螺杆工作超载，皮带可以打滑，能起到保护传动零件不受破坏的作用。在 V 带传动正常的情况下，传动比应不大于 5∶1，可完成两轴距离较大的传动。

(2) V 带的规格型号表示

常用 V 带规格型号的表示通常是采用字母加数字及国家标准代码来表示，如

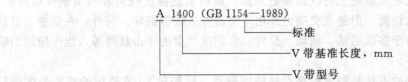

A　1400　（GB 1154—1989）
　　　　　　　　　　标准
　　　　　　V 带基准长度，mm
　　　　V 带型号

常用 V 带的截面尺寸标注如图 2-4 所示，常用 V 带的规格型号如表 2-1 所示。

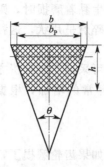

图 2-4　常用 V 带的截面尺寸标注

表 2-1　常用 V 带的规格型号

型号	b_p/mm	b/mm	h/mm	θ/(°)	L
A	11	13	8 10		630，710，800，900，1000，1120，1250，1400，1600，1800，2000，2240，2500
B	14	17	10.5 14		900，1000，1120，1250，1400，1600，1800，2000，2240，2500，2800，3150，3550，4000，4500，5000
C	19	22	13.5 18	40	1600，1800，2000，2240，2500，2800，3150，3550，4000，4500，5000，5600，6300，7100，8000，9000，10000
D	27	32	19		2800，3150，3550，4000，4500，5000，5600，6300，7100，8000，9000，10000，11200，12500，14000
E	32	38	23.5		4500，5000，5600，6300，7100，8000，9000，10000，11200，12500，14000，16000

2.1.7　挤出机带传动的磨损情况应如何分析检验？

在挤出过程中带传动磨损情况的分析检验，对于 V 带来说，必须使其张紧程度适中，若 V 带松弛则会导致打滑、跳动或产生变形。但 V 带过分张紧会使带轮轴承受不必要的拉力，同时也会加剧 V 带的磨损。随着 V 带及带轮的磨损，带与槽底逐渐接近，槽底与带底面的间隙小于标准间隙的 1/2 时，应予修复。若带与槽底接触时，槽底发亮，此时传动效率下降，表明带和带轮已严重磨损。在更换时，同一带轮上 V 带应同时更换。两带轮找正安装十分重要，校正不当，也会造成带和带轮不必要的磨损。

对于平带来说，除要检查其张力外，还要保持接头平滑。若平带轮工作表面凹凸不平，也应进行修复。

在 V 带和平带传动中，当带轮直径大于 250mm，若测量的径向圆跳动和端面圆跳动超过 0.3mm 时，应对带轮进行修复。

2.1.8　链传动的链和链轮应如何分析检验？

链传动的主要失效形式是链或链环的磨损和破坏。当制造精度较低及润滑条件较差时，链的套筒和销轴之间的磨损将比较严重。由于磨损后间隙加大，而使链的节距增大，以致不能和链轮轮齿正常啮合，造成在大链轮上的跳齿脱链现象。而当制造精度较高和润滑条件较好时，套筒和销轴之间的磨损较轻微，但链在交变力作用下常易发生疲劳破坏。另外，在低速、重载条件下工作的链传动，由于多次启动、制动、反转、停车或严重的冲击载荷等，也可能因销轴破断而使链发生拉断破坏。

判断滚柱链状态最好的方法是测量铰接点处的磨损量。例如对 10 节链环的延伸长度进行测量，如图 2-5 所示，然后将测量结果同新链环的测出值加以比较，以此可确定所测量的那些链环的平均磨损量。在可能的情况下，可将链推紧并测量相同链环数的链长，然后将两种测量的结果加以比较，两者的差值相当于所测量各链环之间的总间隙量。对于链是否需更换，还取决于链片的宽度变化，链片的底边常会由于同支承结构的接触而磨损。

对于运行非常缓慢的链（如传动带的链），常可在运转中对链的长度进行检验，如图 2-6 所示。先在一个弹簧片上做出记号，然后将这些记号之间的距离同链条运动方向的两个固定点间的距离加以比较。当前一个做有标记的链片的销子与固定点Ⅰ重合时，位于固定点Ⅰ处的观察者发出信号，位于固定点Ⅱ处的检验者便测量做有标记的链片上的销子与标准尺寸之间的距离。通常，当链轮磨损时，节距会发生改变，其结果是导致载荷集中于 2～3 个轮齿上，使磨损继续加剧。因此，为使新链与链轮节距相匹配，一般链与链轮应同时更换为宜。

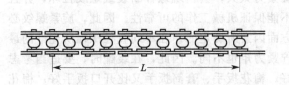

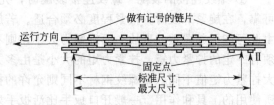

图 2-5　滚柱链磨损量测量　　　　　　图 2-6　运转中链和链轮磨损量测量

2.1.9　传动系统联轴节的磨损情况应如何分析检验？

(1) 对于刚性联轴节，由于没有弹性，因此没有明确的磨损特征。通常检查磨损量时，可利用在两联结件上所涂开裂指示漆的漆膜是否破裂来查出任何微小的位移。也可用冲子在两个联结件上做出标记，松动现象则可由标记处的相对位移来判定。

(2) 对于弹性联轴节，一般都允许两轴之间有轻微的不同轴度。通常检查其磨损情况时，可查出在两联轴节上做出的联结标记的相对错动量，当错动量加大，则表明磨损加大。在弹性圆柱销联轴节中，橡胶圈磨损后，联轴节在运转中会产生振动，从而导致联结的部件损坏。

2.1.10　挤出机轴承磨损情况应如何分析检验？

(1) 滑动轴承磨损情况分析检验

滑动轴承的磨损主要是间隙的加大。检验时可将机器停止转动，用压铅法和塞尺检查间隙。

对于运转中的滑动轴承，可采用磁性传感器测量法，如图 2-7 所示。磁性传感器设置在轴承底部，轴承合金是非磁性的，而轴则是磁性材料制成的。当磨损量增加时，会使轴同磁性传感器接近，从而使磁场发生变化。这种变化经测出并经适当转换后，就可检测出轴承磨损量来。

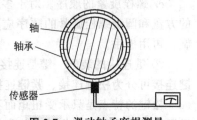

图 2-7　滑动轴承磨损测量

(2) 滚动轴承磨损情况分析检验

一般来说，滚动轴承的磨损是在明显的过热、强烈振动或噪声严重时才被发现的。正常运转的轴承，温度升高量很小，若温升过高，说明轴承承载能力不足，应及时换用承载能力更高的轴承，以免由于轴承破坏而导致设备其他机件的损坏。轴承在使用时，不应发生振动和摆动。在工作中的轴承出现噪声，表明轴承缺少润滑油或工作零件已发生磨损变形。

在潮湿的环境下，应防止因密封不良而造成轴承锈蚀。采用冲击脉冲测定法对滚动轴承劣化过程进行监测和早期诊断现已是较常用的方法。根据仪器测得的冲击脉冲值随时间分布的方式，可推知故障的性质，同时也可测出滚动轴承接近危险期的信号，以便有充裕的时间来安排对滚动轴承的检修。

对机器或机构运转的灵活性、工作温升、密封性、转速及功耗等方面进行试车检查。

2.1.11　对挤出机进行检修时，常用机械零件应如何装配？

对挤出机进行检修时，各种零件的装配除应遵循前述的装配规程外，通常还需要了解和掌握一定的装配技巧。

(1) 固定连接的装配

在固定连接中，最常见的装配有螺纹连接、键连接和销连接。

① 螺纹连接的装配　螺纹连接装配时，先应对螺纹连接进行预紧。为了达到连接紧固而可靠，在旋紧螺纹时，松紧程度必须合适。若旋紧力太大，会出现螺杆断裂或螺纹拉坏，并且由此可能引起严重的事故。而旋紧力太小，则不能保证机械工作的可靠性。因此，旋紧螺纹必须有一定的拧紧力矩。拧紧力矩的大小是由多方面因素所确定的。在不同直径螺栓所允许的最大拧紧力矩值不同，而螺纹钢材不同则允许的拧紧力矩也不同。因此，在装配时，要适当考虑所使用的工具和作用。一般开口扳手比活扳手好；梅花扳手、套筒扳手又比开口扳手好；梅花扳手与套筒扳手中六方的比十二方的要好。在连接要求严格的地方，还可采用扭矩扳手。

根据螺纹连接的结构、位置、材料、振动、可靠性和环境等因素不同，螺纹连接的止动方法可分为弹簧垫圈、止动垫圈、开口销和双螺母等几种方法。在具体选用时，应考虑止动的可靠性，防止事故的发生；同时还应拆装方便，尤其是在工作条件受限制的高空起重设备等场合。

螺纹连接装配时应着重注意以下方面。

a. 双头螺栓与机体螺纹的配合为过渡配合或采用带台肩的螺栓，以增加配合的紧固性或使螺栓最后几圈做成较浅的螺纹，以达到紧固的目的；螺栓装入软质机体时，过盈量要适当增大。

b. 将双头螺栓装入机体孔时，应检查垂直度。若偏斜较小，可修正螺孔或将装入的螺栓校正；若偏斜较大，不允许强行校正，而应重新钻孔。在装入螺栓时还可加少量润滑油，以免咬死。

c. 螺栓旋紧的顺序。对于多个螺栓连接的机件，在旋紧螺栓时应遵循一定的顺序。典型的方盘和圆盘螺栓旋紧的顺序应是先中间后两边交错拧紧，而且应分次旋紧，一般可先用手旋，再用扳手。

② 键连接的装配　键是连接传动件以传递扭矩的一种标准件。按结构特点和用途的不同，键连接可分为松键连接、紧键连接和花键连接三种。通常，键均采用 45 钢制作。

松键的特点是只承受扭矩而不承受轴向力。松键包括普通平键、半圆键、导向平键等。普通平键是靠两侧面工作的，装配后使轴与轮毂相连，并且有较好的对中。平键是一种静连接，它与键槽两侧面配合必须有一定的过盈，而键的顶面与轮毂槽底之间还必须留有一定的径向间隙。安装时，先要清理键和键槽的毛刺，将平键压入或用铜锤（木槌）打入，如果不压（或不打）就装进去了，则说明配合太松不合格。导向平键不仅要带动轮毂旋转，还必须使轮毂沿轴向方向来回移动。为此，键与轮毂键槽（或轮轴键座）的配合必须是间隙配合。键槽（键座）的侧面应打磨光滑，以便轮毂移动时减少阻力和磨损。而键和轮轴键座（或轮毂键槽）两侧面必须紧密配合，无松动现象。对较长的导向平键，还需要用埋头螺钉把键固定。

在打入和压入键时，应在配合表面上加少许机油后再将键压入（如用铜棒垫着敲打进槽或用钳口加软垫的台虎钳压入），使键与槽底接触。

紧键又称为斜键，其斜度一般为 1∶100。斜键用于同心度要求不高的连接件，其是依靠打入轴和轮毂间产生的压力形成的摩擦来传递扭矩的。故斜键的斜度一定要与轮毂上键槽的斜度吻合，而它的两侧面应与键槽间有一定的间隙。若配合不好，可用锉刀或刮刀修整键槽。钩头斜键安装后，钩头与轮毂端面间必须留有一定的距离（约等于键高），以便于拆卸。

由于斜键有斜度，因而引起轴与零件偏心，这样在高速时将引起振动，又由于楔紧斜键时是靠摩擦力，其在冲击负荷下易松脱。故斜键不宜用于高速和有冲击的传动连接。

花键连接与单键连接相比，它由于键与轴是一个整体，轴和轮毂孔上的载荷的分布比单键均匀，而且轮毂孔的同心度和导向精度均较高；花键连接接触面积大，因而可传递较大的扭矩。此外，连接的紧固性和可靠性也较好。

花键连接形式多用于滑动配合中，故花键通常以滑键形式出现。在装配过程中，首先应清理花键及花键孔上的毛刺和锐边，然后在花键轴上涂上一层机油，将轴轻轻推入花键轴孔中，以手转动花键轴，试其啮合情况。滑动配合的花键的装配应轴向移动轻快，回转无冲击。

③ 销连接的装配　销一般用于锁定零件或装配定位之用，也可作为安全装置的零件（称为安全键）。销根据外形，可分为圆柱销、圆锥销、开口销和销轴等几种。

圆柱销靠过盈固定在孔中，借以固定零件、传递动力或作定位件。由于圆柱销是过盈配合入孔中，一经拆卸就会损坏配合精度，故不宜多次拆卸。圆柱销作定位连接时的安装，首先是在被连接的零件上钻孔，然后以铰刀来进行铰削，以改进销孔的加工精度和粗糙度，再将销子敲入。对于用在定位场合的圆柱销，不能将两工件完全固定之后，再装销子，否则便失去了销定位的意义。这是因为螺栓由于结构的限制，只能起连接作用而不能定位。对于需要定位的工件，应先定位，再用螺栓连接。因此，一般应先用手指将销子按入销孔，再将螺栓旋入螺栓孔（先不要旋紧），用铜棒敲击销子使之到位，最后完全紧固螺栓。装配时要注意销子在销孔中的松紧程度，受较大冲击负荷或精密的设备上装配的定位销，销与销孔的接触面积不应小于65%，销装入孔的深度应符合规定。

圆锥销通常用来作为定位销使用，它的优点是可以在一个孔中安装数次，而不致损坏连接质量。圆锥销多装配于透孔中，当在不透孔中装配时，为防止取出困难，多采用螺尾锥销。销装入孔后，需重新调整连接件时，不应使销受剪力。

开口销为扁圆材料对合而成。它的两腿长短不齐，以便于分开。开口销多作为防松止退零件用。开口销装配后两腿必须扳开，扳开角度不应小于 90°。

销轴是圆柱销的一种特殊形式。其常用作活动连接的枢轴。销轴在装配时，销轴与销孔的配合必须是间隙配合。为防止销轴脱落，销轴两端一般均装配垫圈，无挡盘端应装入开口销止退。

(2) 联轴器的装配

联轴器的主要用途是把两根轴沿长度方向连接成一体，以传递转矩或转速。联轴器按用途不同可分为联轴节和离合器这两大类。联轴节又名靠背轮、对轮或接手等。它是用来牢固地把轴连接在一起的一种部件。离合器也是用来连接两根轴的，但是它可以在主动轴工作的情况下，即在运转中使两根轴随时脱开或连接起来。因此，使用离合器可以在原动机一直工作情况下，随时启动或停止被动机。

联轴节可分为固定式和可移动式两大类。固定式联轴节所连接的两根轴的旋转中心线应该保持严格的同轴；可移动式联轴节则允许两轴的旋转中心线有一定程度的偏移。

联轴节找正时的测量方法及步骤为：首先利用直尺及塞尺测量联轴节的径向位移和利用平面规及间隙测量联轴节的角位移。其次再利用中心卡及塞尺测量联轴节的径向间隙和轴向间隙（或利用中心卡和千分表测量联轴节的径向间隙及轴向间隙）。测量时，先装好中心卡，并且使两半联轴节向着相同的方向一起旋转，使中心卡首先位于上方直的位置（0°）；然后用塞尺

（或千分表）测量径向间隙和轴向间隙；最后将两半联轴节顺次转至 90°、180°、270°三个位置上，分别测量。当两半联轴节重新旋转至 0°位置时，应再测一次径向间隙和轴向间隙。对照测量出径向间隙及轴向间隙的数值，应检查其产生偏差的原因（如轴向窜动），并且予以消除，然后重新进行测量，直到所测得数值正确为止。

测间隙时，必须精确，以免发生错误。要避免找正的工具在测量过程中位置发生变动和测量时塞尺片插入各处时的力量不够均匀等。在没有轴向窜动的联轴节的精确找正中，联轴节外圆中心线与轴中心线的偏心、倾斜，轴中心线与联轴节端面不垂直等影响都与所测得的间隙无关。但在相差 180°的位置上所测得的两间隙之和是不变的。

在调整联轴节之前先要调整好两联轴节端面之间的间隙，此间隙应大于轴的轴向窜动量，其值可按图纸或查阅有关规定确定。如联轴节在 90°、270°两个位置上所测得的径向间隙和轴向间隙的数值相差很大时，可将主动机的位置在水平方向作适当的移动来调整。通常是采用锤击或千斤顶来调整主动机的水平位置。

联轴节经测量及找正后，在安装时，应先将两半联轴节分别安在所要连接的两轴上，首先是从动机安装好，使其轴处于水平，然后安装主动机。找正时只需调整主动机，即在主动机的支脚下面用加减垫片的方法来进行调整。

（3）动密封的装配

密封分为静密封和动密封两大类。结合面相对静止的密封称为静密封，如法兰盘密封。结合面相对运动的密封称为动密封，如轴的轴封。动密封按密封结合面是否接触，可分为接触式动密封和非接触式动密封两种。接触式动密封的密封装置与轴接触，两者之间存在相对摩擦，接触式动密封有填料密封、机械密封和浮环密封等。机械密封的特点是将容易泄漏的轴向密封，改变成较难泄漏的三个静密封和一个端面密封。非接触式动密封的密封装置与轴不接触，两者之间无相对的摩擦。非接触式动密封有迷宫密封、动力密封等。

机械密封的装配前应进行必要的检查。检查各零件的型号、规格、性能、配合尺寸及有无缺口、点坑、变形和裂纹等损伤。检查动静环的密封端面是否光洁明亮，有无崩边、点坑、沟槽、划痕等。检查密封端面的平直度、平行度、垂直度和表面粗糙度。

检查密封圈表面是否光滑平整，不得有气泡、裂纹、缺口等缺陷；断面尺寸要均匀。O 形密封圈的硬度要根据压力选择。密封压力较高的，硬度要高；密封压力较低的，硬度要低。密封圆柱面的 O 形密封圈，内径应比该密封点的外径小 0.5~1mm。密封圈的压缩量要适当，压缩量过大，密封效果好，但摩擦阻力大，装配困难；压缩量过小，摩擦阻力小，装配容易，但密封效果差。O 形密封圈的压缩量为横断面直径的 8%~23%，直径小的，取百分比大些。对于无防转销的静环，静环 O 形密封圈起着密封和防转双重作用，该 O 形密封圈的压缩量要大些，以免静环转动，密封失效。动环的 O 形密封圈，在保证密封效果的前提下，压缩量取小些，以免压缩量过大，阻力过大而不能浮动补偿。对于 V 形密封圈，由于它是靠两边密封唇进行密封的，其内径应比密封点的外圆柱面的外径小，其外径应比密封点的内圆柱面的内径大。

弹簧的检查主要包括总数、有效圈数、自由高度、轴心线对端面是否垂直、弹簧旋向等方面。旧弹簧残余变形过大的要换掉。多弹簧机械密封时，各弹簧自由高度差不得大于 0.5mm，其旋向应与轴的转动方向相同，使之越旋越紧，否则传动就会失灵。

检查轴（或轴套）的配合尺寸、表面粗糙度、倒角、轴的轴向窜动量及径向跳动，还应检查轴承座、轴承以及密封端盖表面粗糙度、端面跳动、内径尺寸等方面。

O 形密封圈装于动环组件或静环组件上后，要理顺，不能扭曲。使毛边处于自由状态的断面上，避免毛边翻起而处于密封位置，影响密封效果。要防止密封组件安装时损伤。在应用压力机将静环组件装入压盖时，施力应均匀，不得用冲击力装入。被压面应垫上干净的纸板或布，以免损伤密封端面。

机械密封装好后，在启动前应做静压试验，一般静压试验压力为 0.2～0.3MPa。启动前还应先按轴转动方向以手动盘车，检查是否轻快均匀。应检查密封腔内是否已充满液体，不足时应注满。输送易凝固的介质时，应采用蒸汽或其他方式将密封腔加热，使介质熔化。此外，还应注意油封系统及冷却水的开停顺序。

在运行中，液体压力应平稳，压力波动应不大于±0.1MPa。对于离心泵，还应避免运行中发生抽空现象，以免造成密封面的干摩擦而破坏密封。对于在运行中各种原因造成的故障，应及时查清原因并排除，避免带障运行。

2.1.12　挤出机滚动轴承应如何装配调整？

(1) 滚动轴承的装配

在挤出机中滚动轴承的检修主要有滚动轴承的安装与拆卸等。滚动轴承前应准备好检修所需要的工具、量具等，并且将轴承中的防锈油和脏润滑油脂挖出，然后放在热机油中使残油溶化，再用煤油冲洗，最后用汽油洗净，并且用白布擦干。轴承在安装前还应对轴承及与轴承相配合的零件进行检查，如轴承型号、基本尺寸是否正确，轴承内是否清洗干净；内外圈、滚动体、保持架是否有生锈、毛刺、碰伤、裂纹；轴承转动是否自如；间隙是否合适等。检查轴颈和与轴承相配合的孔的表面是否有毛刺、裂纹或凹凸不平现象，表面上的毛刺应用油石或砂布打磨，对其他较严重的缺陷可以采用刷镀、喷涂等方法修复或更换；再将轴承添加润滑剂，涂油时应使轴承缓慢驱动，使油脂能进入滚动件和滚道之间。

滚动轴承的安装方法有压入法、热装法和冷装法等几种。其安装方法一般应根据轴承的结构、尺寸、配合情况等来选择。当滚动轴承与轴或轴承座孔过盈较小时，可以采用压入法安装。安装时所施加的作用力应直接加在紧配合的套圈端面上，不能通过滚动体传递压力，因为这样会在轴承工作面造成压痕，影响轴承正常工作，甚至造成损坏。同样，由于轴承的保持架、密封盖等，零件很容易变形损坏。

轴承内圈与轴是紧配合，外圈与壳体的配合较松时，应先将轴承装在轴上，然后将轴连同轴承一起装入壳体中。压装时在轴承端面上垫一个软金属材料的装配套管，该套管的内径应比轴径略大，外径应小于轴承内圈的挡边直径，以免压在保持架上。

轴承外圈与壳体孔为紧配合，内圈与轴为较松配合，可先将轴承先压入壳体中，这时装配套管的外径应略小于壳体孔的直径。

轴承内圈与轴、外圈与壳体都是紧配合，装套管端面应做成能同时压紧轴承内外圈端面的圆环，或用一个圆盘和装配套管，使压力同时传到内、外圈上，从而把轴承压入轴上和壳体中。此种方法特别适用于能自动调心的向心球面轴承的安装。

过盈量较大的中、大型轴承的安装可采用热装法。安装前，把轴承或可分离型的轴承套圈放入油槽中均匀地加热至 80～100℃（一般不超过 100℃，最高不超过 120℃）。然后从油箱中取出，立即用干净的布擦净轴承。在一次操作中将轴承推到顶住轴肩的位置，并且在整个冷却过程中应设法始终推紧，同时应适当转动轴承，以防安装倾斜或卡死。加热时应注意：油槽内在距离底部 50～70mm 处应有一个网栅或悬挂轴承的钩子，不要将轴承放到槽底，以防沉淀杂质进入轴承。同时必须有温度计严格控制最高油温。要特别注意安全，以免烫伤。

对于轴承外圈与轴承座孔为紧配合轴承的装配，如果过盈量较大，在常温下压入安装困难较大，或者可能对轴承造成损害，需用热装法时，可将轴承座加热。

轴承与轴或轴承座孔配合过盈量较大的中、大型轴承的安装可采用冷装法。一般是用干冰（沸点为 -78.5℃）或液氮（沸点为 -195.8℃）为冷却介质，将轴颈（对于轴承内圈与轴为紧配合）或轴承（对于轴承外圈与轴承座孔为紧配合）放到冷却装置中进行冷却，冷却温度一般不低于－80℃，以免材料冷脆，冷却后迅速取出，安装到预定位置。

(2) 滚动轴承间隙调整

滚动轴承间隙是指滚动轴承的径向间隙与轴向间隙。间隙可保证滚动体的正常运转并补偿热伸长。间隙的合适与否，直接影响着轴承的寿命。

有很多轴承，特别是能承受一定轴向推力的轴承，如角接触球轴承（6000 型）、圆锥滚子轴承（7000 型）、单列推力球轴承（8000 型）及双向推力球轴承（38000 型）等，其间隙调整可用调整垫片、螺纹环、外套、预紧弹簧、锁紧螺母等方法。

间隙可调整的滚动轴承的轴向间隙与径向间隙之间成正比例关系。因此，所谓调整间隙，对这类轴承就是调整轴向间隙的问题。只要调整好轴向间隙，就可获得所需的径向间隙。而这类轴承一般是成对使用的（即装在轴的两端或一端），因此，只需要调整一个轴承的轴向间隙即可。

间隙不可调整的滚动轴承是指不承受轴向力的轴承，如深沟球轴承、圆柱滚子轴承等，这类轴承的间隙在制造时已按标准确定好，不能进行调整。在维修过程中主要是看能否运转自如。必要时可进行径向间隙的测量。

(3) 滚动轴承的拆卸

① 不可分离型轴承的拆卸　轴承与轴是紧配合，与壳体孔为较松的配合时，可将轴承与轴一起由壳体中取出，然后用压力机或拉杆拆卸器将轴承从轴上卸下。拆卸时，轴承下面应垫一个衬套。

② 可分离型轴承的拆卸　如内圈与轴为紧配合时，可先将轴与内圈一起取出，然后用压力机或拉杆拆卸器将内圈从轴上卸下，而轴承的外圈，可用压力机或拉杆拆卸器把紧配合的外圈压出或拔出。

③ 拆卸或安装数量较多的可分离型轴承　当拆卸或安装数量较多的可分离型轴承时，可采用专用的感应加热器。拆卸轴承时，把感应加热器套在内圈上，用拆卸器的卡爪卡住轴承，通电后内圈很快发热，当轴承内圈在轴上松动时切断电源，即可进行拆卸。这种方法也适用于可分离型轴承的安装。要注意用电安全。

2.1.13　挤出机滑动轴承应如何进行检修？

检查合金层与底瓦贴合是否牢靠，有无裂纹和孔洞。检查轴瓦与轴承座的接触面积，通常要求上轴瓦接触面占 40%，下轴瓦占 50%。接触面积的接触点以 1～2 点/cm² 为宜。检查轴瓦与轴的接触角应在 60°～90°，最大不超过 100°。在接触角内接触点要求在 2～3 点/cm²。检查轴瓦的间隙。间隙的检验方法可用压铅法测量，通常侧隙为顶隙的 1/2。

调整轴瓦的压紧力。测量轴瓦压紧力的方法与测量顶隙的方法基本一样，采用压铅法。用软铅丝分别放在轴瓦的背上和轴承盖与轴承座的接合面上，均匀上紧螺栓，测出软铅丝的厚度，并且计算出轴瓦压缩后的弹性变形量 A 值，一般 A 值在 0.02～0.04mm 之间，否则应用增减轴承盖与轴承座接合面处的垫片的方法进行调整。

2.1.14　常用减速器应如何检修装配？

挤出机中常用的减速器主要有圆柱齿轮减速器、蜗轮蜗杆减速器和摆线针轮减速器，以下主要介绍圆柱齿轮减速器的检修装配。

(1) 圆柱齿轮减速器的检修要求

圆柱齿轮减速器工作过程中，一般要求两轴应有一定的平行度；两轴中心距偏差在规定的范围内，传动平稳，无振动和噪声，速度均匀；轴承运转自如，而且密封良好。

（2）圆柱齿轮的检修标准

圆柱齿轮外观应无毛刺、裂纹、断裂等缺陷。齿轮轮缘允许的径向跳动和端面跳动公差如表 2-2 和表 2-3 所示，齿轮节圆处齿厚的最大允许磨损值如表 2-4 所示，圆柱齿轮的齿表面的啮合接触面积符合表 2-5 所示的要求，齿轮啮合的侧向间隙符合表 2-6 所示的要求，齿轮中心线在齿轮宽度上的极限平行度应符合表 2-7 所示的规定。齿轮传动的齿顶间隙为（0.2～0.3）m（m 为齿轮模数），圆柱齿轮相互啮合时，其齿宽不相啮合的长度不得小于齿宽的 2%，铸造齿轮（非机械加工）啮合，不得少于齿宽的 1/3。

表 2-2　齿轮轮缘允许的径向跳动公差

精度等级	法向模数 /mm	齿轮直径/mm							
		<50	50～80	80～120	120～200	200～320	320～500	500～800	800～1250
7	1～30	0.032	0.042	0.050	0.058	0.070	0.080	0.095	0.115
8	1～50	0.050	0.065	0.080	0.095	0.110	0.120	0.150	0.190
9	2.5～50	0.080	0.105	0.120	0.150	0.180	0.200	0.240	0.300

表 2-3　齿轮轮缘允许的端面跳动公差

精度等级	法向模数 /mm	齿轮或半人字齿轮宽度/mm						
		≤55	55～110	110～160	160～220	220～320	320～450	450～630
7	1～30	0.021	0.011	0.008	0.006	0.005	0.0042	0.0036
8	1～50	0.026	0.014	0.010	0.008	0.005	0.0052	0.0045
9	2.5～50	0.034	0.018	0.012	0.010	0.008	0.0065	0.0055

表 2-4　齿轮节圆处齿厚的最大允许磨损值

圆周线速度/(m/s)	≤2	>2	>6
最大允许磨损值/m	0.24	0.16	0.10

注：表中 m 为齿轮模数。

表 2-5　圆柱齿轮的齿表面的啮合接触面积

精度等级	7	8	9
按高度/%	>45	>40	>30
按长度/%	>60	>50	>40

表 2-6　齿轮啮合的侧向间隙

中心距/mm	<50	50～80	80～120	120～200	200～320	320～500	500～800	800～1250
侧向间隙/mm	0.085	0.105	0.130	0.170	0.210	0.260	0.340	0.420

表 2-7　齿轮中心线在齿轮宽度上的极限平行度

精度等级	法向模数 /mm	齿轮宽度/mm							
		<55	55～110	110～160	160～220	220～320	320～450	450～630	630～900
7	1～30	0.017	0.019	0.021	0.024	0.028	0.034	0.040	0.050
8	1～30	0.021	0.024	0.026	0.030	0.036	0.042	0.050	0.060
9	2.5～50	0.026	0.030	0.034	0.038	0.045	0.052	0.60	0.080

（3）圆柱齿轮减速器的安装

① 安装前的准备　仔细检查待装齿轮的表面质量以及轴和齿轮孔配合表面的尺寸、粗糙度、形状等是否符合图纸要求。如果齿轮和轴是键连接时，应检查键槽、键的有关配合尺寸、粗糙度是否符合要求。

② 安装齿轮　一般齿轮孔与轴的配合采用过渡配合 D/g_c，并且用键销连接和固定。因此装配过程中施加的力不是很大，但要防止齿轮的孔呈喇叭形，与轴配合得不紧密，会发生左右

偏摆的现象；或齿轮的中心线和轴的中心线不同轴（有偏心距 e），使齿轮运转就会产生径向跳动，使啮合两齿轮的中心距时大时小地变动，因而在一个回转中，就有冲击声发生；当偏心距 P 过大时，还可能有偶然咬住的现象；齿轮在轴上装成歪斜（有偏斜角 α 时，齿轮运转就会产生端面跳动。当齿轮在啮合时，作用力集中在齿面的局部地方，因而使该处的齿面磨损加快；若齿轮没有装到轴肩，当齿轮在啮合时，齿面有一部分外露而不参加工作，因此应重新卸下齿轮，将齿轮轮毂与轴肩加工以后，再装上去。

③ 安装轴承　把装好齿轮和轴承的轴装入齿轮箱，先安装最低转速的轴，然后依次装入较高转速的轴。

（4）安装的检查

为了确保安装质量，在安装过程中，必须对两啮合齿轮的中心距、轴线的平行度、啮合间隙和啮合接触面等进行检查。

2.1.15　蜗轮蜗杆传动应如何进行检修？

在工作过程中，蜗轮蜗杆的传动一般要求两轴中心距、两轴垂直度、两齿面间的间隙及两齿啮合的接触面积等应符合规定要求；轴承、油封良好。

（1）蜗轮蜗杆检修标准

蜗轮蜗杆的齿形表面不得有裂纹、毛刺、严重划痕等缺陷。蜗轮节圆处齿厚磨损的最大允许值、蜗轮蜗杆的齿厚公差值符号、蜗轮啮合接触斑点、蜗轮蜗杆啮合侧间隙、最小法向侧隙、蜗轮蜗杆中心距的极限偏差和蜗杆副的中间平面的极限偏差、蜗杆副的轴交角极限偏差等都应符合相关规定的要求；蜗轮蜗杆啮合的齿顶间隙应在 $(0.2\sim0.3)m$ 之间（m 为模数）。

（2）蜗轮蜗杆减速器的检修

检修蜗轮蜗杆减速器时，首先打开减速箱的上盖，认真检查蜗轮、蜗杆磨损情况及啮合间隙、轴承、油封等部件，对损坏部件应及时修理或更换。

为了确保蜗轮和蜗杆之间的正确啮合，在检修、装配过程中应对轴心线交角和中心距、蜗轮中间平面偏移量进行检测。

轴心线交角的检查时，先在蜗杆和蜗轮轴的位置上分别装检验芯轴，再将摇杆的一端套在芯轴上，其另一端固定一只千分表，然后摆动摇杆，用千分表分别测出芯轴上两点的读数，这两个数值应该相同。

中心距用内径千分尺检查，蜗轮蜗杆的中心距的极限偏差应符合检修标准。

蜗轮中间平面偏移量的检查，可先将样板的一边轮流紧靠在蜗轮两侧的端面上，然后用塞尺测量样板与蜗杆之间的间隙盘。若两侧所测得的间隙值相等，则说明蜗轮中间平面没有偏移，即装配正确。

啮合间隙的检查可用直接测量法，先把千分表的量头直接触到蜗轮齿面并与齿面相垂直，然后使蜗杆固定不动，而微微地左右转动蜗轮，便可以从千分表上直接读出蜗轮和蜗杆齿面之间的啮合侧间隙。

啮合接触面积常用涂色法检查，检查时，先在蜗杆的工作表面上涂一层薄薄的颜料，然后使其与蜗轮啮合，并且慢慢地正反转动蜗杆数次。这时在蜗轮的齿面就有色迹，根据色迹分布的位置和面积大小即可判断啮合的质量。

由于蜗轮蜗杆装配时产生的各种偏差都会使啮合不正确，为了校正这些偏差，通常可以采取移动蜗轮中间平面位置来改变啮合接触位置，或者刮削蜗杆的轴瓦来校正轴心线的交角偏差。

蜗轮蜗杆装配完毕后，应检查其灵活性，即当蜗轮处在任何位置时，旋转蜗杆所需的力矩应该相等，轻快自如。

2.2　双螺杆挤出机操作维护疑难处理实例解答

2.2.1　双螺杆挤出机开机前应做好哪些准备工作？

(1) 检查电器配线是否准确，有无松动现象。检查各热电偶、熔体传感器等检测元件是否良好。

(2) 检查所有润滑点，并且对所有需连接的润滑点再次清洁。启动润滑油泵，检查各润滑油路润滑是否均匀稳定。

(3) 检查所有进出水管、油管、真空管路是否畅通、无泄漏，各控制阀门是否调节灵便。检查整个机组地脚螺栓是否旋紧。

(4) 确认主机螺杆、机筒组合构型是否适合于将要进行挤塑的材料配方，若不适合，则应重新组合调整。

(5) 检查主机冷却系统是否正常，有无异常。使用前须将各机筒段冷却管路阀门关闭。

(6) 安装机头，安装步骤如下。

① 安装前，应擦除机头表面的防锈油等，仔细检查型腔表面是否有碰伤、划痕、锈斑，进行必要的抛光，然后在流道表面涂上一层硅油。

② 按顺序将机头各部件装配在一起，螺栓的螺纹处涂以高温油脂，然后拧上螺栓和法兰。

③ 将分流板安放在机头法兰之间，以保证压紧分流板而不溢料。

④ 上紧机头螺栓，拧紧机头紧固螺栓，安装加热圈和热电偶，注意加热圈要与机头外表面贴紧。

(7) 通电将主机预热升温，按工艺要求对各加热区温控仪表进行参数设定。各段加热温度达到设定值后，继续保温 30min，以便加热螺杆，同时进一步确认各段温控仪表和电磁阀（或冷却风机）工作是否正常。

(8) 按螺杆正常转向用手盘动电机联轴器，螺杆至少转动三转以上，观察两根螺杆与机筒之间及两根螺杆之间，在转动数圈中有无异常响声和摩擦。若有异常，应抽出螺杆重新组合后装入。

(9) 检查主机和喂料电机的旋转方向，面对主机出料机头，如果螺杆元件是右旋，则螺杆为顺时针方向旋转。各喂料机按配套要求检查运转情况。

(10) 清理储料仓及料斗。确认无杂质、异物后，将物料加满储料仓，启动自动上料机。料斗中物料达预定料位后，上料机将自动停止上料。

(11) 对有真空排气要求的作业，应在冷凝罐内加好洁净自来水至规定水位，关闭真空管路及冷凝罐各阀门，检查排气室密封圈是否良好。

(12) 启动润滑油泵，再次检查系统油压及各支路油流，打开润滑油冷却器的冷却水开关（当气温较低或工作后油箱温升较小时，冷却水亦可不开）。

2.2.2　双螺杆挤出机开机操作步骤如何？安全操作注意事项有哪些？

(1) 开机操作步骤

① 检查一切正常后方可启动主电机，并且调整主机转速旋钮（注意开车前首先将调速旋钮设置在零位），逐渐升高主螺杆转速，在不加料的情况下空转转速不高于 40r/min，时间不少于 1min，检查主机空载电流是否稳定。

② 主机转动若无异常，可按下列步骤操作：辅机启动→主机启动→喂料机启动。

③ 先少量加料，以尽量低的转速开始喂料，待机头有物料排出后再缓慢升高喂料机螺杆转速和主机螺杆转速，升速时应先升主机速度，待电流回落平稳后再升速加料，并且使喂料机与主机转速相匹配。每次主机加料升速后，均应观察几分钟，无异常后，再升速直至达到工艺要求的工作状态。

④ 待主机运转平稳后，则可启动软水系统水泵，然后微微打开需冷却的机筒段截流阀，待数分钟后，观察该段温度变化情况。

⑤ 在主机进入稳定运转状态后，再启动真空泵（启动前先打开真空泵进水阀，调节控制适宜的工作水量，以真空泵排气口有少量水喷出为准）。从排气口观察螺槽中物料塑化充满情况，若正常即可打开真空管路阀门，将真空控制在要求的范围内。若排气口有"冒料"现象，可通过调节主机与喂料机螺杆转速，或改变螺杆组合构型等来消除。

⑥ 塑料挤出后，即需将挤出物料慢慢引上冷却定型、牵引设备，然后根据控制仪表的指示值和对挤出制品的要求，将各环节做适当调整，直到挤出操作达到正常的状态为止。

⑦ 切割取样，检查外观是否符合要求，尺寸大小是否符合标准，快速检测性能，然后根据质量的要求调整挤出工艺，使制品达到标准的要求。

(2) 安全操作注意事项

① 物料内不允许有杂物，严禁金属和砂石等硬物混入主机螺杆与机筒内。打开抽气室或料筒盖时，严防有异物落入主机机筒与螺杆内。

② 开机时操作人员不得站在机头前面，要在侧面操作，以免机头喷料，烫伤人体。

③ 螺杆只允许在低速下启动，空转时间不超过 2min，喂料后才能逐渐提高螺杆转速。

④ 运转中应注意观察主电机的电流是否稳定，若波动较大或急速上升，应暂时减少供料量，待主电流稳定后再逐渐增加，螺杆在规定的转速范围内（200～500r/min）应可平稳地进行调速。密切注意润滑系统工作是否正常，检查油位、油温，油温超过 50℃ 即打开冷却器进出口水阀进行冷却。油温因季节而异应在 20～50℃ 范围内。

⑤ 操作过程中应巡回检查减速分配箱和主机筒体内有无异常响声。异常噪声若发生在传动箱内，可能是由于轴承损坏和润滑不良引起的。若噪声来自机筒内，可能是物料中混入异物或设定温度过低。局部加热区温控失灵会造成固态过硬物料与机筒过度摩擦，也可能为螺杆组合不合理。如有异常现象，应立即停机排除。检查机器运转中是否有异常振动、憋劲等现象，各紧固部分有无松动。

⑥ 注意检查温控、加热、冷却系统工作是否正常，水冷却、油润滑管道畅通，而且无泄漏现象。检查机头出条是否稳定均匀，有无断条阻塞、塑化不良或过热变色等现象，机头料压指示是否正常稳定。在采用安装过滤板（网）时，机头压力一般应小于 12.0MPa，挤出机过滤网应根据工艺要求合理选用并定期更换。

⑦ 检查排气室真空度与所用冷凝罐真空度是否接近一致，前者若明显低于后者，则说明该冷凝罐过滤板需要清理或真空管路有堵塞。在机器运转中发现机头漏料时应及时停机检修，装机头时要注意装紧，以免开车挤料时将机头挤出。

⑧ 挤出机停机时，机筒内除烯烃类物料外，对热敏性塑料（如聚氯乙烯）必须将机筒的剩料挤出。停机后应做必要的清理和检修，停机时间长时要做好各部位的防锈工作。

2.2.3　双螺杆挤出机停机操作步骤如何？

(1) 正常停车顺序

① 将喂料机螺杆转速调至零位，按下喂料机停止按钮。

② 关闭真空管路阀门。

③ 逐渐降低螺杆转速，尽量排尽机筒内残存物料。对于受热易分解的热敏性物料，停车前应用聚烯烃料或专用清洗料对主机进行清洗，待清洗物料基本排完后将螺杆主机转速调至零位，按下主机停止按钮，同时关闭真空室旁阀门，打开真空室盖。

④ 若不需拉出螺杆进行重新组合，可依次按下主电机冷却风机、油泵、真空泵、水泵的停止按钮，断开电气控制柜上各段加热器电源开关。

⑤ 关闭切粒机等辅机设备。

⑥ 关闭各外接进水管阀，包括加料段机筒冷却上水、油润滑系统冷却上水、真空泵和水槽上水等（主机机筒各软水冷却管路节流阀门不动）。

紧急停车按钮

⑦ 对排气室、机头模面及整个机组表面进行清扫。

(2) 紧急停车

遇有紧急情况需要停主机时，可迅速按下电气控制柜红色紧急停车按钮，如图 2-8 所示。并且将主机及各喂料调速旋钮旋回零位，然后将总电源开关切断。消除故障后，才能再次按正常开车顺序重新开车。

图 2-8　紧急停车按钮

2.2.4　双螺杆挤出机的日常维护和保养包括哪些内容？挤出机在挤出生产过程中应如何维护与保养？

(1) 日常维护和保养的内容

① 保持机器各润滑部位油量，要按规定加油，确保设备润滑。

② 对主机和辅机坚持定期检修，而且保持清洁整齐、无杂物。

③ 对设备仪表等工作部位要做到经常性的巡回检查，发现异常现象立即停机检修，确保设备的使用寿命。

④ 开车后，要始终保证料斗底座和螺杆通冷水冷却。

⑤ 停机拆卸机头时，若停机时间较长，要将安装在机头的各零部件上涂抹防锈油。

⑥ 新机器开始运转时，第一年每季度换油一次，以后每半年换油一次（指减速箱等部位），其他各润滑点，要经常保持油量。每运转 3000h 后更换一次润滑油，经常清理油过滤器和吸油管，油箱底应定期消除油污沉淀。

⑦ 一年检查一次齿轮箱的齿轮和轴承及油封（如无异常情况也可适当延长检修期）。

⑧ 长期停车时，对机器要有防锈、防污措施。

(2) 生产过程中挤出机维护与保养的方法

① 生产中要经常保持挤出的清洁和良好的润滑状态，平时做好擦拭和润滑工作，同时保护好周围环境的清洁。

② 经常检查各齿轮箱的润滑油液面高度、冷却水是否畅通以及各转动部分的润滑情况，发现异常情况时，及时自行处理或报告相关负责人员处理（减速箱、分配箱应加齿轮油，冷却机箱应加导热油）。

③ 经常检查各种管道过滤网及接头的密封、漏水情况，做好冷却管的防护工作。

④ 加料斗内的原料必须纯洁无杂质，绝对不允许有金属物混入，确保机筒和螺杆不受损伤。在加料时，检查斗内是否有磁力架，若没有必须立即放入磁力架，经常检查和清理附着在磁力架上的金属物。

⑤ 机器不允许空车运转，以避免螺杆与机筒摩擦划伤或螺杆之间相互咬死。

⑥ 每次生产后立即清理模具和料筒内残余的原料和易分解的停料机，若机器有段时间不生产时，要在螺杆机箱和模具流道部分表面涂防锈油，并且在水泵、真空泵内注入防锈剂。

⑦ 如遇电流供应中断，必须将各电位器归零并把驱动和加热停止，电压正常后必须重新加热到设定值经保温后（有的产品必须拆除模具后）方可开机，这样不至于开冷机损坏设备。

⑧ 辅机的水泵、真空泵应定期保养，及时清理水箱（槽）内堵塞的喷嘴以及更换定型箱盖上损坏的密封条。丝杠轴承需定期加油脂润滑，以防生锈。

⑨ 定期放掉气源三连件的积水。

⑩ 及时检查挤出机各紧固件，如加热圈的紧固螺钉、接线端子及机器外部护罩元件等的锁紧工作。

2.2.5　双螺杆挤出机螺杆应如何拆卸与清理？

拆卸螺杆时应尽量排尽主机内的物料，若物料为聚碳酸酯（PC）等高黏性塑料或丙烯腈-丁二烯-苯乙烯三元共聚物（ABS）、聚甲醛（POM）等中黏性物料，停车前可加聚丙烯（PP）或聚乙烯（PE）料清膛。然后停主机和各辅机，断开机头电加热器电源开关，机身各段电加热仍可维持正常工作，然后按以下步骤拆卸螺杆。

(1) 拆下机头测压测温元件和铸铝（铸铜、铸铁）加热器，戴好加厚石棉手套（防止烫伤），拆下机头组件，趁热清理机头孔内及机头螺杆端部物料。

(2) 趁热拆下机头，清理机筒孔端及螺杆端部的物料。

(3) 松开两套筒联轴器，根据螺杆轴端的紧定螺钉，观察并记住两螺杆尾部花键与标记。

(4) 拆下两螺杆头部压紧螺钉（左旋螺纹），换装抽螺杆专用螺栓。注意螺栓的受力面应保持在同一水平面上，以防止螺纹损坏。拉动此螺栓，若螺杆抽出费力，应适当提高温度。在抽出螺杆的过程中，应有辅助支撑装置或起吊装置来始终保持螺杆处于水平，以防止螺杆变形。在抽螺杆的过程中可同时在花键联轴器处撬动螺杆，把两螺杆同步缓缓外抽一段后，马上用铜丝刷、铜铲趁热迅速清理这一段螺杆表面上的物料，直至将全部螺杆清理干净。

(5) 将螺杆抽出，平放在一块木板或两根木枕上，卸下抽螺杆工具，分别趁热拆卸螺杆元件，不允许采用尖利淬硬的工具击打，可用木槌、铜棒沿螺杆元件四周轴向轻轻敲击，若有物料渗入芯轴表面以致拆卸困难，可将其重新放入筒体中加热，待缝隙中物料软化后即可趁热拆下。

(6) 拆下的螺杆元件端面和内孔键槽也应及时清理干净，排列整齐，严禁互相碰撞（对暂时不用的螺杆元件应涂抹防锈油脂）。芯轴表面的残余物料也应彻底清理干净。若暂时不组装时应将其垂直吊置，以防变形。

(7) 对于机筒内腔可用木棒缠绕布卷清理干净。

2.2.6　双螺杆在安装时应注意哪些问题？

(1) 整体式双螺杆的安装

① 两根螺杆的组装构型必须完全相同（仅在采用齿形盘元件时例外），组装时各元件内孔及芯轴表面需薄薄匀涂一层耐高温（350℃）润滑剂，各螺杆元件在芯轴上套装时应使其端面充分靠合，衔接处应平滑无错位。最后上紧螺杆头螺钉（螺钉螺纹上应抹润滑剂）。

② 将两螺杆按工作位置并排放置后，检查两螺杆轴向、径向间隙应均匀一致，然后按螺杆尾部花键与套筒联轴器对应字头位置同时将两螺杆推装入筒体，使螺杆尾部与传动箱齿轮轴端面紧密靠合，上好紧定螺杆或紧固好花键两端旋帽，重新顶紧尾部密封压盖。在装螺杆前可在尾部花键上薄薄匀涂一层润滑剂。

③ 螺杆装好后，应手动盘车使螺杆旋转两周以上，确认无干涉或刮磨等异常现象后，即可安装机头，安装时应对各螺钉螺纹表面均匀抹二硫化钼润滑剂。

④ 恢复对机头加热直至设定温度后，即可按正常程序开车。

（2）组合式双螺杆的安装

① 组合式双螺杆在安装时，首先应在各组合元件内孔及芯轴表面均匀涂上一层薄薄的耐高温（350℃）的浅色润滑剂。

② 将各螺杆元件按要求套装在螺杆芯轴上，各元件端面应充分靠合，衔接处应平滑无错位，然后上紧螺杆头螺钉。

③ 将两根螺杆按工作位置并排放置，检查两根螺杆的轴向间隙是否均匀一致，并且予以调整。

④ 将螺杆尾部花键涂上薄薄一层耐高温润滑油后，再将两根螺杆按螺杆与套筒联轴器对应的字头标记位置推入机筒，使螺杆尾部与传动箱齿轮轴端面紧密靠合，再上好套筒紧定螺钉，如需适当调整齿轮轴相位，可对带传动进行手动盘车，不得贸然启动挤出机。

⑤ 螺杆安装完后，应手动盘车旋转两周以上，确认有无干涉或刮磨等异常现象。

⑥ 螺杆安装无异常后，再安装机头测压测温元件等，注意安装时应对各螺钉螺纹表面均匀抹二硫化钼。

2.2.7　双螺杆挤出机在螺杆运行前为什么先要用手盘动电机联轴器？

双螺杆挤出机在螺杆运行前必须先用手盘动电机联轴器，这主要是为了观察螺杆与机筒之间及两根螺杆之间，在转动时有无异常响声和摩擦，以防止螺杆或料筒的损坏。同时还有助于检查料筒残余物料的温度是否达到塑化要求及物料的塑化情况。因为在挤出生产过程中，停机时料筒内可能会残留部分物料黏附于螺杆表面或机筒内壁。这些物料如果在挤出机预热时没有熔融塑化好，将会对螺杆的旋转造成相当大的阻力，当螺杆启动时易引起挤出机过载，对螺杆产生很大的扭矩力，使螺杆出现变形损坏。

用手盘动电机联轴器的方法是：在温度达到设定温度并保温一段时间后，按螺杆正常旋转的方向用手盘动电机联轴器，使螺杆转动三转以上，若转动过程中出现有盘不动，或较大的摩擦声、异常声响等，必须检查排除后方可开机。

2.2.8　双螺杆挤出机开机后应如何调节喂料速度与螺杆的转速？

双螺杆挤出机在刚开机时应先少量加料，以尽量低的转速开始喂料，待机头有物料排出后再缓慢升高喂料机螺杆转速和主机螺杆转速，升速时应先升主机速度，待电流回落平稳后再升速加料，并且使喂料机与主机转速相匹配。喂料时要密切注意主机电流表及各种指示表头的指示变化情况。螺杆扭矩不能超过红标（一般为扭矩表的 $65\%\sim75\%$）。每次主机加料升速后，均应观察几分钟，无异常后，再升速直至达到工艺要求的工作状态。

2.2.9　双螺杆挤出机料筒内的加料量应如何控制？为什么？

双螺杆挤出机在生产过程中，其加料方式通常是饥饿式的，即挤出过程中物料没有充满螺杆的螺槽，这样有利于物料的混合、塑化及排气，以保证制品的质量。在双螺杆挤出生产过程中物料的加料量要控制适当，一般以使物料 2/3 程度填充螺杆为佳。若加料时使机筒填充物料太多的话，会造成物料包住螺杆导致排气性差且混合效果也会下降，甚至从排气孔冒料，影响制品质量。加料时机筒填充物料如果太少，则螺杆下方会有物料填充，而螺杆上方则无物料或很少物料填充，这样将造成螺杆上翘，与料筒摩擦厉害，易使螺杆与料筒受损，而且物料受剪切强度小，塑化不良，影响制品质量。

2.2.10 双螺杆挤出机减速箱的拆装应注意哪些问题？

（1）在第一次拆开减速箱时，在拆开减速箱盖后应记录各个零件的装配关系，对可能单配的零件须做好记号，如挡圈上的销孔等。图 2-9 所示为科亚 TE-65 双螺杆挤出机减速箱结构。

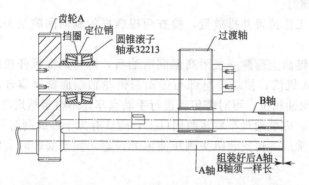

图 2-9   科亚 TE-65 双螺杆挤出机减速箱结构示意图

（2）对拆卸的零部件要全面检查其磨损情况，并且分析损坏的原因，填写更换的零件的明细表。

（3）组装前应彻底清理减速箱内部残渣。

（4）组装圆锥滚子轴承时须用热油对轴承内圈加热，趁热装入，注意轴承安装的方向。

（5）组装 A、B 轴时须用相位板校对两轴之间的关系，若有误须调整 A 轴与齿轮 A 啮合部位。A、B 两轴之间的位置调整好后，须安装挡上的定位销。

（6）减速箱体内零件安装好后，要进行仔细核对，并且在箱体密封表面涂上密封胶。

（7）合上减速箱盖，装上定位销，旋紧螺钉，在锁紧过程中，须对角方向进行锁紧。

（8）减速箱安装好后，再按螺杆的安装方法进行螺杆的装配，在螺杆安装好时应手动盘车使螺杆转动两周以上，确认无干涉或刮磨等异常后，加入循环机油至减速箱的油位计的 2/3 处方可。若有干涉，则需检查螺杆元件、减速箱内部件等。

2.2.11 在挤出过程中螺杆损坏原因主要有哪些？螺杆螺棱出现挤压变形或脱落时应如何修复？

（1）螺杆损坏原因

① 物料与螺杆和机筒的工作表面摩擦，使其工作表面会出现逐渐磨损或脱落（图 2-10），使螺杆直径逐渐缩小，机筒的内孔直径逐渐加大，特别是物料中如有碳酸钙和玻璃纤维等填充

图 2-10   螺杆镀层的磨损或脱落

料，能加快螺杆和机筒的磨损。

② 物料中各组分及物料分解所产生的气体对螺杆和机筒的腐蚀，如聚氯乙烯分解后会产生具有强腐蚀作用的氯化氢气体。

③ 由于物料没有塑化均匀，或是有金属异物混入料中，使螺杆转动扭矩力突然增加，当扭矩超出螺杆的强度极限时会造成螺杆扭断。图 2-11 所示为螺杆螺棱被折断。

图 2-11　螺杆螺棱被折断

(2) 螺杆螺棱的修复

① 折断的螺杆要根据机筒的实际内径来考虑，要按螺杆的正常间隙给出螺杆的新外径偏差进行修复。

② 磨损螺杆直径缩小的螺纹可以采用喷涂法修复，先将螺杆磨损经表面处理后，再热喷涂耐磨合金，然后再经磨削加工至尺寸，其修复费用还比较低。

③ 磨损较严重的螺杆可在磨损螺杆的螺纹部分堆焊耐磨合金。根据螺杆磨损的程度堆焊 1～2mm 厚，然后磨削加工螺杆至尺寸。这种耐磨合金由 C、Cr、Ni、Co、W 和 B 等材料组成，增加螺杆的抗磨损和耐腐蚀的能力，其修复费用很高。

④ 修复螺杆也可采用表面镀硬铬法，但硬的铬层比较容易脱落。

2.2.12　双螺杆挤出机料筒内壁被磨损，应如何修复？

挤出机在挤出过程中料筒表面较硬，一般比螺杆的磨损要慢一些，但使用时间长或长期生产高填充或玻璃纤维增强的物料时，还是会出现较大的磨损，以至于丧失使用寿命。料筒出现磨损后修复的方法有以下几种。

(1) 在一般情况下机筒的均化段和压缩段磨损较快，可将此段（取 $5D～7D$ 长）经镗孔修整，再配一个渗氮合金钢衬套，内孔直径参照螺杆直径，留在正常配合间隙，进行加工制作。

(2) 机筒内径经机加工修整重新浇铸合金，厚度在 1～2mm 之间，然后精加工至需要的尺寸。

(3) 机筒磨损程度较大时，如果机筒内壁还有一定的渗氮层，则可把机筒内孔直接进行镗孔，研磨至一个新的直径尺寸，然后按此直径制作新螺杆。

(4) 对出现磨损的部位采用加长焊枪堆焊合金后，再经机加工到需要的尺寸。

2.2.13　现有一台新购异向锥形双螺杆挤出机，安装好后应如何进行空载试机操作？

对于新购挤出机或进行大修的挤出机，投产前必须进行空载试机操作，操作步骤如下。

(1) 先启动润滑油泵，检查润滑系统有无泄漏，各部位是否有足够的润滑油到位，润滑系统应运转 4～5min 以上。

(2) 低速启动主电动机，检查电流表、电压表是否超过额定值，螺杆转动与机筒有无刮擦，传动系统有无不正常噪声和振动。

（3）如果一切正常，缓慢提高螺杆转速，并且注意噪声的变化，整个过程不超过 3min，如果有异常应立即停机，检查并排除故障。

（4）启动加料系统，检查送料螺杆是否正常工作，送料螺杆转速调整是否正常，电动机电流是否在额定值范围内，检查送料螺杆拖动电机与主电动机之间的联锁是否可靠。

（5）启动真空泵，检查真空系统工作是否正常，有无泄漏。

（6）设定各段加热温度，开始加热机筒，测定各加热段达到设定温度的时间，待各加热段达到设定温度并稳定后，用温度计测量实际温度，与仪表示值应不超过 ±3℃。

（7）关闭加热电源，单独启动冷却装置，检查冷却系统工作状况，观察有无泄漏。

（8）试验紧急停车按钮，检查动作是否准确可靠。

2.2.14　双螺杆挤出机的真空排气应如何操作？

（1）首先应打开冷凝罐上盖，清扫后加入洁净的自来水至上视窗中部，垫好密封圈，装好过滤板及上盖，并且关闭水阀。

（2）在主机进入稳定运转状态后，启动真空泵，同时打开真空泵进水阀，观察真空泵出水管端水量，调节至适宜的工作水量。

（3）打开排气室盖，从排气口观察螺槽中物料的填充塑化状态，若正常，即可缓慢打开任一冷凝进出口阀门，盖好排气室及冷凝罐，真空度即应显示。

（4）若排气口有冒料，可通过调节主机与喂料机螺杆转速或真空度大小解决。

（5）清理排气室冒出的物料时，切不可将清理工具碰到旋转中的螺杆。

2.2.15　JPX65 同向平行双螺杆挤出机应如何进行空车及负荷试机操作？

（1）JPX65 同向平行双螺杆挤出机空车试机操作步骤

① 在各项准备工作完成后，合上总电源，打开电源开关，电源指示灯亮，电源电压指示 380V，设定温度参数，开始预热升温。

② 机筒温度达到设定温度后，恒温 20～30min，用手盘动主机联轴器，如能盘动，没有异常刮擦现象，即可进行后续操作。

③ 打开传动箱油路阀，启动润滑油泵，检查油泵旋向是否正确，再将压力调整至 0.6MPa 左右，运行 10min，检查各管接头有无渗漏，如各部正常，将压力调节至 0.3MPa 左右。

④ 启动真空电机，关闭排气室与冷凝罐之间的阀门，将真空泵进水开关打开 1/4 左右，再启动真空泵，检查旋向是否正确，各接头处是否漏气，然后逐渐打开排气室与冷凝罐之间的阀门，检查排气室的排气，如果各部正常，再关闭阀门、进水开关及真空泵。

⑤ 启动油泵电机，打开机筒冷却系统进出回路阀门，启动高温油泵电机，检查旋向是否正确，将表压调整至 0.6MPa 左右，逐一打开各电磁阀、节流阀，检查进、回油管接头处是否渗漏，如果各部正常，再关闭各电磁阀、节流阀，将表压调节至 0.3MPa 左右，关闭高温油泵电机。

⑥ 启动喂料电机，检查喂料螺杆旋向是否正确。

⑦ 启动油泵电机，启动主电机，调节主机螺杆转速不高于 40r/min，主机空运转时间不超过 3 min。

（2）JPX65 同向平行双螺杆挤出机负荷试车操作步骤

① 打开电源开关，设定各区的温度参数，对机筒进行预热升温。

② 机筒温度达到设定温度后，恒温 20～30min，用手盘动主机联轴器，如能盘动，没有

异常刮擦现象，即可进行后续操作。

③ 启动油泵电机，将压力调至 0.15～0.3MPa。

④ 将螺杆转速调至零，启动主电机，再缓慢调节螺杆转速，使螺杆转速保持在 40r/min 左右，检查有无异常声响，时间不超过 3 min。

⑤ 将喂料电机转速调至零，启动喂料电机。

⑥ 待机头物料能正常挤出后，调节螺杆的转速及加料速度至正常生产值。

⑦ 打开机筒各冷却水进出阀，对机筒进行冷却。

⑧ 挤出机运转正常后，打开真空泵进水阀，启动真空抽气系统，一般真空度控制在 −0.06～−0.04MPa。

2.2.16　在双螺杆挤出生产过程中突然停电应如何处理？遇到紧急情况时紧急停车应如何操作？

(1) 突然停电时的处理步骤

在双螺杆挤出生产过程中，遇到突然停电时的处理步骤如下。

① 首先应及时关闭真空抽气系统的排气室与冷凝罐之间的阀门，以防止冷凝罐内的水倒流至排气室。

② 将喂料电机转速、主机螺杆转速及各辅机转速调至零。

③ 关闭各冷却水阀。

④ 关上控制柜上的闸刀电源开关。

(2) 紧急停车处理

遇有紧急情况需紧急停车时，可迅速按下控制箱面板上红色的急停按钮，或切断整流柜内的断路器，系统失电，并且随即使主机、喂料调速按钮回到零位，关闭真空阀门及各路进水阀，然后将总电源开关复位上电，再寻找机器发生故障的原因，故障处理完后按正常开机程序重新开机。

2.2.17　挤出机应如何进行安装与调试？

(1) 挤出机的安装

挤出机的安装主要包括机座、减速箱、电机、螺杆、主体部分及附件的安装。

① 机座的安装　在安装前首先应详细阅读机器使用说明书，根据说明书了解机器的外形尺寸及安装要求。其次是合理选择好的位置，挤出机安放位置的选用原则是：使挤出机容易接通电源、水源及压缩空气源，其周围还应预留出操作空间、存放原料空间、存放成品空间并留有运输通道。当有辅机时，还要考虑主机与辅机的相互位置关系，并且布置好主机与其他装置的相互位置，注意要便于操作及观察。

然后平整基础表面，按挤出机说明书的地脚螺栓位置挖好地脚螺栓孔。找平机座后，将挤出机用吊车或拖引方法安放到位，用水泥灌入地脚螺栓孔内。待水泥固定后，按照机座水平允差，轴向≤±0.03mm/m，径向≤±0.03mm/m，机座标高允差为±5mm 的要求，用水平仪将挤出机找好水平。检查机座是否与基础表面上的中心线重叠，其允差为±1mm。

最后进行机座固定。机座找平找正后，拧紧地脚螺栓，对地脚螺栓孔进行二次灌浆（先灌注减速箱与主体部分的机座，电动机的机座待减速箱安装好，电机找平找正以后再灌浆）。

② 减速箱的安装　因为挤出机的机身、螺杆都直接安装在减速箱上，所以减速箱的安装质量直接影响着机器的工作质量。安装减速箱时，先用吊车将减速箱吊到机座上，用定位销定位，然后将螺栓稳定于机座上，再对减速箱传动轴找正找平，传动轴的允差为±0.03mm/

m，最后拧紧减速箱与机座的连接螺栓。

③ 电机的安装　当挤出机主体部分安装好后，再依减速箱传动轴来安装找正电机，电机与减速箱的传动轴同轴度要求允差为±0.1mm。

④ 螺杆的安装　将螺杆装于减速箱的传动轴上，检查并调整螺杆位置及水平度，螺杆的中心线要与基础的纵向线重合，其允差为±2mm；其水平允差为±0.06mm/m。同时还应检查并调整螺杆的偏摆程度，使其在偏摆量之内。

⑤ 挤出机主体部分的安装　挤出机主体部分包括料筒、冷却水套及衬套。主体部分在与减速箱、螺杆装配之前，要先进行组装。衬套与冷却水套的配合及冷却水套与料筒的配合均采用H7/s7，因此衬套压入冷却水套时要用液压机压入。冷却水套压入料筒时，要注意密封圈是否压紧并起到密封作用。在装配后要做0.6MPa的水压实验，持续5min不得泄漏。料筒部分组装后，将料筒慢慢地移向螺杆并套在其上，套装时要避免碰伤螺杆加工表面。待料筒装入后，将后端部用螺栓与减速机固定。

⑥ 附件的安装及管路的接通　主体部分安装好后，要将温度检测装置、安全罩及各种电器安全装置等附件安装好，然后将各个需润滑的部件加入润滑油，要保证油路畅通且不泄漏。接通各种管路并保证无泄漏。蒸汽及冷却水管路接通后，要在0.6MPa水压下进行实验，持续5min，不能有泄漏。

(2) 挤出机的调试

挤出机在正式运行之前首先要进行空转试车及负荷运行试车。

① 空转试车　空转试车是在无载荷的条件下，在料筒内加入适量润滑油，运行数分钟（不少于3min，但不能超过10min），以检验各部件的装配情况，及各种管路畅通或泄漏情况。

空转运行时应检查螺杆旋转方向是否正确（右旋螺杆由螺杆头方向看，应为顺时针方向旋转）；检查螺杆与料筒内壁应无刮伤或卡住现象，以检测螺杆外径与料筒内径是否符合标准，并且在设备档案上记录；观察空转运行过程有无非正常噪声、振动或温升，确定各紧固件是否紧固，如各部位连接螺栓有无松动，连接轴有无偏摆等；检查润滑系统、冷却系统是否工作正常，有无泄漏；检查测温装置、测速装置是否灵敏且数据正确；测定主轴转速范围是否符合额定范围。

② 负荷运行试车　空转运行试车没有问题后，还要进行不少于2h的试车。负荷运行应测试温度控制系统。安装专用测试机头或制品生产机头，根据物料需要设定挤出机各段温度，升温时要校验各段温度控制仪是否灵敏，温度测定是否准确，以选择灵敏可靠的温度测量仪。温升时间一般不多于2h。

应测定塑化、工艺参数。开车使螺杆在低速下投料运行，开始时投料要由少渐多，直至运行正常。然后检查挤出制品表面是否光滑、断面是否均匀。当观察塑料挤出制品塑化良好后，再逐步提高螺杆转速，以测定机器所能达到的最高产量、螺杆转速、主电机电流等工艺参数，测定并记录不同转速条件下的工艺参数。

根据以上试车记录整理数据换算出各转速条件下，挤出机的产量、名义比功率、比流量以及各参数所应达到的标准；测定噪声标准。为保证操作者健康，应测定离挤出机1m、高1.5m处的噪声不大于85dB(A)。

还会检验零部件装配。负荷试车过程中，应观测减速箱中各齿轮运行是否有杂音或撞击声，以确定其装配是否合适，保证整机运转平稳。检查轴承温升不应高于60℃，减速箱内油温温升不能高于35℃，箱体不应有漏油现象。待负荷试车后，要检验螺杆与机筒内壁有无严重磨损及变形情况。同时还应再次检查各管路系统工作是否正常，有无堵塞或泄漏。

2.3 单螺杆挤出机故障疑难处理实例解答

2.3.1 单螺杆挤出机在生产过程中发出"叽叽"的噪声，是何原因？

挤出机在生产时主要是螺杆旋转与机筒内壁摩擦时产生的响声，产生的原因主要有以下几方面。

(1) 螺杆装配在机筒内，两零件同心误差大。

(2) 机筒端面与机筒连接法兰端面和机筒中心线的垂直度误差大。

(3) 螺杆弯曲变形，轴中心线的直线度误差大。

(4) 螺杆与其支撑传动轴的装配间隙过大，旋转工作时两轴心线同轴度误差过大。

2.3.2 单螺杆挤出机在挤出过程中为何有一区段的温度总是升不上去？应如何处理？

(1) 产生原因

① 温控表或 PLC 调节失灵。

② 加热器或热电偶损坏。

③ 冷却系统冷却水温偏低。

④ 挤出机的冷却系统的电磁阀卡住或水阀开度太大，造成冷却水流量太大。

⑤ 调螺杆剪切作用不够强。

⑥ 主机螺杆转速偏低等。

(2) 处理办法

① 检查或更换温控表或 PLC 模块。

② 检查或更换加热器。

③ 检查或更换热电偶。

④ 提高冷却水温。

⑤ 调整螺杆转速。

⑥ 修改温度表或 PLC 调节参数。

⑦ 检查电磁阀线路或线圈。

⑧ 调整螺杆的组合。

2.3.3 在单螺杆挤出过程中为何突然自动停机？如何处理？

(1) 产生原因

① 冷却风机停转。

② 熔体压力太大，超出挤出机的限定值。

③ 调速器有故障，出现过流、过载、缺相、欠压或过热等。

④ 润滑油泵停止工作。

⑤ 润滑油泵油压过高或过低。

⑥ 与主机系统联锁的辅机出现故障。

(2) 处理办法

① 检查风机，并且重新启动风机。

② 检查熔体压力报警设定值是否合适。

③ 清理或更换机头过滤网。
④ 检查机头和主机温度是否过低。
⑤ 检查机头流道是否被堵塞，并且清理流道。
⑥ 检查加料量是否过大，物料颗粒是否过大。
⑦ 检查机筒是否有硬质异物。
⑧ 检查螺杆元件、减速箱齿轮或轴承是否损坏。
⑨ 检查润滑油泵及油压。
⑩ 检查与主机系统联锁的辅机是否出现故障。

2.3.4 单螺杆挤出过程中为何会出料不畅？应如何处理？

(1) 产生原因
① 挤出机某段加热器可能没有正常工作，使物料塑化不良，熔料通过机头时没有塑化好的颗粒卡在机头狭窄的流道内，而堵塞流道。
② 操作温度设定偏低，或塑料的分子量分布宽，造成物料塑化不良。
③ 物料中可能有不容易熔化的金属或杂质等异物。
(2) 处理办法
① 检查加热器及加热控制线路，必要时更换。
② 核实各段设定温度，必要时与工艺员协商，提高温度设定值。
③ 清理、检查挤压系统及机头。
④ 选择好树脂，去除物料中的杂质等异物。

2.3.5 挤出过程中挤出机主电机轴承温度为何偏高？如何处理？

(1) 产生原因
① 挤出机润滑系统出现故障，使轴承润滑不良，产生了干摩擦。
② 轴承磨损严重，润滑状态不好。
③ 润滑油型号不对，黏度太低。
④ 螺杆负荷太大，产生了过大的扭矩。
(2) 处理办法
① 检查挤出机润滑系统是否正常工作。
② 检查润滑油箱的油量是否足够，加入足够的润滑油。
③ 检查电机轴承是否损坏，必要时进行更换。
④ 检查润滑油型号是否正确，黏度是否合适，必要时更换合适的润滑油。
⑤ 检查挤出的物料量及物料的塑化状态是否良好，适当减少加料量或提高挤出温度，改进物料的塑化状态。

2.3.6 挤出过程中挤出机料筒温度达到设定值后为何还是不断上升？应如何处理？

(1) 产生原因
在挤出生产过程中，若机筒温度达到设定温度后还继续上升，使温度失控的可能原因主要有以下几个方面。
① 挤出机冷却系统没有工作或可能冷却强度不够，冷却水量或风量不够。
② 温控线接触不良或者是否有问题。

③ 温控仪与热电偶可能不相匹配。

④ 热电偶探头可能没插到位，使温度测量有误。

⑤ 接触器被卡住或损坏。

(2) 处理办法

① 检查挤出机冷却系统是否工作正常，调节水量或风量，控制适当的冷却强度。

② 检查温控线接触是否良好或者是否有问题，保持良好的接触或更换新的温控线。

③ 检查温控仪与热电偶是否不相匹配。

④ 检查热电偶探头是否插到位，使温度测量准确。

⑤ 检查接触器是否被卡住或损坏，必要时进行更换。

例如，某企业挤出管材时出现料筒温度达到设定值后温度还继续上升，而且中段最为明显，检查时即使料筒设定为 100℃，随着两端正常加温也会到达 250℃ 左右，如果设定为250℃ 的话，温度会上升到 320℃。经检查后发现是温控线表面绝缘层破损，使温控线与料筒表面有接触，使温度测量有误而造成，更换温控线后，即恢复了正常。

2.3.7　启动主电机，但主电机没有反应或者瞬间停机，是何原因？应如何处理？

(1) 产生原因

① 电机的电源没有接通。

② 加热升温时间不够或某段加热器不工作，造成螺杆扭矩过大，使电机过载。

(2) 处理办法

① 主电机的电源接线。

② 检查各段加热器的连线，确认加热器是否有损坏。

③ 检查各段温度显示并查找相关记录，确认预热升温时间。

2.3.8　单螺杆挤出机主电机转动，但螺杆不转动，是何原因？应如何处理？

(1) 产生原因

① 传动带松了，打滑。

② 安全销由于过载而剪断。

(2) 处理办法

① 调整两个带轮的中心距使传动带张紧。

② 检查安全销。

2.3.9　单螺杆挤出机螺杆有转速显示，口模无物料挤出，是何原因？应如何处理？

(1) 产生原因

① 加料斗没有原料。

② 加料口被异物堵住或者已经发生"架桥"现象。

③ 螺杆螺槽内有异物堵住螺槽。

④ 螺杆在加料段根部已经被扭断。

⑤ 螺杆、料筒的温度过高，螺杆内冷却不良，形成"抱轴"现象。

(2) 处理办法

① 向加料斗加料。

② 清除异物或排除"架桥"现象。

③ 检查从动轮是否能转动，如果转动正常且排除了不加料及异物堵塞的可能，则可以认

为螺杆已经扭断了，应该立即停机，拆除螺杆进行更换。

④ 检查螺杆的冷却系统，加大冷却介质的流量。

2.3.10　单螺杆挤出机主机电流为何不稳定？应如何处理？

(1) 产生原因

① 某段加热器不工作，使螺杆承受的扭矩不稳定。

② 主电机的轴承润滑不好或损坏，振动无穷大。

(2) 处理办法

① 检查各段加热器的接线并确认是否损坏，修复或更换加热器。

② 检查主电机轴承，添加润滑剂或更换轴承。

2.4　双螺杆挤出机故障疑难处理实例解答

2.4.1　双螺杆挤出喂料机为何会突然出现自动停车？应如何处理？

(1) 产生原因

① 主机的联锁控制线路出现故障。由于双螺杆挤出机的喂料机和主机螺杆的转速要求有一定的速比，在生产过程中应进行同步的升速和同步的降速，以保证挤出机的加料稳定和挤出稳定。因此通常是采用同步联锁控制，主机的联锁控制线路出现故障时，喂料机也会突然停机。

② 喂料机的调速器出现故障。

③ 喂料机的螺杆被卡死。

(2) 处理办法

① 检查并修复主机联锁控制线路。

② 检查或更换喂料机的调速器。

③ 检查喂料机中是否有异物或物料中是否有过大的颗粒存在，清理喂料机的螺杆。

2.4.2　双螺杆挤出机为何有一区的温度会出现过高的现象？应如何处理？

(1) 产生原因

① 挤出机的冷却系统的电磁阀未工作、水阀没有打开，或可能是冷却水管路堵塞等。

② 挤出机冷却系统的风机未工作或转向不对，或小型空气开关关闭。

③ 温度表或 PLC 调节失灵。

④ 固态继电器或双向晶闸管损坏。

⑤ 螺杆组合剪切过强。

(2) 处理办法

① 检查电磁阀线路或线圈。

② 打开水阀，并且调节至合适的流量。

③ 疏通冷却水管路。

④ 检查风机线路或更换风机。

⑤ 打开小型空气开关。

⑥ 修改温度表或 PLC 调节参数。

⑦ 更换温度表或 PLC 模块。

⑧ 更换固态继电器或双向晶闸管。

⑨ 调整螺杆的组合。

如某企业采用 TE-65 双螺杆挤出机生产异型材时，三区的温度总是较高，检查后发现挤出机冷却系统的一个风机停转，风机修复后即恢复了正常。

2.4.3　双螺杆挤出过程中为何真空表无指示？应如何处理？

(1) 产生原因

① 真空泵未工作。

② 真空表已损坏。

③ 冷凝罐真空管路阀门未打开。

④ 真空泵进水阀门未打开，或开度过大或过小。

⑤ 真空泵排放口堵塞。

(2) 处理办法

① 检查真空泵是否过载。

② 检查真空泵控制线路。

③ 检查或更换真空表。

④ 打开冷凝罐真空管路阀门。

⑤ 调节好真空泵进水阀门。

⑥ 清理真空泵排放口。

2.4.4　双螺杆挤出过程中为何主机电流不稳定？应如何处理？

(1) 产生原因

① 喂料系统的喂料不均匀，造成螺杆的扭矩变化较大，而使消耗功率变化不稳定。

② 主电机轴承损坏或润滑不良，使主机螺杆运转不平稳。

③ 某段加热器失灵，不加热，使物料塑化不稳定，造成螺杆的扭矩变化。

④ 螺杆调整垫不对，或相位不对，元件干涉。

(2) 处理办法

① 检查喂料机是否堵塞或卡住，清理通畅，排除故障，使其加料均匀。

② 检修主电机轴承和润滑状况，必要时更换轴承。

③ 检查各加热线路及加热器是否正常工作，必要时更换加热器。

④ 检查调整垫，拉出螺杆检查螺杆有无干涉现象，消除螺杆元件的干涉现象。

2.4.5　双螺杆挤出机的主电机为何不能启动？应如何处理？

(1) 产生原因

① 开车程序有错，温度未达到设定的温度，联动的辅机没有启动。

② 主电机控制线路有问题，熔断丝被烧坏。

③ 与主电机相关的联锁装置有故障。

(2) 处理办法

① 检查程序，按正确开车顺序重新开车，水、电检查→润滑系统检查与润滑→机头安装→主机加热→料斗清理与加料→旋动联轴器→辅机启动→主机启动→喂料机启动。

② 检查主电机控制电路。

③ 检查润滑油泵是否启动，检查与主电机相关的联锁装置的状态。油泵不开，电机无法打开。

④ 变频器感应电未放完，关闭总电源等待 5min 以后再启动。

⑤ 检查紧急按钮是否复位。

2.4.6　双螺杆挤出机开机时为何主机的启动电流会过高？应如何处理？

(1) 产生原因

① 加热时间不足，或某段加热器不工作，物料塑化不良，黏度大，流动性差，使螺杆转动时的扭矩大。

② 螺杆可能被异物卡住，使得旋转时的阻力大，而产生较大的扭矩。

③ 加料量过多，造成螺杆的螺槽过分填充，使螺杆的负荷过大，而产生较大的扭矩。

(2) 处理办法

① 开车时应用手盘车，如不能轻松转动螺杆，则说明物料还没完全塑化好或可能有异物卡住螺杆，此时需要延长加热时间或适当提高加热温度。当时间足够长、温度足够高，在盘动螺杆时，螺杆转动还是比较困难，则需对螺杆、料筒进行检查、清理。

② 检查各段加热器及加热控制线路是否损坏，并且加以修复或更换。

③ 减少机筒的加料量。

2.4.7　双螺杆挤出过程中为何突然出现异常声响？应如何处理？

(1) 产生原因

① 主电机轴承损坏，使主电机轴产生刮磨而发出异常声响。

② 主电机可控硅整流线路中某一可控硅损坏。

③ 螺杆发生了变形或螺杆的相对位置可能发生了错动，啮合出现错位，使螺杆间产生刮磨，而出现异常声响。

④ 物料中带入了坚硬的杂质或金属异物，对螺杆及料筒内壁产生刮磨。

(2) 处理办法

① 检查或更换主电机轴承。

② 检查可控硅整流电路，必要时更换可控硅元件。

③ 检查物料中是否存在坚硬的杂质或金属异物，并且清理螺杆和机筒。

④ 校正螺杆及两根螺杆的相对位置，使螺杆保持良好的啮合状态。

2.4.8　双螺杆挤出过程中机头为何会出现压力不稳？如何处理？

(1) 产生原因

① 外部电源电压不稳定或主电机轴承状态不好，使挤出机的主电机转速不均匀，使物料的塑化和物料的输送出现不均匀，从而使挤出机挤出物料量不稳定，而造成机头压力不稳定。

② 喂料电机转速不均匀，喂料量有波动，使挤出物料量产生不稳定。

③ 挤出辅机的牵引速度不稳定，引起挤出物料量的不稳定，而造成机头压力的不稳定。

(2) 处理办法

① 检查外部电源电压是否稳定，电源电压不稳定时，可以增加稳器。

② 检查主电机轴承状态是否良好，必要时更换主电机轴承。

③ 检查喂料系统电机及控制系统，调整喂料的速度。

④ 调整挤出辅机的牵引速度，使之保持稳定。

2.4.9 双螺杆挤出过程中润滑油的油压为何偏低？应如何处理？

(1) 产生原因

① 润滑油系统调压阀压力设定值过低。

② 油泵出现故障，输出油量少，油压低。

③ 润滑油的吸油管堵塞，润滑油路不畅通。

(2) 处理办法

① 检查并调整润滑油系统压力调节阀，使其具有合适的油压力。

② 检查油泵是否泄漏严重或被卡，更换或清理油泵。

③ 检查吸油管是否被堵塞，清理或更换油管。

2.4.10 挤出机为何总是出现熔体压力报警，且挤出机会跳闸停机？应如何处理？

(1) 产生原因

① 熔体压力等相关参数设定错误。

② 控制电路的固定螺钉松动。

③ 控制线路的接头接触不良。

④ 周边电气线路的线头接到熔体压力接线柱，产生了干扰。

(2) 处理办法

① 检查相关参数设定是否合适，重新修改设定参数。

② 检查控制电路，紧固接线。

③ 检查周边电气线路是否有搭接、干扰线路，清除搭接现象。

如某公司有台挤出机总是出现熔体压力报警，并且出现报警后，挤出机就跳闸停机，当熔体压力的设定数值设定为最大时，现象仍然存在。经检查测量熔体压力的控制电路没有接入，而在主机屏幕上熔体压力的实际测量值仍有数据显示。反复检查后发现是周边电气线路的线头接到熔体压力接线柱，产生了干扰。重新接线后，故障即排除。

2.4.11 双螺杆挤出机下料口为何会出现不下料？应如何处理？

(1) 产生原因

对于双螺杆挤出机的加料一般是强制加料，饥饿式挤出，很少会出现下料口不下料的现象，如果在生产中出现不下料时，则可能原因主要有以下几个方面。

① 物料颗粒较粗，下料口堵塞。

② 机筒温度过高，下料口物料粘连，堵塞下料口。

③ 螺杆结构不合理，螺距太小。

(2) 处理办法

① 物料过筛，除去较粗颗粒。

② 设置偏心加料口，有利于下料。

③ 降低机筒加料口附近的温度，并且对其进行冷却。

④ 螺杆加料段采用大螺距深螺槽螺纹元件（SK）。

2.4.12 双螺杆挤出机螺杆转速提高为何喂料速度上不去？应如何处理？

(1) 产生原因

① 双螺杆挤出机各段的温度控制不当，机筒温度过低，物料不能完全塑化，难以挤出挤

出机。

② 机筒加料口附近冷却不够，使加料口附近温度过高，物料出现粘连，堵下料口。

③ 双螺杆的结构设计不合理，啮合块过多，阻力元件设置过多，使物料前移的阻力过大。

④ 机头流道、换网装置被堵塞。

（2）处理办法

① 适当提高机筒温度。

② 加强加料口附近的冷却，防止物料的粘连。

③ 减少螺杆中的啮合块或阻力元件。

④ 清理机头流道，更换过滤网。

2.4.13 挤出机控制主板上 CPU 电池应如何？

挤出机控制主板上 CPU 电池是给 CMOS 供电用来保存 BIOS 信息，一般电池的使用寿命可达 3~5 年。如果电池耗完或更换电池时断电，就可能造成电脑中存储的重要优化数据丢失，因此更换电池时必须加以注意。有些挤出机控制主板上 CPU 电池是直接焊接在电路板上，更换起来比较麻烦。更换 CPU 电池而又使 CPU 不断电的方法是：首先在主板电池的引脚焊盘上引出两根电线，再外接一个电池座，直接插上新电池；然后再换下旧电池，即可实现不断电更换 CPU 电池，保证存储信息不丢失。

2.4.14 水冷式双螺杆挤出机为何料筒的温度升不上去？应如何处理？

（1）产生原因

① 冷却水路控制不当，冷却水流量太大或冷却水温过低。

② 料筒有部分加热器损坏，使加热能量不够。

③ 料筒所选用的加热器的加热功率太小，满足不了挤出塑化物料的要求。

（2）处理办法

① 检查水路冷却水的流量或冷却水温是否合适，并且进行调节。

② 检查一下冷却水路电磁阀有没有损坏，是否使电磁阀打开了而无法关闭。

③ 测量一下在通电情况下加热器有没有电流，检查加热器是否损坏，如损坏及时更换。

④ 检查一下加热器的功率是否合适，如太小应更换功率大的加热器。

如某企业在采用水冷式双螺杆挤出机生产时，一开始喂料，料筒的 2、3、4 区的温度就会从 200℃下降至 150℃，温度无法升到正常生产温度。经维修人员检查发现是一个加热器损坏，经更换加热器后，即恢复正常。

2.4.15 双螺杆挤出时为何会出现机头出料不畅或堵塞现象？应如何处理？

（1）产生原因

① 加热器中有个别段不工作，物料塑化不好。

② 操作温度设定偏低，或物料的分子量分布宽，性能不稳定。

③ 可能有不易熔化的异物（如较小的金属块或砂石）进入挤出机并堵塞了机头。

（2）处理办法

① 检查加热器，必要时更换。

② 核实各段设定温度，必要时与工艺技术员协商，提高温度设定值。

③ 清理、检查挤出机挤压系统及机头。

2.4.16　双螺杆挤出机工作时轴承温度过高，是何原因？应如何处理？

（1）产生原因
① 轴承润滑不良。
② 轴承磨损严重。

（2）处理办法
① 检查并加润滑剂（油）。
② 检查电动机轴承。

2.4.17　双螺杆挤出机工作时安全销或安全键易断裂，是何原因？应如何处理？

双螺杆挤出机工作时安全销或安全键易断裂通常是由于螺杆挤压系统扭矩过大的原因而造成。

出现安全销或安全键断裂时的处理办法主要有以下两种。
① 检查挤压系统是否有金属等坚硬物进入卡住。
② 如果是刚一开车发生此现象，应检查预热升温时间是否充足及设定温度值是否符合加工要求。

2.4.18　双螺杆挤出时挤出产品量为何会突然明显下降？应如何处理？

（1）产生原因
① 喂料系统故障停机或料斗中没有料。
② 挤压系统中进入坚硬异物，卡在螺杆的某一部位，使物料不能通过。

（2）处理办法
① 检查喂料系统及料斗中的料位。
② 检查、清理挤压系统。

第3章
管材挤出机组操作与疑难处理实例解答

3.1 管材挤出机组选用疑难处理实例解答

3.1.1 挤出生产管材时应如何选择挤出机类型？ 生产不同口径的管材应如何选择挤出机规格？

(1) 挤出机类型的选择

挤出机的类型有很多，生产管材时应根据所加工物料的性质及产品特点、要求合理选择挤出机的类型，一般 PVC 制品采用粉料直接挤出时，多选用双螺杆挤出机。当加工 PVC 硬质制品时，一般多采用锥形双螺杆挤出机；而用 PVC 粉料直接加工软质制品、大型 PVC 硬质制品或加工 HDPE 大型制品（需用直径为 φ80mm 的大型挤出机）时，则多选用平行异向双螺杆挤出机；而生产 PE、PP、PS、PC、PA、ABS、PET 等制品时，一般选择单螺杆挤出机；对于 PC、PET 以及 PA 等物料的加工，由于吸湿性较强，最好选用单螺杆排气式挤出机，以保证产品质量。

(2) 挤出机规格的选择

在挤出生产过程中为了充分发挥挤出机效率，应根据挤出管材口径的大小选择相适用规格的挤出机，生产普通管材时，常选用双螺杆挤出机和单螺杆挤出机规格如表 3-1 和表 3-2 所示。

表 3-1　不同口径管材常选用双螺杆挤出机规格

螺杆直径(小头)/mm	45	55	65	80
管材直径/mm	12～110	20～250	32～300	60～400

表 3-2　不同口径管材常选用单螺杆挤出机规格

螺杆直径/mm	30	45	65	90	120	150	200
管材直径/mm	3～30	10～45	20～65	30～120	50～180	80～300	120～400

3.1.2 挤出 PP、PE 管材时为什么一般选用单螺杆挤出机，而挤出硬质 PVC 管材时则大都选用锥形双螺杆挤出机？

挤出 PP、PE 管材时一般选用单螺杆挤出机，而挤出硬质 PVC 管材时则大都选用锥形双螺杆挤出机，这主要是由于单螺杆挤出机挤出时，固体粒子或粉末状的物料自料斗进入机筒后，在旋转着的螺杆的作用下，通过机筒内壁和螺杆表面的摩擦作用向前输送，而且摩擦力越大，越有利于固体物料的输送，相反摩擦力越小，越不利于物料的前移输送。在加工过程中，PP、PE 原料通常是呈颗粒状态，与机筒内壁的摩擦较大，有利于物料的向前输送，而在螺杆的压缩比的作用下逐渐被压实，同时，由于机筒外部加热器的加热、螺杆和机筒对物料产生的剪切热以及物料之间产生的摩擦热，使物料前移的过程中温度逐渐升高而熔融，最后形成密实的熔体被挤出机头并成型。因此 PP、PE 一般可选用单螺杆挤出机。

对于 PVC 树脂，由于一般呈粉末状，而粉末状树脂在挤出机中与机筒内壁的摩擦系数小，摩擦力小，因而在加料段向前输送的能力小。另外，硬质 PVC 的流动性相当差，热稳定性也较差，因而在成型过程中不宜采用高温及高的螺杆转速，以免 PVC 在高剪切下出现降解。因此不宜采用单螺杆挤出机。而锥形双螺杆挤出机在挤出过程中，是通过两根螺杆的啮合对物料进行强制输送。而且由于锥形双螺杆在加料段的直径较大，对物料的传热面积及剪切速率都较大，故有利于物料的塑化；同时螺杆的均化段直径较小，其传热面积和对熔体的剪切速率也减小，能减少熔体的升温，避免熔体的过热分解。因此，锥形双螺杆挤出机能更好地适用于硬质 PVC 管材的成型。但当将原料经混合造粒后也可采用单螺杆挤出 PVC 管材。

3.1.3　单螺杆挤出机直接用 PVC 粉料挤出成型管材吗？

一般不能采用单螺杆挤出机将 PVC 粉料直接挤出成型管材。这主要是由于：①单螺杆在挤出过程中，物料是靠物料与料筒内壁及与螺杆表面的摩擦力之差推动物料沿螺槽向前输送的，粉料易黏附螺杆的螺槽，从而使物料难以向前输送；②单螺杆挤出机的物料混合效果较差，不利于 PVC 粉料中所加入的热稳定剂、填充剂、润滑剂等各组分的均匀分散，而影响产品的质量。

3.1.4　单螺杆挤出 HDPE 管材时为何采用槽型进料机筒？　应选用什么形式的螺杆较为合适？

(1) 采用槽型进料机筒的原因

单螺杆挤出 HDPE 管材时采用槽型进料机筒的原因是 HDPE 物料的摩擦系数小，与机筒内壁作用力小，故采用单螺杆挤出时，物料的输送能力小，挤出的产量较小，生产效率较低。当采用槽型进料机筒时，物料在进料段与槽齿产生啮合，增大了物料与机筒内壁的摩擦，使物料与料筒内壁的摩擦和与螺杆表面的摩擦差值增大，从而有利于物料在机筒内壁与螺杆螺槽之间产生相对向前的滑动，增大物料的输送量，提高产量与生产效率，降低成本。如果颗粒与机筒内壁的摩擦力小，物料在机筒内只会随螺杆在螺槽内转动而不向前移动，造成挤出机挤不出物料。生产中槽型进料机筒的沟槽一般采用长方形沟槽，其结构尺寸如表 3-3 所示。

表 3-3　槽型进料机筒沟槽的结构尺寸

螺杆直径 D/mm	沟槽数目	槽宽 h/mm	槽深 b/mm
45	4	8	3
65	6	8	3
90	8	10	4
120	12	10	4
150	16	10	4

(2) 螺杆形式的选用

单螺杆挤出 HDPE 管材时一般宜选用突变型螺杆。突变型螺杆由于具有较短的压缩段，有的甚至只有 $(1 \sim 2)D$，对物料能产生巨大的剪切。故适用于黏度低、具有突变熔点的结晶性塑料，如 HDPE、PP、尼龙等，以适用结晶性塑料因熔融温度范围较窄，熔融时体积的突变，从而保证熔体处于压实状态，以排出熔体中的气体挥发分。而对于高黏度的塑料容易引起局部过热，故不适于聚氯乙烯等。渐变型螺杆对大多数物料能够提供较好的热传导，对物料的剪切作用较小，而且可以控制，其混炼特性不是很高。适用于无定形塑料及热敏性塑料的加工，也可用于结晶性塑料。

3.1.5　单螺杆挤出管材时螺杆头的结构形式应如何选用?

当塑料熔体从螺旋槽进入机头流道时，其料流形式急剧改变，由螺旋带状的流动变成直线流动。为了得到较好的挤出质量，要求物料尽可能平稳地从螺杆进入机头，尽可能避免局部受热时间过长而产生热分解现象，应合理选择螺杆头的结构形式。螺杆头的结构有多种类型，如钝型螺杆头、锥形螺杆头、锥部带螺纹的螺杆头以及光滑鱼雷头等。

钝型螺杆头与机头之间前面有较大的空间，可在前面安装分流板和过滤网，但容易使物料在螺杆头前面停滞而产生热分解，故不适于热稳定性差的物料挤出。

锥形螺杆头在螺杆转动时，它能使料流搅动，物料不易因滞流而分解，而且有利于高黏度物料的流动，适用于 UPVC 的挤出成型。

锥部带螺纹的螺杆头，能使物料借助螺纹的作用而运动，提高物料的塑化效果，主要用于对物料塑化要求较高的场合，如电线电缆的挤出。

光滑鱼雷头与料筒之间的间隙通常小于它前面的螺槽深度，有的鱼雷头表面上开有沟槽或加工出特殊花纹，它有良好的混合剪切作用，能增大流体的压力和消除波动现象，常用来挤出黏度较大、导热性不良或有较为明显熔点的塑料，如纤维素、聚苯乙烯、聚酰胺、有机玻璃等，也适于聚烯烃造粒。

3.1.6　同向旋转双螺杆挤出机为何不能直接生产管材?

同向旋转双螺杆挤出机一般不用于直接生产管材，这是由于同向旋转双螺杆挤出机的两根螺杆在啮合区的速度方向相反，使物料从一根螺杆转到另一根螺杆形成的"∞"形流道向机头输送，具有良好的分散混合和分布混合作用，同时还具有良好的自洁作用。但在两螺杆的啮合处是将物料带入啮合区，对物料挤压作用小，给物料向前输送的动力也较小，因此对物料的塑化及输送效率较低。同时挤出的压力也比较低且难以建立稳定的机头压力，不利于物料的密实、成型，只适合于混料或物料的改性、脱水等。因此在管材挤出生产中是不能选用同向旋转双螺杆挤出机直接生产的。

3.1.7　用 PVC 粉料生产 PVC 透明软管时，应选用哪种挤出机?

用 PVC 粉料生产 PVC 透明软管时一般可采用锥形双螺杆挤出机或者啮合型异向旋转平行双螺杆挤出机。因双螺杆挤出机喂料特性好，适用于粉料加工，并且比单螺杆挤出机有更好的混炼、排气、反应和自洁功能，而且还具有摩擦产生的热量少、物料所受到的剪切比较均匀、螺杆的输送能力较大、挤出量比较稳定、物料在机筒内停留时间不长、混合均匀的特点。特别适合于加工热稳定性差的塑料或物料的共混料。

但如果是采用外购 PVC 透明粒料生产软管，而且管材不是很大时，则选用单螺杆挤出机较划算。

3.1.8　挤出生产尼龙玻璃纤维增强管材时，应选用何种挤出机?

挤出生产尼龙玻璃纤维增强管材时，应选择采用异向啮合的双螺杆挤出机为好。这是由于尼龙（PA）的吸水性强，吸水率较高，在成型过程中不仅使熔体的黏度下降，管材表面易出现气泡、银丝、斑纹，而且还会使管材的力学性能和电性能显著降低，因此成型过程中设备应有很好的排气措施。PA 熔体的热稳定性差，易降解和氧化，故挤出管材过程中应严格控制物料温度和在高温下的停留时间。故要求挤出过程物料的输送快、塑化快，挤出速度快。

熔体黏度增大，熔体的流动性较差，加料性能也较差，采用普通的加料方法在下料口很容易出现堵塞，因此要达到挤出过程稳定，加料均匀，需采用强制加料的方法。玻璃纤维增强的 PA 在挤出过程中还要求设备应有良好的混合混炼的效果，能使物料混合均匀。

综述各特点，挤出尼龙玻璃纤维增强的管材时最好选用异向啮合的双螺杆挤出机，在挤出过程中不仅可以排除 PA 产生的水分和挥发分，同时对物料也有很好的混合剪切作用，异向啮合的双螺杆也有强制输送物料的作用和自洁作用，可以减少物料在螺杆和机筒内的停留时间，防止高温氧化变色。双螺杆挤出机大都采用强制加料，加料均匀而稳定，还可以防止下料口的堵塞等。

3.1.9　管材的定径装置的作用是什么？　有哪些结构形式？

(1) 定径装置的作用

由于从机头挤出的物料处于高温熔体状态，其形状不能固定，定径装置的作用就是对挤出的高温管坯的形状、尺寸进行定型和冷却，以达到精整尺寸，同时将其形状固定。

(2) 定径装置的结构形式

管材的定径装置主要有外径定径和内径定径两种结构形式。我国塑料管材尺寸规定为外径公差，故多采用外径定径的方式定径，如果管材内径尺寸要求严格或对其内表面光洁度要求较高时，则需采用内径定径的方式。外径定径法主要用于管材外表面要求高的场合，它分为内压法和真空法两种。内压定径装置有内压定径套和内压定径板两种形式，真空定径装置有多种形式，常见的有夹套式真空定径装置和管式真空定径装置。不同的定径方法，其定径装置的结构不同。

① 内压定径套定径装置　内压定径是指管内加压缩空气，管外加冷却定径套，使管材外表面贴附在定径套内表面而冷却定型的方法，其定径装置的结构如图 3-1 所示。定径套固定在机头上，机头和定径套之间用绝热的聚四氟乙烯垫圈隔开。在机头芯棒上打孔，压缩空气可由孔道进入管坯内。在离定径套的一定位置用气塞阻住，保持管内压缩空气压力不变。气塞一般采用相应长度的细钢筋钩挂在机头的芯模上。

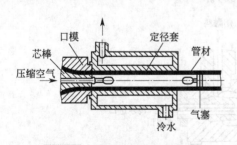

图 3-1　内压定径套定径装置

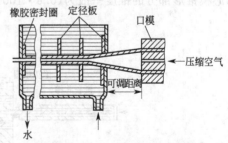

图 3-2　内压定径板定径装置

当管坯内通入压缩空气（压力为 0.02～0.05MPa）时，由于气压的作用使管壁和定径套的内壁接触，定径套夹层中通入冷却水，这样管材就可固化而定型。

为使管材外表面光滑，定径套内表面应镀铬、抛光。定径套的内径一般比管材外径稍大，放大的尺寸等于管材收缩率。定径套的长度应保证一定厚度范围内的管材冷却到玻璃化温度以下，以保证管材具有一定的圆度。一般管径在 300mm 以下，定径套长度为定径套内径的 3～6 倍，其值随管径增大而减小。

② 内压定径板定径装置 内压定径板定径装置是用带有圆孔的薄板代替内压定径套，如图 3-2 所示，这种装置适用于小口径、精度要求不高的管材。

③ 夹套式真空定径装置 真空定径是指借助管外抽真空，使管材外表面吸附在定径套内壁冷却而固定外径尺寸的方法。夹套式真空定径装置是由真空定径套和抽真空装置等组成的。定径套为夹套分段式，中部为抽真空段，两端是定径段，如图 3-3 所示。抽真空段的定径套上均匀钻了几排孔径为 0.6～1.8mm 的小孔，由抽真空装置将管材外壁与定径套内壁之间的空气抽去，使两者紧密接触。定径段两端有通循环水冷却的夹套，以便边冷却边抽真空。为保证管壁充分吸附，真空度通常为 0.035～0.070MPa。真空定径装置的长度通常比其他类型的定径套要长。例如，对直径大于 100mm 的管材，其长度可取管材外径的 4～6 倍。

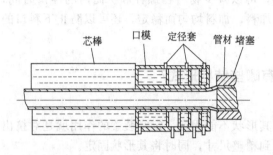

图 3-3　夹套式真空定径装置

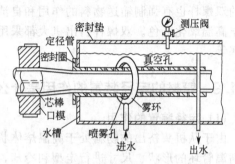

图 3-4　管式真空定径装置

④ 管式真空定径装置 管式真空定径装置结构如图 3-4 所示，其定径套为单壁金属管，管壁打通孔或开槽，将其固定于整体抽真空的水槽进料端内。水槽内的真空度通过开通的孔或槽作用于管材，使其充分吸附在定径装置的内壁上。定径套的长度大于管材直径的 6 倍，真空法的定径装置与机头相距 20～50mm，一般视物料、管材壁厚及操作条件的不同进行调节。管材先经空气冷却，然后进入定径装置。

⑤ 内径定径装置 内径定径是一种在具有很小锥度的芯模延长轴内通冷却水，靠芯模延长轴的外径确定管材内径的方法。这种方法多用于直角式机头和侧向式机头，如图 3-5 所示。定径套的长度取决于管材壁厚和牵引速度，通常可取 80～300mm。对于壁厚较厚的管材或在牵引速度比较大的情况下可取大值；反之则取小值。定径套外径应比管材内径放大 2%～4%。冷却芯模锥形部分的锥度一般为 (0.6：100)～(1：100)。

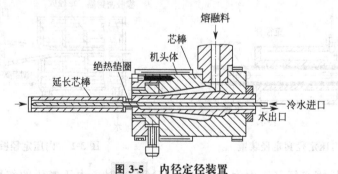

图 3-5　内径定径装置

3.1.10　挤出管材的定径形式应如何选择？ 管材定径套尺寸应如何确定？

(1) 管材定径形式的选择

管材的定径方式有真空定径、内压充气定径和内径定径等多种形式。挤出管材时一般应根据管材直径大小、物料性质及管材的精度要求来选择定径形式，而目前真空定径较为多用。它对于小直径或大口径管材都适用，也适用于高黏度的 UPVC 管材的定径，还特别适于黏度低的结晶性塑料管材的定径，如聚乙烯（PE）、聚丙烯（PP）、聚酰胺（PA）管材等。对于管材直径在 50mm 以下的，可选用浸水式定径套。普通中型管材或薄壁管材一般可采用内压充气定径，如管径大于 100mm 的聚烯烃管材和管径大于 350mm 的硬质聚氯乙烯管材。对于管材内径精度要求高时，应采用内径定径的形式。目前多用于成型 PE、PP 和 PA 塑料管材，尤其适用于要求内径尺寸稳定的包装筒的成型。

（2）定径套尺寸的确定

定径套是在管坯挤出后，使管坯外表面与定径套内表面紧密接触，使管材得到定型冷却的装置，定径套结构如图 3-6 所示。定径套尺寸的大小决定了管材的外径大小。由于挤出管材的尺寸除与口模尺寸有关外，还与塑料本身的收缩率及生产过程中的牵伸比大小有关，因此生产管材时一般应根据管材尺寸、塑料的收缩率以及生产时管材的牵伸比来确定，由于在挤出过程中影响塑料的收缩率的因素有很多，不同挤出压力、不同冷却条件、不同管材的壁厚都会使塑料的收缩率不同，因此生产中通常同一口径不同壁厚的管材

图 3-6　定径套

配备不同内孔尺寸的定径套，定径套的内径一般比管材外径大，放大的尺寸约等于管材的收缩率。表 3-4 所示为不同直径、不同壁厚无规共聚聚丙烯（PPR）管材时定径套的孔直径。

定径套的长度应保证一定厚度范围内冷却到玻璃化温度以下，以保证管材具有一定的圆度。挤出速度越快，定径套应越长。定径套太短，管材在出定径套后会变形或被拉断；太长，阻力增大，牵引功率消耗大。一般管径在 300mm 以下，定径套长度为定径套内径的 3～6 倍，其值随管径增大而减小。为使管材外表面光滑，定径套内表面应镀铬、抛光。

表 3-4　不同直径、不同壁厚 PPR 管材时定径套的孔直径

管材规格		定径套孔直径/mm
管材直径/mm	管材壁厚/mm	
20	4～5	21
	2～3.2	21.12
25	4～5	26
	2～3.2	26.36
32	4～5	33
	2～3.2	33.3
40	4～5	41
	2～3.2	41.7
50	4～5	52
	2～3.2	52.18
63	4～5	65
	2～3.2	65.7
75	4～5	77.5
	2～3.2	78.1
90	4～5	93.5
	2～3.2	93.66
110	4～5	114.3
	2～3.2	114.5

3.1.11　挤出管材的冷却装置有哪些？ 结构如何？

冷却装置一般有浸浴式冷却水槽和喷淋式冷却水箱两种。

（1）浸浴式冷却水槽

浸浴式冷却水槽结构如图 3-7 所示，浸浴式冷却水槽的槽中有 4～6 个隔板（有的甚至分

几段组合而成），以维持温度梯度，调节冷却速度。管材从冷却水槽出来的温度，最好接近于室温。冷却水在槽中应保持一定的水位，并且可循环使用或连续换水。冷却水一般是从最后一段通入，使水流方向与管材运动方向相反，这样管子冷却得比较缓和，内应力较小。冷却水槽两端装有橡胶片，其中心打孔使管材既能通过又不会使水流出槽外。水槽装有 4 只滚轮，使水槽在地面轨道上可平稳移动。调节螺纹撑杆可调整冷却水槽的高度，以方便水槽与定径套配合对位。

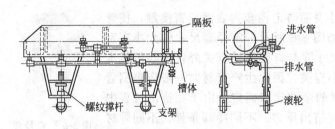 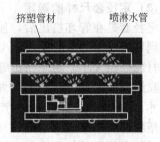

图 3-7　浸浴式冷却水槽　　　　　　　　　图 3-8　喷淋式冷却水箱

（2）喷淋式冷却水箱

由于冷却水槽中水的各层温度不同，导致管材在冷却过程中圆周上各点存在着温度差。又由于浮力的作用，使管材易发生弯曲，特别是对于大型管材的影响更大。采用沿管材周向均匀布置喷水头的喷淋水箱来代替冷却水槽，可减少管材的变形，得到均匀冷却的效果，如图 3-8 所示。

喷淋水箱的支架装有 4 只滚轮，可在地面轨道上平稳移动，箱体里面有多根（3～6 根）喷水管，管上面有许多喷水头，靠近机头一端分布较密些。水从这些喷水头喷到管材上，对管材进行冷却，冷却效率高。

冷却水槽和喷淋水箱的长度，主要凭经验决定。它取决于管材的直径、管壁的厚薄、管材的温度、冷却方式、冷却水温、牵引速度和物料的种类等因素。而一般要求冷却后管材温度平均为 30℃。冷却长度过长，冷却效果虽好，但冷却水槽或喷淋水箱却显得笨重，操作不方便；冷却长度过短，管材冷却不充分，在牵引力作用下易变形。冷却长度一般为 1.5～6m，其值随管材直径和壁厚增大而增大。对于高结晶性聚合物，冷却长度一般为 PVC 的 2 倍。

3.1.12　挤出管材的冷却形式应如何选择？

挤出管材的冷却主要有冷却水槽冷却、喷淋（雾）冷却和真空水槽冷却等形式。生产中管材冷却形式大都根据管材口径大小来加以选择。

冷却水槽冷却时具有一定水位，能将管材完全浸没在水槽中，冷却水槽结构比较简单，但水的浮力易使管材弯曲，尤其是大口径管材。

喷淋式水槽是全封闭的箱体，管材从中间通过，管材四周有均匀排布的喷淋水管，喷孔中射出的水流直接向管材喷洒，而且靠近定径套一端喷水较密，有利于管材冷却均匀。

真空水槽是与真空定径装置一起使用。采用这种冷却水槽可以使用同一机头口模，通过选择不同直径的定径套及控制真空度来使管坯膨胀和缩小，而获得不同直径的管子。管材冷却充分，同时由于毛细管作用，水在定径套和管子之间起润滑作用，从而减小摩擦力，管材表面光洁，管材牵伸容易。

因此生产中，一般对于直径小于 100mm 的管材可选用冷却水槽进行冷却；大口径、薄壁管材宜选用喷淋（雾）冷却；高速挤出或生产小管材时可采用真空水槽冷却。

3.1.13　挤出管材冷却装置的长度应如何确定？

生产中，管材型坯挤出后，需经定径装置定径后，再进一步进行冷却。冷却时冷却装置长度的确定对于管材的成型很重要，冷却装置长度过短，管材不能充分冷却，在牵引力的作用下易产生变形；冷却装置长度过长，占地面积大，操作也不方便，因此冷却装置长度必须适当。

通常管材挤出时冷却装置的长度选择应根据管材的直径、管壁的厚度、管材温度、冷却方式、冷却水温、牵引速度和物料的性质等确定，总的原则是应保证管材的充分冷却，一般要求冷却后的管材温度平均在 30℃ 左右。对于普通管材一般为 1.5～6m，管材直径越大、壁厚越大，冷却装置长度也越大；对于结晶性物料，冷却长度一般应长一些。

3.1.14　挤出管材的牵引装置有何要求？　结构类型有哪些？

(1) 管材牵引装置的要求

① 夹持器要能适应夹持多种直径管材的需要。

② 可以在一定范围内无级平滑地变速，在牵引过程中，牵引速度必须稳定，因为任何不规则的变动都会在制品表面形成波纹。

③ 牵引夹紧力要适中并能调节，牵引过程中不打滑、跳动和震动，以免管材永久变形。

(2) 牵引装置的结构类型

管材牵引装置有滚轮式、履带式和皮带式三种类型，常用的主要是滚轮式和履带式。

① 滚轮式牵引装置　滚轮式牵引装置一般由 2～5 对牵引滚轮组成，下滚轮为主动轮（钢轮），上滚轮为从动轮（橡胶轮），其结构如图 3-9 所示。通过旋转手轮带动调节丝杠，使上滚轮可以垂直移动以适应不同直径的管材。牵引滚轮的直径在 50～150mm 之间，每一个主动轮的轴上都装有相同齿数的蜗轮，由同一根蜗杆驱动。这种牵引装置结构比较简单，调节也方便，但由于滚轮和管材之间形成点或线接触，接触面积小，往往牵引力较小。

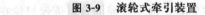

图 3-9　滚轮式牵引装置　　　　图 3-10　履带式牵引装置

② 履带式牵引装置　履带式牵引装置一般由两条或多条单独可调的履带沿管材周向均布组成，以产生不同的牵引力来适应不同直径管材的需要。履带上面嵌有一定数量的橡胶夹紧块，它们都做成凹形或带有一定角度，以增加对管材施加径向压力的面积，防止管材外表面被损伤乃至压坏，如图 3-10 所示。夹紧块的夹紧力由压缩空气或液压系统产生，或用丝杠螺母机构产生。牵引装置的电机常采用直流电机或变频调速电机，以满足调节牵引速度的需要。这种牵引装置的牵引力大，调速范围广，与管材接触面积大，管子不易变形、打滑，这对薄壁管子很重要，但这种装置的结构比较复杂，维修困难。

履带式牵引装置的牵引速度直接影响管材的壁厚，牵引速度的不稳定会使管径忽大忽小地变化，而导致产品质量不合格。正常生产时，牵引速度应稍大于管材的挤出速度 1％～10％。若大得太多，管壁将被拉薄甚至拉断；若小于挤出速度，管壁就会太厚；甚至在口模处产生堆积。生产中调节牵引速度可用以下简单方法：将挤出的管材放在牵引履带内，但履带不夹紧管材，分别同时在管材和履带上做个记号，根据观察管材与履带的运行速度来进行调节。

履带式牵引装置对管材的牵引力随接触面积和定型处的径向压力增加而增加，也与支持辊等的摩擦阻力有关。对于中小型的管材，牵引力不应小于200～2500N，对于大型的管材要达5500N。

3.1.15　挤出管材牵引方式应如何选用？

在挤出管材过程中，管材的管径和壁厚一般可通过改变牵引速度的大小来调节，故在生产中要求对管材的牵引要均匀、稳定，牵引速度调节方便、灵敏，这样才能保证管材的管径与壁厚的均匀性，因此挤出管材时必须选择合适的牵引装置。管材的牵引装置目前有滚轮式、履带式和皮带式等多种形式。

滚轮式牵引装置结构比较简单，调节也方便。它一般由2～5对牵引滚轮组成，下滚轮为主动轮（钢轮），上滚轮为从动轮（橡胶轮）。通过旋转手轮带动调节丝杠，使上滚轮可以垂直移动以适应不同直径的管材。但由于滚轮和管材之间形成点或线接触，接触面积小，往往牵引力较小。故不适用于大型管材的牵引，一般用来牵引管径在100mm以下的管材。

履带式牵引装置结构比较复杂，一般由两条或多条单独可调的履带沿管材周向均布组成，以产生不同的牵引力来适应不同直径管材的需要。履带上面嵌有一定数量的橡胶夹紧块，它们都做成凹形或带有一定角度，以增加对管材施加径向压力的面积，防止管材外表面被损伤乃至压坏，夹紧块的夹紧力由压缩空气或液压系统产生，或用丝杠螺母机构产生。牵引力大，调速范围广，与管材接触面积大，管子不易变形、打滑，这对薄壁管子很重要。但这种装置的维修困难，主要用于薄壁管材和大直径管材的牵引。

皮带式牵引装置结构比较简单，牵引力小。高速生产小口径管材时，宜选用皮带式牵引装置。

3.1.16　管材的切割装置有哪些类型？　结构如何？

目前切割装置主要用于硬管的切割，切割装置一般要求切断尺寸准确，切口均匀整齐。常采用的是圆盘锯切割装置和行星锯切割装置，前者适用于中小型的管材，而后者适用于大型的管材。

（1）圆盘锯切割装置

圆盘锯切割装置主要由切割架、导轮与活动架、切割液压缸、返回液压缸、液压马达、下夹紧块与调节线杆、夹紧液压缸、上夹紧块、圆锯片等组成，结构如图3-11所示。

当管材接触到定长行程开关时，夹紧液压缸动作将管材夹紧，活动架连同管材依赖导轮在机架导轨上滑动。同时液压马达带动锯片旋转，切割液压缸动作，带着旋转的锯片向上运动，将管材切断。在切断管材后，液压马达上的撞块接触上行程开关，夹紧装置松开，液压马达停止旋转，切割液压缸将液压马达和锯片带回原位置，然后返回液压缸动作，将整个活动架带回起始位置。

（2）行星锯切割装置

所谓行星锯是在锯片围绕管材作行星式圆周运动的同时，圆盘锯朝旋转圆心运动而将管材切断。行星锯切割装置主要由夹持电机、减速器、链轮、夹持器、小齿轮、大齿轮、蜗轮蜗杆机构、圆盘锯、切割电机、切割器箱体等组成，其结构如图3-12所示。当管材达到一定长度，接触到行程开关时，夹紧电机通过减速器带动链轮；再通过一个链轮带动其他链轮旋转；链轮再通过摩擦离合器和丝杠螺母机构使夹持器作直线运动夹紧管材，其夹紧力由摩擦离合器控制。夹紧机构动作后，整个切割装置在导轨上滑行。然后电机通过减速器、蜗轮蜗杆机构、小齿轮带动与切割盘连在一起的大齿轮回转。切割电机和圆盘锯都装在切割盘上，当切割盘绕管材作行星回转时，切割电机带动圆盘锯在燕尾槽上朝圆心运动，从而切断管材，切割电机的电源是通过切割器上的三个电刷与环形电极相接触而引入。

图 3-11　圆盘锯切割装置　　　　　　　图 3-12　行星锯切割装置

行星锯切割装置与圆盘锯切割装置相比，具有切割管径大、范围广、自动化程度高、使用时可全自动也可半自动切割的特点，减轻了操作人员的劳动强度。

3.1.17　挤管机头有哪些类型？　各有何特点？

挤管机头的类型有多种，通常按物料在机头与挤出机流动方向的关系可分为直通式机头、直角式机头和侧向机头等类型。

(1) 直通式机头

直通式机头是指物料在机头和挤出机流动方向一致的机头。根据其结构的不同，又可分为支架式和无熔接缝式的直通式机头等类型。

支架直通式机头主要由机头体、分流锥、分流锥支架、口模、芯棒、调节螺钉等部件组成，结构如图 3-13 所示。分流锥的作用是把料流分成环形管状的流动，口模和芯棒形成环形间隙，使物料成型为管坯，稳定料流。分流锥支架连接分流锥和芯棒，起支撑作用。调节螺钉（通常有 4～8 个）用来调节口模，保证芯棒与口模的中心对正，其间隙大小均匀一致。这种机头具有结构简单、制造容易、成本低、流道短、料流阻力小等优点。但这种机头在生产外径定径大的管材时，具有芯棒加热困难、分流锥支架造成的接缝线处管材强度低等缺点。在工业生产中广泛用于 UPVC 管及护套管、农用管等承压不大的小口径管材的生产。

分流锥

芯棒　　分流锥支架

(a) 外观　　　　　　　　　　(b) 结构

图 3-13　直通式机头

无熔接缝式机头可以保证物料的塑化效果，消除料流熔接痕。图 3-14 所示为筛孔式无熔接缝式机头的结构。这种机头采用带有小筛孔（孔径约 1mm）的筛篮代替了分流锥支架来支撑芯棒，挤出成型时，物料经筛孔进入环形口模，经口模稳流后挤出形成管坯，如图 3-15 所示。物料通过筛孔时可增大对物料的剪切、摩擦作用，有利于物料的塑化，但料流阻力大，因此主要适用于熔体流动性好的聚烯烃塑料的成型，特别是特大口径管材的挤出。

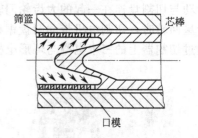

图 3-14　筛孔式无熔接缝式机头　　　　　图 3-15　筛孔式无熔接缝式机头工作原理

(2) 直角式机头

直角式机头的料流与挤出机料流方向呈直角，芯棒一端为支承端，没有分流锥支架，其结构如图 3-16 所示。挤出时熔料从机头一端进入，沿芯棒轴向前进或绕过芯棒在芯棒背面汇集，形成环绕芯棒的环形料流，只产生一条熔接缝。但由于物料的流程和阻力不等，易造成出料不均匀，同时芯棒在进料压力的作用下易产生侧弯，而导致口模间隙不一致、制品厚薄不均匀等。这种机头主要适于需多个进料口的大口径厚壁管材、单层复合或多层复合管材以及需在芯棒内引入芯材进行包覆的线缆的生产。

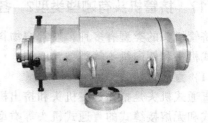

图 3-16　直角式机头　　　　　　　　　图 3-17　侧向机头

(3) 侧向机头

侧向机头是指来自挤出机的料流先流过一个弯形流道再进入机头一侧，料流包芯棒后沿机头轴向流出的机头，如图 3-17 所示。这种设计可使管材的挤出方向与挤出机呈任意角度，亦可与挤出机螺杆轴线相平行。它非常适合大口径管的高速挤出，但机头结构比较复杂，造价较高。

3.1.18　单壁波纹管波纹成型模具结构是怎样的？

单壁波纹管是一种内外壁表面均为波纹形状的管材。管材的波纹成型是在波纹成型机上成型定型的，波纹成型机波纹成型模具安装在成型机的两根链条的链节处，如图 3-18 所示。成型机上波纹成型模具通常有数十对，为上、下或左、右对开式，如图 3-19 所示，由电机驱动链条运行。波纹成型模具随两根链条相向运行时，完成两半模具的闭合和打开动作。当两半模具闭合时形成吹塑波纹管用模具型腔，当管坯内充压缩空气即可使管壁紧贴型腔壁，获得波纹形状。当两半模具打开时波纹管即可脱模。模具的运行对波纹管同时起到了牵引的作用。

3.1.19　双壁波纹管与单壁波纹管挤出成型机组有何异同？

单壁波纹管是一种内外壁表面均为波纹形状的管材，而双壁波纹管则是一种由两层管壁熔合而成的，外壁呈波纹形、内壁表面则是光滑平整的管材。双壁波纹管由于与单壁波纹管结构不同，因此挤出成型机组有所不同。

图 3-18　单壁波纹管波纹成型机

图 3-19　单壁波纹管波纹成型模具

(1) 由于双壁波纹管具有内外两层结构,故挤出成型时一般需用两台挤出机,如图 3-20 所示。一台用于挤出塑化的内层物料,另一台则用于挤出塑化的外层物料,内外层物料可以不相同,生产中内层物料可以用回料来降低管材成本。在选用挤出机时应根据不同物料来选择,生产 PVC 双壁波纹管时一般多用锥形双螺杆挤出机,而内层料是回料时也可采用单螺杆挤出机来挤出塑化内层物料;挤出生产 HDPE 双壁波纹管时多采用单螺杆挤出机。

(2) 挤出管坯成型的机头一般采用双流道的复合管机头,内、外熔料流道腔之间有一个压缩空气进入孔道,进入的压缩空气对外层熔料进行吹胀,使其贴紧波纹形模具而成型外层波纹状管壁;内层芯棒的中心孔能放置加热器,还有可通入压缩空气和冷却水的孔道。由于口模伸入两半波纹模之间不能移动,管坯壁厚的调节是通过移动分流锥和芯棒的位置来调节芯棒与口模之间的间隙大小。

图 3-20　双壁波纹管的挤出成型机组

(3) 双壁波纹管成型用的辅机与单壁波纹管成型辅机基本相同,主要由成型机、传动装置、冷却装置、切割装置、堆放装置等组成。波纹成型模具是把成对的成型模块一对接一对地固定在同步相对循环移动的两履带上,形成一排移动中的成型模块,通过传动装置带动回转,在管坯上成型波纹状,并且使内、外壁贴附。传动装置一般常用齿轮齿条的传动,成型时要求传动要平稳、可靠,模块在成型段入口和出口处必须平行移动,不易刮伤机头,管材脱模时阻力小。

3.1.20　双壁波纹管波纹成型方法有哪些?

双壁波纹管波纹主要有真空成型、吹塑成型以及外壁真空成型、内壁充压缩空气吹塑成型三种成型方法。

真空成型波纹时,模块上开有许多抽空小孔,并且设有冷却通道,当机头挤出的外层管坯和模块接触时,外层管坯由于真空作用而吸附在模块的型腔上,形成波纹。而挤出的内层管坯则吸附在机头前端的定径套上,如图 3-21 所示。

(a) 外观

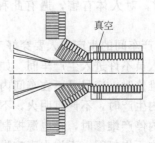

真空

(b) 结构

图 3-21　双壁波纹管真空成型

双壁波纹管波纹的吹塑成型是在挤出内、外层管坯之间设有内、外两层压缩气体，外层气体产生的正压使外层管坯吹胀而吸附在模块的型腔上，形成波纹，内层气与外层气保持平衡，内层管坯贴在定径套上，外层的波纹谷底与内层黏附，使管材内壁平滑，如图 3-22 所示。

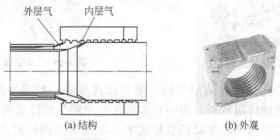

(a) 结构　　　　　　　　　(b) 外观

图 3-22　双壁波纹管吹塑成型

外壁真空成型、内壁充压缩空气吹塑成型是对管坯外层进行真空吸附，使其贴紧在模块的型腔上，形成波纹。而管坯内层则通过压缩空气使其贴附在模块的型腔上，而形成波纹。这种方法成型的波纹清晰，一般用于大口径双壁波纹管材。

3.2　管材挤出机组操作疑难处理实例解答

3.2.1　管材挤出车间应遵守哪些安全管理条例？

(1) 挤出机生产线车间，在场地允许的条件下，应尽量建在离锅炉房和变电所较远的地方。

(2) 生产车间内设备布置整齐，中间留出通道，方便货物运输和消防车的出入。

(3) 生产所用原料和成品要整齐地堆放在通道两侧，不许阻塞防火及应急设备通道。

(4) 车间附近要设置消防工器具和沙土等物品，摆放整齐，不许随意移动位置，外面挂有"消防专用工具，不许乱动"标牌。

(5) 车间附近有变压器或总电源控制室时，要设置防护网（栏），并且挂上"请勿靠近"标牌。

(6) 各种电线及车间内设备用电导线不能随意乱拉，更不允许在导线上搭、挂和勾各种物品。

(7) 生产车间照明应符合要求，操作工的操作施工现场内应无黑暗角落。

(8) 车间内要有良好的通风设置，工作环境不允许有粉尘飞扬现象。注意：防止有粉尘与空气和蒸汽混合浓度超标情况发生，这时遇火花容易引起爆炸；树脂和增塑剂挥发物在空气中超过一定数量时，对人体有害，遇有此种情况发生时，要立即打开各通风装置，排除污染空气。

(9) 进入生产车间的生产工人要穿好工作服，工作服应干净并穿戴整齐。

(10) 外来人员不许进入生产车间。如必须要进车间时，应有车间人员带领。

(11) 设备维修时，应尽量不在车间内电焊或用汽油清洗零件，必要时应有专人在场监护。

(12) 车间内生产时，不许有明火，不许吸烟，不许堆放易燃、易爆品。

(13) 车间内停产维修时，在电源控制部位要挂上"有人工作不许合闸"标牌。

(14) 车间内不许打闹，不许大声喧哗。

(15) 车间内外的排风筒要定期做好除污清洁工作，油污积存容易引起火灾。

(16) 车间内吊车由专人负责操作，吊运作业时环境内不许站人。

(17) 发生事故排除后，事故原因没查清时不许继续生产。

(18) 生产车间内一切动力设备都要有专人负责保管操作，并且制定出安全生产操作规程。

3.2.2　管材挤出生产应遵守哪些设备安全操作条例？

(1) 未经上岗考核和操作培训的人员不能独立操作挤出机生产。

(2) 视力不佳、反应迟钝者不能上岗操作。

(3) 开车前做好设备周围环境卫生工作，设备周围不许堆放与生产无关物品。

(4) 生产前检查挤出机各安全设置有无损坏，试验是否能有效工作；检查各连接螺栓有无松动，各安全防护装置是否牢固。

(5) 检查各润滑部位，清除污物，加注润滑油。

(6) 料筒和模具的加热恒温时间要保证，严防料温达不到工艺要求时开车生产。

(7) 开动螺杆驱动电动机前要用手扳动 V 带轮，应转动灵活，无阻滞现象；然后先启动润滑油泵工作 3min 后，再低速启动螺杆转动。

(8) 螺杆空运转时间不能超过 2～3min。

(9) 料筒加料前要检查料筒、料斗，不许有任何异物存在；原料中应无金属、砂粒一类杂质，防止损坏螺杆。

(10) 螺杆启动后，各传动零件工作声音正常，主电机电流在允许额定值内，才允许向料筒内加料，加料时应先少量均匀加料。

(11) 进行模具间隙调整或清除污料时，操作工要戴好手套，不许正面对着料筒、模具，防止熔料喷出模具，烫伤身体。

(12) 挤出机开车运行中不许进行维修，此时设备上也不许有人做任何工作。

(13) 操作过程中如遇有轴承部位温度偏高，润滑油（脂）流出现象；或电动机散出异味、冒烟或外壳温度过高；减速箱内润滑油温度高，冒烟；传动零件发出无规律的异常声音；或机器工作时产生剧烈振动；或螺杆突然停止旋转等现象时，应紧急停车。

(14) 设备上安全罩和安全报警装置的位置不许随意改动，更不允许人为造成失灵。

(15) 发现设备漏水、漏油现象时应及时维修排除故障，不许水、油流到机器周围。

(16) 操作工因特殊事务必须离开机台时，应找熟悉操作该设备的人代管，否则必须停机。

(17) 清除料筒、螺杆和模具零件上的残料，要使用竹类和铜质刀、刷，不许用钢刀、刷刮削零件表面污物及残料，更不允许用以火烧烤办法清除螺杆上的残料。

3.2.3　挤管车间的用电应遵守哪些安全操作条例？

(1) 电路中各种导线出现绝缘层破裂、导线裸露时，要及时更换，保持各线路中导线的绝缘保护层完好无损。

(2) 各设备及电控操作台（箱）应有接地或接零保护。电控箱内要定期清扫，吹除各电气元件上的污物或灰尘。停机时间较长的电动机和电加热器应先进行干燥去湿处理，然后再使用。

(3) 线路中各部位的保险丝损坏时应按要求规格更换，不许用铜丝代替使用。

(4) 定期检查各用电导线接头连接处，保证紧密牢固连接。损坏或不合格的电路开关要及时更换。

(5) 一切电气控制设备维修时应先切断电源，由电气专业技术人员维修。维修工作中，电源开关处要挂上警示标牌，如"有人维修，不许合闸"等标牌。

（6）电源开关进行切断和合闸时，操作者要侧身动作，不许面对开关，动作要快，防止产生电弧，烧伤面部。

（7）带电作业（一般情况下不允许带电作业）或维修时，要穿戴好绝缘胶靴、手套，站在绝缘板上操作。

（8）发生触电人身事故时，要立即切断电源；如果电源切断开关较远，可用木棒类非导电体把电线与人身分开，千万不能用手去拉触电者，避免救护者与受害者随同触电；如触电者停止呼吸，要立即进行人工呼吸或叫医生救助。

（9）设备上各报警和紧急停车装置要定期检查、试验，并且进行维护保养，以保证各装置能及时、准确、有效地工作。

3.2.4　管材生产中交接班规程有哪些？

（1）交班人员应认真做好交接班记录，对以下内容应详细记录：本班生产制品产量及质量问题；生产中曾出现过哪些产品质量或生产设备故障问题，是怎样处理解决的；提示下班应注意事项等。

（2）接班人员应穿好工作服，至少提前 20min 上岗。

（3）接班人员上岗后应先认真阅读上班填写的交接班记录，并且详细询问生产及设备运转情况。

（4）查看设备生产工作运转情况：轴承部位温升是否正常；各传动零件工作运转有无异常声音；各润滑部位润滑油是否充足，如不足应加足润滑油等。

（5）正式交接班工作，清点交接生产用工具，在接班记事本上签字，交班人员离岗。

（6）核实料筒、模具的各部位温度是否在工艺条件要求范围内。

（7）检查原料质量是否有问题；查看料斗内存料量，适当补充加满。

（8）检查制品质量，适当调整影响制品质量的工艺条件。

（9）转入正常生产。

3.2.5　挤出生产机组的安装步骤如何？

（1）挤出生产线安装前的准备

① 首先要求设备制造商提供完整的安装图。安装图包括：主机和各辅机的外形尺寸，地脚位置尺寸和规格，辅机布置的位置；各辅机间的合理间距；生产线总长度；各电线接口的位置和容量；给水口、排水口、压缩空气接口的位置和设计口径等。

② 绘制车间平面布置图。设计平面布置图要注意挤出机工作位置的选择，挤出机生产线工作位置的安排，从方便生产方面考虑，要尽量离生产用原料库和塑料制品成品库近些；从安全生产方面考虑，要离锅炉房和变电所尽量远些。挤出机在生产车间内的位置：应选采光好、通风好、方便职工操作的位置；挤出机的控制箱应在操作者的右手侧。还应注意车间的辅助设备的安置，一般要求车间应配备容量足够的循环水池，并且配套有冷却塔，还应有排风设备等。

③ 检查车间配电、供水、压缩空气容量。

（2）设备开箱验收

新设备进厂的开箱验收应请供应、运输、设备管理人员及供应设备厂代表到场参加开箱、验收，以备发现问题及时与有关人员交涉处理。设备开箱验收一般按以下顺序。

① 开箱前检查设备包装箱是否有破损，发现有损坏处要拍照备案。

② 清除箱体上的尘土、泥沙及污物。

③ 开箱的上盖，查看箱内零件是否有损坏，如有损坏要拍照为证，未发现问题时再拆箱体侧板；核实设备名称、规格型号与订购合同是否相符。找出装箱单、生产合格证及设备使用说明书等有关文件。

④ 按照装箱单和设备使用说明书清点设备及附属零部件、备件、随机工具等的名称和数量；检查设备外观及附属零部件有无生锈和掉漆部位。检查出厂合格证和说明书是否齐全，并且做好开箱记录。

（3）挤出机的基础施工

① 按车间平面布置图和设备使用说明书的要求挖出基础坑，同时挖出电缆沟、上下水管和压缩空气输送管用沟及挤出机生产线上的辅机基础坑。

② 按挤出机地脚螺栓孔尺寸距离固定地脚孔木模。地脚孔木模要做成梯形或是上小下大的圆锥形；同时，挖出挤出辅机中的水槽移动轨道、牵引机的基础地脚孔和切割机的基础地脚孔，各设备基础地脚孔，以挤出机地脚孔中心线为准，校正在一条中心线上。

③ 安装好输线管、进出水管和输送压缩空气管。

④ 采用 300 号或 400 号水泥的混凝土浇灌基础，并且留出各设备地脚孔。24h 后一天应浇两次水养护，环境温度要保持在 5℃ 以上，而且混凝土基础面上盖一层草袋，水泥基础养护要达到 7～14 天。

⑤ 基础基本稳固后，可以对基础进行加压试验，加压的载荷通常为设备重量的 1.5 倍，时间为 3～5 天，如不发生下沉，即可进行设备安装。

（4）设备的安装

① 设备就位和对中　按照安装图的要求将设备就位。设备就位后，要按照基础的中心线找正。挤出机的中心线是料筒中心线的延长线，用垂线找正，其误差不得大于 1mm。

辅机的就位是同时进行的。对管材辅机、真空水槽的移动导轨，要和基础的中心线平行，并且间距对称；其他设备，如喷淋水槽、牵引机、电锯和收集台等，都以管材通过的中心线为准，与基础的中心线找正。

型材辅机的真空定径台是固定不动的，因此可以和牵引机、电锯、收集台等一起，以异型材通过的中心线为准，与基础的中心线找正。板、片材辅机和流延膜辅机，则是以牵引辊中点和口模中点的连线为准，与基础的中心线找正。吹塑薄膜辅机是以口模中心线的延长线为基准，它既是风环的中心线，又是人字板夹角的等分线，同时要通过牵引辊的中点。

② 找水平　找水平工具主要有钳工水平仪或者是框式水平仪，精度为 0.02mm/m，还有角尺、垂线和盒尺以及斜垫铁。

挤出机的水平基准面是加料斗座上方加料口平面，也就是安装料斗的平面。找水平时先拆去料斗，再用水平仪找平，要求纵向和横向都应该在水平仪所示的精度范围以内。

挤出管材和型材辅机的基准面是管材（型材）通过的中心线，要求和挤出机料筒中心线的延长线重合。板、片材和流延膜辅机是以牵引辊的钢辊、流延辊为基准，其他导向辊以此为准找水平。吹塑薄膜辅机的基准是口模上平面，牵引辊的钢辊要与口模上平面保持平行，其他导向辊与牵引辊的钢辊保持平行。各辅机在安装时的找正只是初步的，最后的找正是在生产线调试过程中根据制品的走向来完成。

③ 设备固定　生产线各台机器全部就位，找正、找平且垫铁已经塞紧后，在地脚螺栓孔内灌注混凝土，待地脚螺栓孔内的混凝土已经有一定的强度，就可以拧紧螺母完成设备的固定。现在许多辅机的固定都不再使用传统的地脚螺栓，而是在地面水泥层有足够的厚度时，用膨胀螺栓来固定机器。

④ 接线　将设备基础中的上、下水管，压缩空气管接口和设备上相应的管道接好，并且做好接口的密封。接好生产线主控制电气柜到生产车间的配电盘的动力电缆，并且经检查无误

后，即可通知设备制造厂调试人员，做调试的准备工作。

(5) 设备的清洗、除锈和脱脂

① 清洗　大中型设备出厂时设备的表面一般都涂有防锈漆或油脂，在安装和装配时需要逐步对其进行清洗。清洗过程一般可分为三步：初洗、油洗和净洗。首先是初洗，可以用铜片或铝片等软金属片刮净设备表面的旧油、污泥和锈层；一般粗加工表面初洗即可，对于精加工的零部件表面还需要进行油洗，一般采用汽油比较好；净洗是经油洗后再次用干净的清洗油冲洗干净，然后用压缩空气吹净，如果暂不开机，还应涂以防锈油。

② 除锈　设备在运输和存放过程中，由于保管不善很容易发生锈蚀，安装时需要去除锈迹。除锈时可以采用非金属工具进行清除，然后打磨光亮。必要时可用5％的盐酸或硫酸溶液进行酸洗除锈，酸洗后用氢氧化钠或碳酸钠溶液浸泡中和，然后用清水清洗并擦干。

③ 脱脂　在设备进行正式调试或使用之前，要对所需使用的零部件如牵引辊、导辊、机头和口模等进行脱脂，即完全清除零部件表面的油脂。

脱脂时首先用铜片刮去零部件表面的油脂，再用二氯乙烷、二氯乙烯等脱脂剂仔细去除油脂，然后用汽油等清洗油冲洗干净，用压缩空气吹干。清洗过程中要注意防火，并且戴手套，工作完毕要仔细将手洗净。

3.2.6　单螺杆挤出生产机组的调试步骤如何？

(1) 调试前的准备

① 检查挤出机生产线上各设备的紧固螺母是否有松动，检查防护罩是否牢固。

② 检查 V 带安装的松紧程度，适当调整 V 带的松紧以适合运转工作要求。

③ 用手扳动 V 带轮，其转动应比较轻松，各零件运转无异常，螺杆转动无卡紧现象。

④ 检查设备和控制箱的接地保护、电器配线等有无松动现象，是否符合要求。

⑤ 将各控制旋钮和开关指向零位或在停止位置上。

(2) 空车调试

① 检查各设备的润滑部位及减速箱内润滑油的质量是否符合要求，适当补充或加足润滑油量，润滑油液面在油标规定线高线位处。

② 控制箱电路合闸供电。启动润滑油泵，润滑油输入各润滑部位，检查润滑油工作位置是否正确。

③ 检查料斗、料筒内应无任何异物。

④ 润滑泵启动3min后，扳动 V 带轮应转动灵活，无阻滞现象。低速启动螺杆驱动电动机运转。

⑤ 观察控制箱上电压表、电流表指针摆动有无异常，功率消耗应不超过额定功率的15％。

⑥ 检查螺杆的旋转方向是否正确，如果螺杆的螺纹旋向是右旋，则面对料筒，螺杆应是顺时针转动。

⑦ 听各传动零件的工作运转声音是否有异常，看螺杆旋转是否与料筒有摩擦现象。检查输送油、水、气管路有无渗漏现象。

⑧ 停止螺杆转动。退出螺杆，检查螺杆和料筒工作面有无划伤现象。如螺杆或料筒有划伤沟痕，应与设备制造厂交涉，此种现象应更换设备。

⑨ 一切正常后，检测螺杆传动轴的最高、最低转速，应符合设备说明书条件。

⑩ 试验设备上的紧急停车按钮应能准确可靠工作。

(3) 空运转料筒加热升温调试

① 料筒各段加热升温，按挤出工艺温度要求调整控温仪表。

② 料筒加热升温至工艺要求温度后，恒温加热 1h，记录加热升温时间。

③ 用水银温度计检测料筒各段温度，核实、调整仪表显示温度与水银温度计的实测温度差。④ 试验料筒加热装置中的加热电阻断路报警，看是否能准确及时报警。

⑤ 重新紧固料筒与料筒座的连接螺钉。

⑥ 润滑油泵启动，工作 3min 后用手扳动 V 带轮转动，应转动灵活，无阻滞现象。

⑦ 低速启动驱动螺杆转动用电动机，观察电压表、电流表摆动是否出现异常；看螺杆转动是否平稳；螺杆与料筒是否有旋转摩擦现象；听各传动零件工作是否有声音异常。一切正常立即停车。注意螺杆空运转时间不应超过 3min。

(4) 投料生产试车

① 检验试车用原料质量。原料的颗粒大小是否均匀、料是否潮湿（如含水分较大，应进行干燥处理）、料中是否有杂质等。同时，验证原料牌号是否与试车用料工艺要求相符。

② 核实螺杆结构，看是否适合试车用料的塑化工艺条件要求。

③ 安装过滤网和分流板。安装试车生产塑料制品用成型模具。注意模具连接螺栓安装前要涂一层二硫化钼或硅油，模具安装固定后调整模具中的口模与芯棒间隙，达到圆周间隙均匀。

④ 料筒和成型模具加热升温，达到工艺要求温度后再加热恒温 1h。

⑤ 检查挤出机料斗和料筒内无任何异物后准备开车。

⑥ 用手扳动 V 带轮应转动灵活，无阻滞现象。

⑦ 启动润滑油泵，工作 3min，检查各润滑部位，补充加足润滑油。

⑧ 启动上料装置，向料斗内输送原料。打开冷却水管路，机座部位冷却。

⑨ 低速启动驱动螺杆转动电动机，观察电压表、电流表指针摆动是否正常；螺杆转动是否平稳；各传动零件工作声音是否正常。一切正常后准备投料。

⑩ 向料筒内供料。初投料时要少而均匀，要边加料边观察电流表指针的摆动变化及螺杆转动是否平稳，如无异常现象，可逐渐增加供料量，直至模具口出料。

⑪ 模具口出料后（假如是生产硬管），要先清除塑化不完全熔料。待熔料塑化均匀、出料正常时，检查管坯挤出状况。如果管坯从模具口挤出时走向偏斜，应调整口模与芯棒间隙，先分别松开管坯壁薄侧调整螺钉，再紧管坯壁厚侧调整螺钉，直至管坯直线运行出料。注意调整口模与芯棒间隙时，操作工不能正面对着模具口，防止发生意外事故。

⑫ 安装定径套或冷却真空定径套。启动真空泵或开通压缩空气阀门。

⑬ 启动辅助设备牵引机和切割机，把管坯引入冷却水槽；冷却定型后的管材切断、取样。根据冷却定型管的质量状况，适当调整料筒、模具温度，螺杆转速，模具口间隙和压缩空气压力及真空度等工艺条件。

⑭ 试车制品质量合格后，再试验螺杆在高、中、低转速时的电流变化和制品单位时间内产量，最高产量应与挤出机说明书中标定值接近。

⑮ 试验挤出机工作超载、温度控制失灵和原料中有金属异物时的报警装置，看是否能及时准确报警。

⑯ 检测挤出机工作噪声。在离挤出机 1m 远、1.5m 高的位置检测挤出机的工作噪声，应不大于 85dB。

(5) 停车

① 把螺杆的工作转速降到最低。切断料筒、模具的加热电源。启动料筒冷却风机。

② 料筒温度降至 140℃，停止料筒加料。直至模具口不出料后，停止螺杆驱动电动机。

③ 关闭冷却水循环，关闭压缩空气和真空泵阀门。

④ 拆卸模具外的加热装置、压缩空气管，卸下气塞；然后再拆卸成型模具及模具中的各

零件；立即安排人员清除模具各零件上的粘料。

⑤ 点动螺杆旋转电动机，把分流板和过滤网用料筒内残料顶出。立即清理分流板上的粘料。

⑥ 退出螺杆，清理螺杆和料筒内残料。关闭料筒冷却降温风机。

⑦ 检查螺杆和料筒。检查螺杆是否有划伤痕，是否有变形弯曲现象；检查料筒内工作面是否有摩擦伤痕。如出现上述伤痕及变形弯曲现象，要及时与设备制造厂协商，更换损坏零件；此情况对于挤出机而言，属严重设备质量问题。如果料中有金属块类杂质或操作不慎，料筒内随料进入的异物造成的料筒和螺杆划伤，应属使用方责任。

⑧ 如果挤出用成型模具暂时不使用，应清理干净后涂油装配在一起，封严进出料口，存放在干燥通风处。料筒内也要涂防锈油，把进料口和出料口封严。螺杆清理干净后要涂油包好，垂直吊放在干燥通风处。

⑨ 排净水槽内积水，关闭电源，关闭总供水阀门。

3.2.7　单螺杆挤出生产管材的基本操作步骤如何？

(1) 开机生产操作

① 首先按单螺杆或双螺杆挤出机操作规程对挤出设备做好生产前的各项检查准备工作。

② 确认料筒内清洁、无任何异物后，安装过滤网、分流板和机头模具，根据产品要求调整好口模间隙。

③ 根据管材规格大小选择并安装好定径套。

④ 按原料塑化工艺条件要求调整设定控制箱上自动控制仪表温度。

⑤ 待挤出机达到开机状态后，低速启动螺杆，打开料斗喂料闸门（或低速启动喂料挤出机螺杆），对挤出机进行少而均匀、缓慢的喂料。

⑥ 启动冷却装置，开通冷却水供应系统，启动牵引装置。

⑦ 装入牵引管（可用牵引机反转），将牵引管送入喷淋水箱和真空定径箱。注意放置牵引管时，不可强行推入，以免撞坏喷淋水箱和真空定径箱内的托辊架，特别是生产大管时更应注意。

⑧ 待熔料从口模挤出后，检查熔料塑化质量（必要时可适当调节工艺温度），达到熔料完全塑化均匀时，安装定径套。如果从模具口挤出的管坯走向偏斜，要立即调整口模与芯棒之间的间隙。调整时，先松开管坯壁薄侧（管坯弯向侧）的调节螺钉，再紧管坯壁厚侧的调节螺钉，直至管坯直线运行出料。注意在调整口模与芯棒间隙或观察熔料塑化质量时，操作工不能正面对着模具口，以防止有时熔料分解喷出烫伤操作者。

⑨ 当挤出管坯调节正常后，将管坯引入定径套，入水槽，入牵引机。

⑩ 调节真空定径的真空度，适当调节牵引速度与管坯从模具口挤出速度匹配。

⑪ 切取样品，检查管材质量及尺寸。

⑫ 检查管制品质量合格后，设备工作运转声音无异常，各电流负荷正常，可提高螺杆工作转速至正常生产速度。

⑬ 挤出生产转入正常工作后，操作工应定期观察螺杆转动用驱动电动机负荷电流是否正常，是否在额定值范围内；各运动工作部位转动声音有无异常；各轴承部位温升是否正常，最高温升不应超过55℃；润滑油、冷却水管路有无泄漏，工作流动压力是否在规定值内，并且做好记录。

(2) 正常停止生产操作

① 关闭供料闸板，停止喂料。

② 将螺杆转速降至最低。

③ 螺杆转动直至模具口不出熔料时，停机。

④ 如果料筒内是聚氯乙烯树脂，则应立即拆卸模具、螺杆，清除各零件上的残料；暂不使用的螺杆清理干净后，涂防锈油，包好吊挂在干燥通风处。如果挤出原料是聚烯烃类树脂，此时即可停车，关闭加热、冷却系统，待下次生产。

⑤ 关闭供热、风、水和各润滑系统。切断总电源。

3.2.8　单螺杆挤出生产管材时应注意哪些操作事项？

(1) 工作中遇到突然停电或异常事故时，应紧急停车（按紧急停车按钮），把各转速调节旋钮调至零位。

(2) 故障排除或恢复供电时，先给料筒和模具加热升温。达到工艺温度要求时恒温 1.5h以上，用手动盘转 V 带轮，应轻松灵活，这时可低速启动主电动机，按正常开车顺序工作。

(3) 如果停车时间较长，料筒内原料是聚烯烃料（聚乙烯、聚丙烯等），可不必清除。如果是聚氯乙烯料，则必须及时清除干净，用专用工具拆卸螺杆，把料筒、螺杆和成型模具上的残料清理干净。

(4) 清理残料时要用铜质刀、刷或竹类工具刮料，不许用钢刀、锉工具清理残料，不许用火烧烤螺杆除料。清理干净后涂防锈油，然后装配到设备上。

3.2.9　双螺杆挤出管材的开机操作步骤如何？

采用双螺杆挤出机生产管材时，开机应按以下步骤进行。

(1) 按照生产计划安装或更换好所需要的模具、定型模（套）、密封挡板、切割机夹具、切割定长装置以及各个需要相连接的部位全部连接到位。

(2) 连接并检查各加热器（圈）、热电偶后分三段进行加温，在加热的同时观察加热器（圈）及辅机试运转是否正常。

(3) 机筒和模具一定要准备充分。模具加热需 2～3h，在加热的同时应做好开机准备，如及时清除料斗内、机筒真空孔以及其他物料通道内的异物，备好生产所需的物料及部分停机料等。

(4) 当温度达到设定温度并保温一段时间后，检查各个连接螺钉是否因材质的不同受热膨胀系数的不一致而松动从而再次锁紧后，在料斗内加入需要生产的物料，进行开机。

(5) 将所有调速旋钮归到零位，启动同步主机，并且对主机进行调速，使其在低速下运转（此时的主机螺杆转速应不超过 5r/min）。根据实际情况，可缓慢加入少许停机料，以防止缓慢运转时，物料因在料筒中停留时间过长而发生降解变色。

(6) 启动辅机，拉开料斗闸门，进行同步供料并保证速度匹配，调速时要缓慢平滑调整，否则会因转动系统的瞬间扭力而对螺杆与料筒等联动部件造成磨损。设备在运转时，扭矩电流不能过高或过低。

(7) 当物料经模具口挤出后，随时观察主机机筒抽真空孔处以及模具口挤出物料塑化状态。当塑化较好时，就可以进行产品生产。物料在机筒内呈半塑化时并配合主机扭矩电流，开启主机抽真空系统，切勿使用金属工具捅料，以防损坏设备，真空度应控制在0.03～0.5MPa。注意物料还没有经模具口挤出时，不要正视模具口前方，有的时候物料会因为其他原因喷出来伤人。

(8) 将挤出的型坯经定型冷却台（箱）冷却定型，型坯在真空冷却套（箱）的定型冷却要完全，水套（箱）内真空度要适当，以达到准确定径。如果产品从冷却套（箱）内出来时仍未冷却好，此时需水淋、浸泡或开启辅助冷却水箱进一步冷却。冷却定型时，定型槽内不允许放杂物,注意必须保证循环水的洁净。

(9) 将挤出的型坯经定型冷却台(箱)后,利用牵引机装置牵引,根据生产计划,调整切割装置进行切割。当物料没有完全成型时,需要将切割机的电源处于关闭状态,否则有可能会因为切割机夹具的不符而损坏刀片。

(10) 根据所生产产品的规格、型号、形状等随时检查产品外观、内壁、横切面壁厚、长度及切割端面等变化调整牵引速度、定型箱(台)中心距以及调模螺钉,确保产品能达到标准要求,使整条生产线各个环节能自动连续生产。

双螺杆挤出机开机操作流程为:

水、电检查 → 润滑系统检查与润滑 → 机头安装 → 主机加热 → 料斗清理与加料 → 旋动联轴器 → 辅机启动 → 主机启动 → 喂料机启动

3.2.10 双螺杆挤出机开机后应如何调节喂料速度与螺杆的转速?

双螺杆挤出机在刚开机时应先少量加料,以尽量低的转速开始喂料,待机头有物料排出后再缓慢升高喂料机螺杆转速和主机螺杆转速,升速时应先升主机速度,待电流回落平稳后再升速加料,并且使喂料机与主机转速相匹配。喂料时要密切注意主机电流表及各种指示表头的指示变化情况。螺杆扭矩不能超过红标(一般为扭矩表的 65%~75%)。每次主机加料升速后,均应观察几分钟,无异常后,再升速直至达到工艺要求的工作状态。

3.2.11 双螺杆挤出管材时,正常停机的操作步骤如何?

采用双螺杆挤出机生产管材时,正常的停机操作步骤如下。

(1) 首先将喂料机螺杆转速调至零位,按下喂料机停止按钮,关闭真空管路阀门。

(2) 逐渐降低螺杆转速,尽量排尽机筒内残存物料。对于受热易分解的热敏性物料,停车前应用聚烯烃料或专用清洗料对主机进行清洗,待清洗物料基本排完后将主机螺杆转速调至零位,按下主机停止按钮,同时关闭真空室旁阀门,打开真空室盖。

(3) 依次按下主电动机冷却风机、油泵、真空泵、水泵的停止按钮,断开电气控制柜上各段加热器电源开关。

(4) 关闭牵引、切割等辅机设备。关闭各外接进水管阀,包括加料段机筒冷却上水、油润滑系统冷却上水、真空泵和水槽上水等(主机机筒各软水冷却管路节流阀门不动)。对排气室、机头模面及整个机组表面进行清扫。

(5) 做好交接班工作,上一班要把设备运行情况以及注意事项向下一班交代清楚。

(6) 做好生产记录、设备运行记录,接班后建议每隔 2h 记录一次,认真填写在《设备运行过程记录表》上。

(7) 遇有紧急情况需要停主机时,可迅速按下电气控制柜红色紧急停车按钮,并且将主机及各喂料调速旋钮旋回零位,然后将总电源开关切断。消除故障后,才能再次按正常开车顺序重新开车。

双螺杆挤出机正常的停机操作流程为:

停喂料机 → 关闭真空管路 → 降低螺杆转速 → 清洗螺杆 → 停主机 → 停冷却风机 → 关油泵 → 关真空泵、水泵 → 关辅机电源 → 关闭水阀

3.2.12 在管材的挤出生产过程中,管机头的拆装应注意哪些问题?

在管材的生产过程中,管机头的安装与拆卸对管材的生产与质量影响较大,因此管机头的拆装要有正确的操作方法,拆装时要注意以下几方面的问题。

（1）拆装螺钉、螺帽时必须按照逐个对称、对角方向顺序先全部旋松后，再任意逐个拆装，顺时针方向为紧，逆时针为松（特制机头模具的螺钉松紧方向有可能会改变）。

装螺钉、螺帽首先应在螺钉、螺帽的丝口上涂上高温油脂，如二硫化钼或硅油等，按照逐个对称、对角顺序全部旋到位，视螺钉的大小可用适当的加力杆将扳手套上锁紧。

（2）拆机头前，首先应根据实际情况加入少许停机料（也可不加），尽量把料筒内生产的物料挤出模具口为止，再按生产或使用情况判断需半拆卸还是解体拆卸机头。

解体拆卸机头时，需把全套机头的外模体、分流锥支架、芯棒等各零部件拆后，取出残留的物料，清理干净各零部件上的粘料、杂料，检查机头确定完好无损后涂好防锈油，拼拢装好整套机头，放在指定机头架上。

半拆卸机头应根据生产安排及机头结构，如只需更换芯棒、口模的机头，可实行半拆卸，即把口模和压板拆下，松脱芯棒拉杆螺帽或芯棒连接牙。取下芯棒，清理物料到可更换芯棒的位置（此时物料可能会因受热而膨胀）。把预备好更换的芯棒、口模装上。然后把拆下的口模清理干净，如有损坏的，需修复后，涂好防锈油，放在指定的模具架上。

在操作中无论半拆模还是解体拆模，都必须对所有有必要上油的流道工作面涂油维护，对于难拆卸的螺钉、螺帽应事先上好油或蜡后，再进行拆卸，这样既可省力，又可减小对螺钉及工具的损坏。

（3）装机头时首先要查找对应的芯棒、口模，配齐该用的螺钉、螺帽、加热圈、定径套、密封板、印字设备及工具等。检查过渡套的尺寸是否和机头与合流芯连接处相吻合。检查芯棒内若带加热装置的是否完好，并且进行机头油污、杂物等清理。若放久生锈或损伤的应进行修复或抛光等处理好后，再逐件安装机台与机头连接法兰片、模体、调模螺钉、口模压板、锁模螺钉。

（4）调整好口模与芯棒之间的间隙，依机头体外形尺寸上好加热圈（温度计、热电偶座孔应在上面位置），接好加热线和热电偶反馈线，牢记热电偶一定要插到位，并且拆换好定径套及真空箱密封板，定型装置、冷却装置、牵引装置、切割夹具等与机头轴线对中。

3.2.13　PVC 双壁波纹管挤出成型过程中操作上应注意哪些方面？

（1）开车生产前，要调整波纹成型机合模后的中心线和挤出模具口模的中心线在同一中心线上，在同一水平面上成一条直线。

（2）启动波纹成型机运行时，应调整两半模的传动链同步运行，达到两半模在运行中的闭合完全对正，以使塑料管的波纹形完整、表面光滑。

（3）开机后，当物料被挤出机头口模时应注意检查挤出熔料的塑化质量，以熔体表面光亮、柔软无硬结团料块为合适。

（4）检查从管坯模具口中挤出的两层熔料流速是否一致。如果原料塑化质量和熔料流速同步，即应立即停止螺杆转动，安装内定径套和冷却水套；然后把波纹成型机移向模具口端；向管坯内输入压缩空气和接通冷却水；同时启动波纹成型机运转工作。

（5）挤出过程中还要注意检查调整波纹成型机与模口挤出管坯料速度的协调性；调整压缩空气压力，使管外层的波纹成型完整。

（6）检查波纹管的成型质量，调整芯棒对正螺钉，适当修正管壁厚的均匀性。

（7）注意冷却水的温度控制应不超过 10℃，偏高的冷却水温会给双壁波纹管的成型增加难度。

3.2.14　挤出管材成型模具的使用与维护应注意哪些方面？

（1）成型模具中的组成零件在装配前要清除毛刺、污物，各部位清洗干净后才能进行组装。

（2）组装或拆卸模具时，各零件要轻拿轻放，拆卸或组装过程中不许用手锤击打模具的各工作面，避免工作面出现敲击锤印，影响制品质量。

（3）成型模具的安装顺序，如以直通式硬管模具为例，安装顺序为：先安装模具体与料筒连接用法兰，然后是模具体、分流锥、芯棒、外套等型腔内零件，最后安装口模、压盖及定径套等零件。

（4）模具上的连接固定螺栓和调节螺钉，安装时要先涂一层二硫化钼或硅油，涂在螺纹部位，以方便高温时模具零件的拆卸。紧固各连接螺栓时，应将对角线螺母同时拧紧，防止由于零件受力不均匀而造成连接件两平面不能靠严密而使模具工作时漏料。

（5）当工作中模具需要调节时（调节管制品的壁厚不均匀），应先松开管坯壁厚较薄侧的螺钉，然后再紧管坯壁厚较厚侧的调节螺钉，以避免损坏模具零件和拧断调节螺钉。

（6）清理口模处的粘料时，应使用竹或铜质刀、铲工具清理刮料，不许用硬质钢刀刮、铲模具口处的残料，以防止划伤模具工作面，影响制品质量。

（7）在修理模具出料口处毛刺或划痕时，不许用锉刀修刮，应采用细油石或细砂布进行修整。

（8）对于暂不使用的模具，把模具上的残料清除干净后，要涂一层防锈油，再把各零件组装在一起；封好模具的进、出料口，存放在干燥通风处；模具上不许放重物，防止长时间重压造成模具变形。

3.2.15　挤出管材辅机的维护与保养主要包括哪些内容？

挤出管材辅机的维护与保养主要包括日常维护与保养和定期维护与保养两方面。

（1）日常维护与保养

① 检查紧固件有无松动，并且适当调整。

② 调整牵引机上、下履带的张力。

③ 牵引机导柱、链和传动轴加注润滑油。

④ 变速器补充润滑油。

⑤ 调整夹紧汽缸和导槽的位置。

⑥ 检查切割装置切刀或锯片。

⑦ 调整行程挡块位置。

⑧ 检查气动系统，清洗过滤器滤芯。

⑨ 吹扫电气控制柜，紧固接线点，更换损坏的电气元件。

⑩ 吹扫电动机，检查电刷。

⑪ 擦拭设备，要求整洁，无锈蚀，无黄袍，无油垢。

（2）定期维护与保养

① 设备运行6000h进行一次定期维护与保养。

② 清除水槽水垢，疏通喷头，上、下水管道，更换失灵截止阀。更换损坏的视窗和密封条。

③ 检修真空泵。

④ 检修进退装置，更换磨损或变形丝杠。

⑤ 调整牵引机上、下履带的张力，更换损坏的橡胶块。

⑥ 清洗牵引机的链、链轮，加注润滑油。

⑦ 清洗变速器，更换损坏的部件和润滑油。

⑧ 检修气动系统，检修更换有故障的气动元件，更换失效密封圈。

⑨ 检查切刀或锯片，更换磨损的切刀或锯片。

⑩ 检修进刀装置，更换磨损的 V 带。

⑪ 修整滑动导轨面，保证切割装置往返自如。

⑫ 检查安全保护装置，应安全、可靠。

3.3　管材挤出机组操作故障疑难处理实例解答

3.3.1　单螺杆挤管过程中为何出现挤不出物料的现象？　应如何处理？

对于单螺杆挤出机在挤出过程中，物料的输送与物料对机筒内壁的摩擦系数和物料与螺杆的摩擦系数的差值有关，差值越大，越有利于物料的输送。一般要求物料与机筒内壁的摩擦系数要大，而与螺杆的摩擦系数尽量小，这样才有利于物料的输送。为了能提高物料的输送能力，通常可以增大机筒加料段内壁的摩擦系数，如开沟槽、喷砂处理等，提高螺杆表面的光洁度，以减小螺杆表面的摩擦系数。还可以通过控制机筒和螺杆的温度来实现。

(1) 产生原因

① 加料段温度设置过高，使物料还没有压密实就过早产生表面熔融，物料对机筒内壁的摩擦系数减小，而物料与螺杆的摩擦系数则增大，物料向前输送的作用力小，出现打滑现象，挤不出物料。也因此会造成熔体压力过低、机筒不进物料等现象。

② 螺杆加料段冷却不够，造成螺杆表面温度过高，也会使物料过早产生表面熔融，导致物料在螺杆和机筒间打滑，进料不稳，熔体压力低，挤不出物料。

③ 螺杆和机筒设计不合理，或螺杆磨损变形，由于螺杆剪切的热量过高，使加料段温度升高，进料不均匀，表现为螺杆转速提高，熔体压力就会慢慢地降下来。

④ 可能是机头前的分流板和过滤网出现堵塞，而使物料向前输送的运动阻力过大，使物料在螺槽中的轴向运动速度大大降低，造成挤不出料的现象。

(2) 处理办法

① 降低加料段的温度。

② 加强螺杆加料段冷却。

③ 采用合适的螺杆或机筒。

④ 及时清理分流板和清理或更换过滤网。

如某企业采用单螺杆挤出尼龙 12 管材时，每次挤出约 20min 后就不出料，而且背压降低，检查螺杆冷却水的进、出口，发现冷却水进水量太小，而冷却水出口温度很高，使螺杆的表面温度过高而造成。加大冷却水流量及适当降低冷却水温度后，生产即恢复正常。

3.3.2　双螺杆在挤出管材过程中突然出现管坯缺料，是何原因？　应如何处理？

(1) 产生原因

① 挤出的喂料系统发生故障或下料口堵塞，使机筒内物料不足。

② 挤出机料斗中没有料。

③ 挤压系统进入坚硬杂质或异物卡住螺杆，使物料向前输送受阻。

(2) 处理办法

① 检查喂料系统是否正常工作，检查喂料机的控制线路是否有故障，检查喂料机螺杆是

否有被卡。

　② 检查并清理下料口，使下料口保持畅通。

　③ 检查料斗中的物料量是否足够，并且加入适量的物料。

　④ 检查并清理挤出机筒和螺杆。

3.3.3　管材真空定型时真空度为何上不去？应如何处理？

(1) 产生原因

① 真空泵补水不够。

② 密封垫与管材规格不符。

③ 定径套与口模不对中。

(2) 处理办法

① 检查真空泵补水管路。

② 更换密封垫。

③ 调整真空水槽与主机的中心度。

3.3.4　挤出管材过程中，管材牵引速度不均匀，是何原因？应如何处理？

(1) 产生原因

① 牵引带夹持力不够。

② 牵引带（块）本身打滑。

③ 牵引调速装置失灵。

④ 牵引电动机输出带打滑。

(2) 处理办法

① 提高压紧汽缸气压。

② 打磨或更换牵引带（块）。

③ 修理调速装置。

④ 张紧牵引电动机输出带。

3.3.5　管材采用履带式牵引时，牵引带为何会抖动厉害？如何处理？

(1) 产生原因

① 传动链条磨损严重，节距增大，链条过长。

② 胶块磨损。

③ 牵引力不够。

(2) 处理办法

① 更换链条。

② 更换胶块。

③ 检修牵引电动机。

3.3.6　硬质切割时，锯片为何会跳动厉害？如何处理？

(1) 产生原因

① 锯片转动轴弯曲。

② 锯片不平，变形。

③ 锯片固定螺母松动。

④ 切割电动机轴承磨损。

(2) 处理办法

① 检修切割电动机轴。

② 更换锯片。

③ 紧固螺母。

④ 更换切割电动机轴承。

3.3.7 管材切割机为何锯片移动不灵活？ 应如何处理？

(1) 产生原因

① 夹持力不够。

② 导轨不平行。

③ 导轨缺少润滑。

(2) 处理办法

① 提高压紧汽缸气压。

② 调整导轨平行度。

③ 润滑导轨。

3.3.8 某企业需挤出生产 PE 农用管，但生产车间长度不够，有何解决办法？

在挤出生产管材时，由于直通式管机头结构简单、流道短、料流阻力小，而且制造容易、成本低，因此生产中普遍采用，如生产 UPVC 管及护套管、农用管等承压不大的小口径管材等。但由于直通式管机头生产中要求挤出主机、定径装置、冷却装置、牵引、切割等挤出辅机都要排列在一条直线上，所以生产线的占地长度要求较长，而且直通式管机头芯模加热困难、分流器支架造成的接缝线处管材强度低，故在生产空间有限时会受到限制。而如果采用直角管机头或侧向进料管机头时（图 3-23），其挤出管材方向与挤出机螺杆轴线方向可以成一定的角度或平行，而且由于机头内一般没有分流器支架，芯棒加热方便，熔体包围芯棒向前流动时只产生一条熔接缝，熔体流动阻力小，料流稳定，出料均匀，所需定型段的长度较

图 3-23　支架直角管机头挤出生产线

短，故生产线的要求占地长度较短，所以生产车间长度不大时可以选用直角管机头或侧向进料管机头来解决空间长度问题，而且生产效率高，管材质量好。但机头的结构要比直通式管机头复杂，成本较高些。

4

第4章
薄膜挤出机组操作与疑难处理实例解答

4.1 挤出吹塑薄膜机组疑难处理实例解答

4.1.1 挤出吹塑薄膜有哪些形式？ 各有何特点？

(1) 挤出吹塑薄膜的形式

挤出吹塑薄膜根据薄膜牵引方向的不同，可分为平挤上吹、平挤下吹和平挤平吹三种形式，其中平挤上吹最为常见。

(2) 不同吹膜形式的特点

① 平挤上吹 平挤上吹是挤出时机头的出料方向与挤出机料筒中心轴线方向相垂直，挤出管坯垂直向上引出，如图4-1所示。生产时由于整个膜管挂在上部已冷却的坚韧段上，故牵引时膜管摆动小、牵引稳定，能够得到多种厚度规格和宽幅的薄膜，而且挤出机操作面低，操作方便，但厂房要求空间高度应较高，由于热空气的向上流动，会影响上部膜管的冷却，使得薄膜冷却缓慢、生产效率低，主要用于PVC、PP、PE等薄膜的生产。

图4-1 薄膜平挤上吹

图4-2 薄膜平挤下吹

② 平挤下吹 平挤下吹是挤出时机头的出料方向与挤出机料筒中心轴线方向相垂直，挤出管坯垂直向下引出，如图4-2所示。薄膜成型时由于膜管靠自重下垂而进入牵引辊，因此引膜操作方便，而且膜管的牵引方向与热气流运动方向相反，有利于下部膜管的冷却。但由于整

个膜管挂在未冷却定型的黏性段上，当生产厚膜或牵引速度较快时，易将膜管拉断，特别是生产密度较大的物料时生产的困难较大。另外，必须把挤出机安装在较高的操作台上，操作不太方便，主要适合于熔体黏度小、结晶度较高的树脂的生产，特别是适合于需快速冷却，要求高透明度薄膜的生产，如 PP、PA、PVDC 等。

③ 平挤平吹　平挤平吹是挤出机挤出方向和膜管的引出方向都在同一水平轴线上，如图 4-3 所示。挤出成型时通常料流的阻力小，机头和辅机结构简单，而且安装、操作都很方便。但由于热空气的上升，使膜管上、下两部冷却不均匀。另外，膜管会因自重而出现下垂，所以薄膜厚度不易均匀，而且膜管直径越大，厚度公差也越大。主要适合于 PE、PVC 等折径在300mm 以下薄膜的生产。

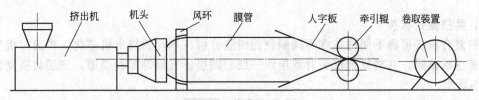

图 4-3　薄膜平挤平吹

4.1.2　挤出吹塑薄膜应如何选择挤出机的规格？

吹塑薄膜用的挤出机一般是单螺杆挤出机，螺杆长径比通常为 20～30，挤出吹塑 PVC 薄膜时螺杆的长径比则一般选用 20。为了提高物料的塑化混炼效果，有时在螺杆的头部增加混炼装置。

吹塑薄膜用的挤出机一般是单螺杆挤出机，吹塑薄膜用挤出机规格大小应根据薄膜折径大小来选择，以取得较好的经济效益。通常薄膜折径越大，需选用螺杆直径越大；反之则需选用螺杆直径较小的挤出机。如生产薄而窄的薄膜，选用大规格挤出机，则会由于挤出机挤出量大，挤出速度快，薄膜需快速牵引，这样就难以保证薄膜的冷却完全。一种规格的挤出机一般只能生产少数几种折径薄膜，表 4-1 所示为几种常用规格挤出机吹塑生产薄膜的螺杆直径与薄膜折径的关系。

表 4-1　几种常用规格挤出机吹塑生产薄膜的螺杆直径与薄膜折径的关系

螺杆直径/mm	30	45	65	90	120	150	200
薄膜折径/mm	50～300	100～600	400～1200	700～1500	约 2000	约 3000	约 4000

4.1.3　挤出吹塑薄膜时，机头的结构形式应如何选择？

挤出吹塑薄膜用的机头结构形式主要有直通式机头、芯棒式机头、螺旋式机头、旋转式机头和共挤复合机头等几种类型。

(1) 直通式机头

直通式机头主要用于平挤平吹法吹塑薄膜。它是中心进料，芯模采用十字架支撑，熔料进入机头后对芯模周围的压力较均匀，不易产生"偏中"现象，因而薄膜厚度较为均匀，但由于芯模支架的存在以及机头间隙大，物料停留时间长，对热稳定性差的 PVC 等物料不适宜。另外，薄膜在机头内产生较多的熔接缝，易影响薄膜的质量。

(2) 芯棒式机头

芯棒式机头可用于上吹法或下吹法一般薄膜的吹塑成型。它是侧进料机头，熔料从侧向进入机头后被芯棒分成两股料流，沿芯棒向两侧各自流动 180°后再汇合，并且包住芯棒顺着机头环形流道经口模挤出吹胀。这种机头只有一条料流熔接线，机头内存料少，不易引起物料的滞留分解现象，较适宜于热稳定性差的PVC薄膜的吹塑。

（3）螺旋式机头

螺旋式机头是在芯棒上开设了螺槽形流道，物料从底部中心进入后，沿螺槽旋转上升，使料流在机头内良好地融合，不产生拼缝线，以提高薄膜质量，其螺旋芯模的结构如图4-4所示。由于物料在机头内的停留时间较长，故不适于热敏性塑料的加工。

（4）旋转式机头

旋转式机头在成型时采用机头和口模的转动，使口模间隙中的物料的压力、流速趋于一致，薄膜的厚度公差能周向均匀分布，以提高薄膜的厚度均匀性和消除熔接线等。旋转式机头有口模旋转、芯棒旋转以及口模和芯棒一起同向或逆向旋转三种旋转方式，其结构如图4-5所示。

（5）共挤复合机头

共挤复合机头可将不同种类或不同颜色的树脂分别在不同的挤出机塑化，再通过机头制得多层或多色的薄膜。共挤复合机头有双层、三层、四层、五层等多种类型，三层共挤复合机头如图4-6所示。

图4-4　螺旋芯模　　　　　图4-5　旋转式机头　　　　图4-6　三层共挤复合机头

4.1.4　吹塑薄膜风冷装置的类型有哪些？　各有何特点？

吹膜冷却装置通常按其冷却部位，大致可分为在膜管外表面进行冷却的外冷装置和在膜管内表面冷却的内冷装置两大类型。内冷装置多采用风冷；外冷装置可采用风冷、水冷，或者风冷与水冷并用。目前生产中常采用的外冷装置多采用普通风环和双风口减压风环等风环冷却形式。

普通风环是具有3个以上的进风口，在风环中设置了几层挡风板，将来自风机的冷风经过缓冲稳压后均匀地、定量、定压、定速地按一定方向吹向薄膜进行冷却。

双风口减压风环有上下两个出风口，分别由两个鼓风机单独送风，出风口的大小可以调节。当冷却空气自风口吹向膜管后，在上下风口中间由于气流的作用会出现局部的压力下降，膜管内外压差增大而会出现鼓胀现象，即第一次吹胀，在上风口以上由于上风口的气流速度较高，吹出角也选择得较大，使膜管在内压作用下发生第二次吹胀。吹塑过程中用转阀调节调压管的开启度，即可控制负压区局部负压度，从而调节薄膜的厚度。

4.1.5　挤出吹塑薄膜时用水如何对膜管进行冷却？

挤出吹塑薄膜时，若采用水冷方式冷却膜管，一般可先采用风环冷却，以稳定泡管，再用冷却水环，使冷却水从夹套中溢出并顺膜管流下，以带走膜管的热量，加快对薄膜的冷却速度，提高牵引速度，从而提高生产效率。这种冷却方式一般主要应用于平挤下吹法生产透明度要求较高的薄膜。因为在平挤下吹生产时，由于整个泡管挂在高温熔体上，强度低，泡管易拉断，从而使牵引速度不宜太快，影响生产效率。因此直接让水从上往下顺膜管流下来冷却膜管，这样可以对膜管进行快速冷却。同时还可降低塑料的结晶度，提高薄膜的透明性。

　　水冷时，薄膜表面附着有冷却水珠，一般可用布包住导向辊，薄膜通过导向辊时表面的水珠即可被布擦掉。

4.1.6　吹塑薄膜辅机中为何需设置人字板？　人字板设置有何要求？　人字板有哪些类型？

（1）设置人字板的作用

　　吹塑薄膜用人字板可将挤出吹塑得到的圆筒形膜管逐渐折叠并压紧成平面状，以便于收卷，还可防止膜管内空气泄漏，保证膜管形状和尺寸稳定。

（2）人字板设置的要求

　　① 人字板设置的位置应该是膜管充分冷却后，如图 4-7 所示。膜管进入人字板时，由于膜管圆周上各点与人字板接触先后不一致，因此会使膜管冷却不均匀，易造成薄膜收缩不一致而出现皱纹，特别是采用冷却效果较好的水冷却式，当人字板以及膜管有颤动时，薄膜皱纹更为严重。若膜管进入人字板前能够充分冷却时，可以避免严重的皱纹产生。

　　② 人字板的夹角要适中，在一般情况下，上吹和下吹时人字板的夹角为 40°～50°，平吹时在 30°左右。由于在薄膜被人字板从圆筒状压扁的过程中，膜管上各点所经过的距离有所不同。人字板的夹角越大时，膜管上各点通过的距离相差越大，膜管表面与人字板之间产生的摩擦力的大小差异也越大，产生皱纹的可能性也越大；夹角较小时，一般膜管压扁顺畅，而且不易起皱，但会使人字板加长，造成辅机高度增加。

　　③ 人字板表面应光滑　薄膜在人字板上滑动时，由于摩擦而产生静电，加之膜管内压缩空气的作用，使薄膜紧紧地贴合在两块夹板上，产生了一定的摩擦阻力，当薄膜受到牵引辊的牵伸时，贴合在夹板上的薄膜会有被拉长的趋势，而使薄膜产生皱纹。

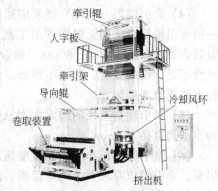

图 4-7　人字板的设置

（图中标注：牵引辊、人字板、牵引架、导向辊、卷取装置、冷却风环、挤出机）

　　④ 人字板的夹角应可以调整　通常人字板的夹角一般应根据膜管折径大小、牵引辊长度等来调节。膜管折径大时，人字板的夹角也应大，但也不能过大，否则膜管不稳定，薄膜易起皱，卷取时膜卷易出现荷叶边等现象。

（3）人字板的类型

人字板通常有导辊式人字板、夹板式人字板和水冷式人字板三种类型。

　　① 导辊式人字板　导辊式人字板由铜管或钢辊组成，它对膜管的摩擦阻力小，而且散热快。但由于膜管内气体压力的作用，易使薄膜从辊之间胀出，引起薄膜的褶皱，折叠效果差，结构也较复杂，成本高。

　　② 夹板式人字板　夹板式人字板有由两块抛光的硬木组成夹板式或抛光的不锈钢夹板等组成夹板式两种。硬木夹板式人字板散热性能差，不锈钢夹板式人字板散热性能好。为了提高冷却效果，金属夹板式人字板内还可通水进行冷却。

　　③ 水冷式人字板　水冷式人字板就是把夹板的板改为夹套式人字板，通以循环水进行冷却，也有的采用喷淋式夹板，即水从上面喷淋到人字板两侧面上，板面附有吸水性强的泡沫、纱布，下面有集水槽。

4.1.7　挤出吹塑薄膜用的牵引装置有何技术要求?

挤出吹塑薄膜过程中牵引装置的作用是将人字板压扁的薄膜压紧并送至卷取装置,防止管泡内空气泄漏。保证管泡的形状及尺寸稳定,牵引、拉伸薄膜,使挤出物料的速度与牵引速度有一定的比例(即拉伸比),从而达到塑料薄膜所应有的纵向强度,通过对牵引速度的调整可控制薄膜的厚度。对牵引装置的要求主要如下。

(1) 牵引辊通常由一个橡胶辊(或表面覆有橡胶的钢辊)和一个镀铬钢辊组成,镀铬钢辊为主动辊,与可无级变速的驱动装置相连。牵引辊间的接触线中心应与人字板中心、机头中心对准,保证膜管稳定不歪斜,否则会造成膜管周围各点到牵引辊距离之差增大而易褶皱。

(2) 两牵引辊间应有一定压力,保证能牵引和拉伸薄膜,防止膜管漏气。压力可靠弹簧或汽缸加载产生,压缩的程度用螺钉来调节,适应厚薄不同的薄膜。两牵引辊之间的压力应当在满足牵引和拉伸薄膜、防止膜管漏气的条件下尽可能小,因为作用于胶辊的压力大,胶辊中部的变形也大,形成膜片的边缘被压紧,而中部压不紧的现象,同时压力较小还可减小较厚薄膜由压力造成边缘部分(褶缝处)易裂口的倾向。

(3) 为了使薄膜能更充分冷却,牵引辊(光辊)内部也可通冷却水进行冷却。辊筒水冷却结构通常有空腔式、夹套式和螺旋夹套式三种形式。

(4) 牵引辊筒(光辊)硬度应适中,硬度过高,胶辊弹性不足,硬度太低,胶辊不耐磨。一般牵引辊筒可采用无缝钢管加工制成,表面镀铬,铬层厚度为 $0.03\sim0.05mm$,并且抛光,辊筒表面粗糙度 $Ra\leqslant0.80\mu m$。橡胶辊的胶层硬度应保证在邵尔 A60~70,硬度过高,胶辊弹性不足,硬度太低,胶辊不耐磨。使用时间较长后,胶辊表面磨损,甚至变成马鞍形,可进行上胶或磨削处理。

(5) 牵引辊筒直径的确定主要从刚度及强度来考虑,目前牵引辊筒长度在 1700mm 以下的多采用直径 150mm。

(6) 牵引辊的转动应能无级变速,适应各种规格的吹塑薄膜在实际生产中调节牵引速度的需要。牵引辊应有较大的调速范围,最大速度应稍高于整个吹膜机组在达到最大生产能力时所需的最高牵引速度,最低速度应便于引膜操作。一般牵引速度范围多为 2~20m/min。

(7) 牵引辊筒中心高是指牵引辊中心到塑料挤出机地基平面的距离,它是决定整个辅机能否保证吹塑薄膜充分冷却的主要因素之一,尺寸过小,不但薄膜冷却不充分,会造成膜层粘连,而且膜管压扁时易出现褶皱。

4.1.8　薄膜的卷取装置有哪些形式?　各有何特点和适用性?

卷取装置有表面卷取和中心卷取两大类型。

表面卷取又称为摩擦卷取,可分为单辊表面卷取和多辊表面卷取,如图 4-8 和图 4-9 所示。表面卷取装置是由动力驱动主动辊,再通过主动辊与卷取辊之间的摩擦力带动卷取辊旋转,将薄膜卷取在卷取辊上。卷取时卷取的速度取决于主动辊的线速度,不受膜卷直径变化的影响。而卷取张力取决于主动辊和膜卷之间的摩擦力大小。由于主动辊往往放在膜卷的正下方或斜下方,故它实际上承受膜卷的一部分重量,因膜卷的重量影响其表面摩擦力的大小,故卷取张力也取决于膜卷的重量,随膜卷直径大小而变化。表面卷取一般适用于卷取厚度较大的薄膜及宽幅薄膜的卷取。

中心卷取装置的卷取辊是由传动机构直接驱动进行薄膜卷取的装置,中心卷取装置分为单工位中心卷取装置、双工位中心和多工位中心自动换卷的卷取装置等类型,如图 4-10~图 4-12 所示。由于膜卷直径不断变化,在牵引速度、卷取速度不变的情况下,膜卷势必会越拉越紧，张力越来越大。为了保持膜卷表面线速度和薄膜的张力恒定不变，保证膜卷内外层松紧一致，一般需设置张力调整装置，通过调节手轮而自动调整卷取速度。中心卷取可以适用于多种厚度的薄膜的卷取。双工位中心和多工位中心卷取装置，当工作位上的卷取辊卷满薄膜后，通过电动机驱动翻转架翻转一定角度，使其处于切割位置，另一个工位则可进入卷取工作位，因此可以在高速下实现自动换卷。

图 4-8　单辊表面卷取装置

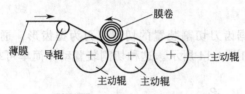

图 4-9　多辊表面卷取装置

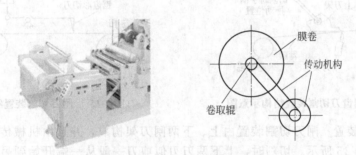

图 4-10　单工位中心卷取装置

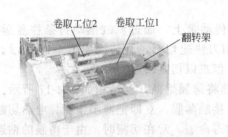

图 4-11　双工位中心卷取装置

图 4-12　多工位中心卷取装置

4.1.9　薄膜中心卷取时，为何需设张力调整装置？

薄膜中心卷取时需要设张力调整装置，主要是为了保持膜卷表面线速度和薄膜的张力恒定不变，保证膜卷内外层松紧一致。由于在中心卷取薄膜时，其缠绕直径是逐渐增大的，在牵引速度恒定不变的情况下，要维持卷取张力不变，必须使卷取辊的转速随缠绕直径的增大而降低，即保持卷取线速度不变。

　　张力调整装置常用的主要有摩擦盘式，它是在卷取芯轴上安装一个摩擦盘，其结构如图 4-13 所示。链轮空套在卷取芯轴上，由牵引链轮通过链条来驱动。金属压板由滑键固定在卷取芯轴上，可轴向移动。弹簧用来调节摩擦盘中的摩擦片与链轮、金属压板之间的摩擦力。而这种摩擦力经调整固定后，就可以使卷取辊卷取或者打滑而自动调整卷取速度，以适应恒定的牵引速度和使卷取张力保持在一定的范围内。

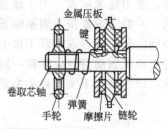

图 4-13　摩擦盘张力调整装置

4.1.10　薄膜切割装置的类型有哪些？　各有何特点？

(1) 薄膜切割装置的类型

　　在高速、自动化水平高的卷取情况下，必须装设自动切割装置，其动作要准确可靠，切断部分要有利于上卷。切割装置可以是独立的，也可以和卷取装置做成整体式的。切割装置有锯齿刀切割、闸刀切割、飞刀切割和电热切割等多种形式。在用人工上卷的情况下，可用手动剪刀切割。

(2) 各类型的特点

　　① 锯齿刀切割装置　锯齿刀切割装置的切刀刀刃为锯齿形，通过汽缸带动向下摆动，把张紧的薄膜切断，其结构如图 4-14 所示。这种切割装置动作简单可靠，造价较低。

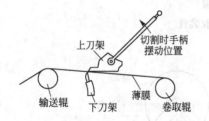

图 4-14　锯齿刀切割装置结构示意图

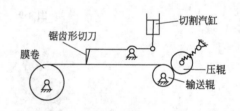

图 4-15　闸刀切割装置结构示意图

　　② 闸刀切割装置　闸刀切割装置由上、下两闸刀架构成，并且由机械传动，使之一起动作，其结构如图 4-15 所示。切割时，上下两刀刃似剪刀一般从一端开始到另一端把薄膜迅速切断。闸刀切割装置切割可靠，薄膜切口整齐，与卷取装置配合实现自动化生产较成熟，适用于高速吹塑薄膜生产。

　　③ 飞刀切割装置　飞刀切割装置的切刀固定在传动带上，通过汽缸推动齿条往复运动，而使扇形齿轮带动同轴的转轮转动，使传动带推动切刀快速切割，其结构如图 4-16 所示。切割时，薄膜须有一定的张力，切口整齐，结构简单，但难以切割较厚的薄膜。

　　④ 电热切割装置　电热切割装置是用电阻丝加热将薄膜熔断，其结构如图 4-17 所示。当薄膜需要切割时，汽缸推动接通电流的电阻丝，一旦接触薄膜，立即把薄膜熔断。电热切割机构结构简单，动作可靠，机构占用空间小。但电阻丝寿命短，常在切割时，由于薄膜的粘连拉扯及本身的热变形而易扯断。

4.1.11　挤出吹塑薄膜辅机的操作规程如何？

(1) 开机前准备

　　① 全面检查设备。查看各部连接是否正确、牢固；检查各传动及运动部件动作是否灵活无阻滞，是否安全可靠无松动，运动是否正确无误，发现故障及时排除。

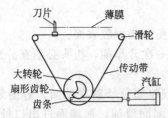

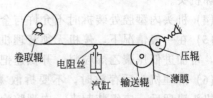

图 4-16　飞刀切割装置结构示意图　　　　图 4-17　电热切割装置结构示意图

② 用塞尺认真检查模口间隙，并且加以调整，达到圆周均匀，其间隙值应达到工艺要求。

③ 检查电气系统，是否接电，是否安全、可靠，供水系统及压缩空气系统是否畅通、无泄漏。

④ 检查风机是否正常，螺杆、料筒及辅机冷却水路是否畅通。

⑤ 检查整个机器是否清洁，检查原料中是否有杂物。

⑥ 注意机身、机头等各段温度是否达到工艺要求，并且要求保持一定的恒温时间。绝对不允许低温起车。

⑦ 开车前必须认真检查调整好风环位置、间隙及风量，人字导板的角度，牵引辊压紧机构等都应调整得当。如使用旋转式机头，应启动机头传动装置，机头旋转应平稳，无异常噪声等现象。

(2) 开车步骤

① 待温度达到并经过一段时间恒温后，先清理模口（用铜刷或铜铲）并涂上石蜡。

② 启动空压机、风机、牵引装置，再启动主电机，并且使全线低速起车。特别要注意主电机电流表电流值的大小，若超过额定值，应立即停车。然后逐渐升高转速至达到工艺要求。

③ 原料自模口挤出后，开始抓泡，引至牵引辊。膜管上端头要沿牵引辊平行方向拍扁黏合在一起，以防跑气，并且使其有利于进入牵引辊。加气要尽量均匀，避免忽大忽小，提膜速度要均匀适当，快速提拉会拉断，过慢会塌泡。用压紧胶辊压紧膜管，将薄膜通过各导辊引至卷取装置。

④ 当运转正常后，应立即检查膜的厚度、宽度及塑化质量，整套机器各部位配合加以调整，主机挤出速度、牵引速度、卷取速度等应协调一致。同时还应观察对压缩空气量、风环间隙大小、温度分布情况、稳泡架高度、人字导板角度、牵引辊夹紧力、卷取张力及各部冷却条件等，并且适当调整，使其达到符合标准。

⑤ 为了获得比较均匀一致的厚度和保持高效的风冷，要随时注意调节风环的风量大小及分布均匀情况。

(3) 调整及操作注意事项

① 开机后应随时注意温度指示、主机电流指示。

② 机头模口必须随时保持清洁，以确保膜体外观光亮无痕，当清理挂料线时严禁用硬金属清理，以防将机头损伤。清理机头应使用软质金属工具，如紫铜棒等。

③ 在生产中必须认真操作，严禁膜体包绕牵引辊及牵引胶辊，在切断膜体时，不得用刀具在卷取机辊面切割，以防将辊面划伤，影响膜体外观。

(4) 停车及清理

① 停止上料，降低生产线速度，停止挤出机。

② 停止牵伸装置，最后关闭卷取机开关，关闭总电源。

③ 清理整个机台的粉尘、废膜片等。

4.1.12　吹膜机组使用维护应注意哪些事项？

(1) 挤出机在一般情况下不允许空载运转，以免划伤螺杆与机筒。

(2) 严防金属等杂物进入料斗，以免落入机筒，损坏螺杆与机筒。

(3) 应按正确的方法进行操作，并且定期更换过滤网，以免物料堵塞，使机头内压力过高而损坏机头。

（4）机头内型腔处装拆时不允许与金属碰撞接触，以免划伤型腔表面。

（5）在一般情况下，停机无须清理机头，但注意在下一次开车前，机头必须充分预热，必要时，可加进低压聚乙烯粒料，开低速把存料挤出。

（6）清理机头后存放时，不要拆散零件存放，以免型腔部分暴露在外面，容易划伤或碰伤。机头清理后，应组装起来，内型腔涂以二硫化钼等高温润滑油，两端面进出口处应封死，以免灰尘、杂物进入。

（7）机头各紧固螺纹连接处，应定期涂以二硫化钼高温润滑油。

（8）每次停车后，压紧胶辊应放松，以免长期停放，压紧胶辊变形。

（9）工作中应经常保持机器的清洁，每次停车后应彻底清理和擦净。

（10）牵引辊及卷取夹紧辊夹紧程度要合适，还应避免过大的塑料疙瘩强行通过辊隙，以免影响塑料薄膜的质量，过早磨损其他零件而引起跑偏现象。

（11）操作中清理膜片时或切割薄膜时，注意不要划伤各辊等部件。

（12）机器停车时间较长时，要在吹膜机头各零件工作面上涂上防锈油脂。

4.1.13 吹膜辅机的维护保养工作包括哪些方面？

吹膜辅机的维护保养工作一般按其时间周期及内容的不同分为一级保养、二级保养、中修工作与大修工作四个级别。

（1）一级保养

吹膜辅机的一级保养周期为 3 个月，主要包括外部保养、传动与润滑系统、加热冷却系统和电气控制系统保养等方面内容。外部保养是指清理机台，包括主机、机头、牵伸装置、卷取装置、导辊及牵引架等，确保设备清洁无锈、无油垢、无尘土、无废料等；检查补齐各部位操作件、紧固件、手柄、按钮、指示灯、各种仪表，并且调整适当，确保安全可靠。

传动与润滑系统的保养是指检查减速器及各部位油质、油位，补充新油，油杯、油嘴齐全，清理油标、油窗；检查齿轮传动情况；检查链子（或皮带）松紧程度，调整适当。加热冷却系统的保养是检查加热元件、检测元件（热电偶、铂电阻、温度计），元件应完整齐全，保证工作正常；检查水冷却系统及压缩空气系统的管路、阀门、接头，保证系统畅通无泄漏。

电气控制系统的保养是清扫电动机、电气箱；检查电气控制系统，元件紧固、齐全。各种仪表齐全完好，要求工作灵敏、准确。

（2）二级保养

吹膜辅机的二级保养周期一般为 6～9 个月。二级保养内容除了进行一级保养，并且记录易损件和基础性资料外，还应进行以下方面的保养工作。

① 传动和运动部件　清洗减速箱，更换新油，修复漏油部位；检查牵引辊弹簧压紧装置或汽缸压紧装置，进行修复或更换；检查牵引装置及卷取装置的传动辊转动是否灵活；检查诸辊的平行度，及全生产线各装置的对中，加以调整；检查所有螺栓销、各部位齿轮、轴承、衬套、密封件等，进行修复或更换。

② 加热冷却系统　检查加热系统（主机及机头），更换损坏的加热元件、检测元件（热电偶、铂电阻、温度计）及线路；检查冷却水系统，更换损坏的阀门、管件、接头等；检查压缩空气系统，风机工作情况，气压是否正常，更换损坏的阀门、管件、接头等。

③ 电气控制系统　拆卸、清洗各部位电机轴承（包括风机电机、牵引电机、卷取电机等），更换磨损电刷，检查电气箱；检查电气控制系统，更换损坏元件，检查、校正或修复各种仪表。检查温度指示的准确性及灵敏性。

（3）中修工作

吹膜辅机的中修工作周期为 2～3 年，其具体项目及工作内容如下。

① 拆卸、分解需要修理的部件，清洗、检查、鉴定所分解的零件，核对和补充检修单。

② 修复或更换机头连接部分的吊环、螺栓、螺母、销等不合用的连接件、紧固件。

③ 检修冷却、润滑系统，疏通管路，更换润滑油及不合用的零件。更换密封件。

④ 修理或更换已磨损的齿轮、齿轮衬套、轴、轴承、三角带（链条）等传动零件。修复或更换传动辊、托辊、胶辊、压力调整装置、人字导板等损坏零件。

⑤ 检查各部位电机、除污。清洗更换磨损的轴承和炭刷等零件，检测电机的性能，检修电控柜和电气线路，修复或更换各种仪表，更换损坏元件。

⑥ 修复加热系统，更换损坏线路、加热元件、检测元件（热电偶、铂电阻、温度计）和附件。修理安全保险装置（主机）、防护装置。

⑦ 机器外表补腻子、刷漆。更换损坏的标牌、视窗。

（4）大修工作

吹膜辅机的大修工作周期一般为 4～6 年，其具体项目及工作内容如下。

① 全部拆卸、分解机器，清洗、检查、鉴定所有零件，核对和补充检修单。

② 更换磨损的齿轮、齿轮衬套、轴、轴承、V 带（或链、链轮等）传动零件。

③ 更换或修复传动辊、托辊、胶辊、人字导板、风环等损坏零件。更换或修复损坏的卷取机构张力调节装置、牵引装置的压力调节装置等损坏零件。

④ 更换或修复损坏的螺栓、螺母、销、键等连接件、紧固件等。

⑤ 更换全部密封件，更换或修复安全保险装置和防护装置。

⑥ 修复电动机，清洗、更换轴承和其他零件（炭刷）等，检测电机性能。

⑦ 修复加热系统、水冷却系统、空气冷却系统，更换损坏的零件及附件。

⑧ 修复润滑系统，疏通管路，更换损坏的零件及附件，更换润滑油（脂）。

⑨ 机器内外非工作表面上腻子、除锈、打光、刷漆，补齐或更换损坏的铭牌。

⑩ 分部件装配合格后，进行总装、调整、投料试车、按标准验收。将大修内容及主要零件修理尺寸整理成图册，记入设备档案。

4.2　挤出流延薄膜机组疑难处理实例解答

4.2.1　挤出流延薄膜的成型设备由哪些部分组成？各有何特点？

流延薄膜成型的主要设备由挤出机、机头、冷却装置、测厚装置、切边装置、电晕处理装置、收卷装置等组成，如图 4-18 所示。

挤出流延薄膜用的挤出机类型根据原料不同加以选择，选择的方法与吹塑薄膜用的挤出机基本相同，由于流延薄膜的高速化生产，一般挤出机规格应选择 ϕ90mm 以上，螺杆长径比为 25～33，压缩比在 4 左右，而且螺杆应具有混炼结构，挤出机必须安装在可以移动的机座上，以便于机头的清理。

图 4-18　挤出流延薄膜机组

生产流延薄膜的机头为扁平机头，模口形状为狭缝式。流延薄膜机头的结构形式与板（片）材机头基本相同，如图 4-19 所示。按其流道结构也可分为支管式、衣架式、鱼尾式、分配螺杆式和多层共挤复合机头等多种类型。机

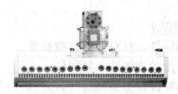

图 4-19 流延薄膜的机头

头的结构必须使物料在整个机头宽度上的流速相等，这样才能获得厚度均匀、表面平整的薄膜。流延薄膜机头宽度目前主要有 1.3m、2.4m、3.3m、4.2m 等几种规格，机头宽度越宽，生产薄膜的幅度越宽，生产能力越大。宽度为 4.2m 的机头，其年生产能力为 7000t。

冷却装置主要由机架、冷却辊、剥离辊、制冷系统及气刀、辅助装置组成。冷却辊是流延薄膜成型中的关键部件，其直径为 400～1000mm，长度约比口模宽度稍大。冷却辊表面应镀硬铬，抛光至镜面光洁度。熔融树脂从机头狭缝唇口挤出浇注到冷却辊表面，迅速被冷却后形成薄膜，冷却辊还具有牵引作用。为了提高薄膜贴辊的效果，也可采用真空装置在薄膜和冷却辊表面之间抽真空，从而避免薄膜与辊筒之间产生气泡。冷却辊表面要光滑，其粗糙度不能大于 $Ra0.05\mu m$，以生产出高透明度的薄膜。

切割装置一般采用气刀，气刀是吹压缩空气的窄缝喷嘴，是配合冷却辊来对薄膜进行冷却定型的装置，其宽度与冷却辊的长度相同，刀唇表面光洁，制造精度高。它的作用是通过气刀的气流使薄膜紧贴冷却辊表面，从而提高冷却效果。在整个宽度内，气刀的气流速度应均匀，否则，会影响薄膜质量。气刀的间隙一般为 0.6～1.8mm。气刀对于冷却辊的角度应可以调节。在薄膜边部还应设置两只小气刀，单独吹气压住薄膜边部，防止边部扭曲。

高速连续生产过程中，薄膜厚度一般采用自动检测装置，目前大多数采用的是 β 射线测厚仪。测厚仪可沿横向往复移动测量薄膜厚度，并且在荧光屏显示，测量所得的数据可自动反馈至计算机进行处理，处理后自动调整工艺条件。

电晕处理装置是为了提高薄膜表面张力，从而增加薄膜的印刷牢度和复合材料的剥离强度。由于流延薄膜主要是包装用膜，为了能改善薄膜的印刷性及与其他材料的黏合力，薄膜一般生产时需经过电晕处理。处理后的薄膜的表面张力

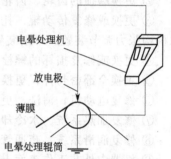

图 4-20 电晕处理装置结构示意图

一般要求达到 38mN/m 以上。电晕处理装置一般设置在薄膜卷取前，电晕处理装置结构如图 4-20 所示。

流延薄膜的卷取装置与吹塑薄膜的卷取装置结构形式基本相同。薄膜成型后需用展平辊展平，辊筒在转动的过程中，弓起的一面始终向着薄膜，辊筒拱起的角度在 15°～30°，以防止薄膜收卷时产生褶皱。展平辊有弧形辊（图 4-21）、人字形辊（图 4-22）等形式，弧形辊是轴线弯曲成弧形。

图 4-21 弧形展平辊

图 4-22 人字形展平辊

4.2.2 挤出生产流延薄膜时，为何要设置过滤装置？熔体过滤换网装置应如何选用？

(1) 设置过滤装置的作用

挤出生产流延薄膜时，为了能保证薄膜的质量，通常在机头前安装过滤网，以防止未塑化

的塑料颗粒或杂质挤入机头，使成型的薄膜表面出现杂质、晶点等。过滤网在生产过程中应定期进行清理和更换，以保证过滤效果。换网装置主要用于定期更换过滤网，防止挤出机中过滤网因所过滤的杂质过多而导致过滤网堵塞，影响熔体的流动，或者使过滤网前的熔体压力增高，迫使一部分杂质通过过滤网，随熔体被挤出，而影响挤出物的质量；还能保证可靠和无故障地换网操作，避免了人工更换既费时间，劳动强度大，同时又影响生产的连续性。

　　生产中一般要求过滤网载体的压力降尽可能小；流道必须是流线型且短而无死角；不管是周期性更换还是连续性更换，都必须保证运动部件的密封；过滤装置必须简单并能快速置换；过滤装置中必须设有安全保护措施。

(2) 过滤换网装置的选用

　　目前换网装置主要有非连续换网器和连续换网器两种，而在挤出流延成型薄膜的生产中为了方便过滤网的更换，主要采用连续换网装置。连续换网装置一般有两个工位，即有两块过滤板同时装在一个滑动块上，如图 4-23 所示。生产中，一块过滤板在工作位置，另一块在更换预备位置。当过滤板需要更换时，先降低挤出机螺杆的转速，换网装置迅速推动滑块把另一块过滤板放在工作位置，然后螺杆恢复原来的转速，这样就实现了瞬间更换过滤板，减少了因更换过滤网而停产的时间。

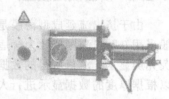

图 4-23　双工位自动换网装置

　　连续换网装置有单柱塞式和双柱塞式两种形式。一般单柱塞式连续换网器密封性好，具有短平直的熔体流道，可快速换网不停机。运行成本低，性价比高，适用于低黏度熔体，但是压力波动较高，最高应用温度为 300℃。双柱塞式连续换网器总共有四个过滤流道，在换网时至少有一个过滤网在工作，可在工作中不中断熔体的流动并在多孔板并入流道时从中排出空气。两个滑板有一个缓慢的运动，使聚合物熔体预填入多孔板，从而保证挤出压力波动很小。

4.2.3　流延薄膜生产时的冷却方式有哪些？各有何特点？

(1) 冷却方式

　　薄膜的冷却方式有单面冷却、单辊水槽双面冷却和双辊冷却三种。

(2) 特点

　　冷却辊一般采用强制水循环冷却，从机头狭缝口模挤出熔料浇注到冷却辊面上能迅速被冷却后形成薄膜。为了提高冷却效果，降低辊筒表面温差，冷却辊设计为夹套式，辊筒内是空心的。为了便于介质回流，夹套中间设有螺旋夹板，冷却水进入辊筒内部后分成两个流道，一道从左端进入，沿螺旋槽向右流动；另一道从右端进入，沿螺旋槽向左流动，形成交叉流动，以减小辊筒表面的温差。为了生产出高透明度的薄膜，辊筒表面要光滑，应镀硬铬，抛光至镜面光洁度。其粗糙度不能大于 $Ra\ 0.05\mu m$。

图 4-24　双辊冷却装置

　　采用单辊冷却，冷却辊直径较大，以提高冷却效果，一般辊筒直径在 500mm 以上。单辊冷却结构简单，使用较普遍。单辊水槽双面冷却，冷却效果较好，但薄膜从水中通过，薄膜表面易带水，需增加除水装置，水位槽需严格控制和调节，应保持平衡无波动。冷却辊直径较小，为 150～400mm。双辊冷却的冷却效果好，但设备比较庞大，其结构如图 4-24 所示。

4.2.4　流延法成型薄膜时对气刀有何要求？气刀与真空吸气装置有何不同？

　　气刀是吹压缩空气的窄缝喷嘴，它的作用是通过气刀的气流使薄膜紧贴冷却辊表面，使薄膜与冷却辊表面形成一层薄薄的空气层，使薄膜均匀冷却，从而提高冷却效果，保持高速生产，同时还可提高薄膜的透明度。由于气刀是配合冷却辊对薄膜进行冷却定型的装置，其宽度要求与冷却辊的长度相同，刀唇表面光洁，制造精度高。气刀在整个宽度内，气流速度应均匀，否则，会影响薄膜质量。气刀窄缝喷嘴的间隙及对于冷却辊的角度应可以调节。气刀窄缝喷嘴的间隙越大，风量越大，其间隙一般为 0.6～1.8mm，生产中气刀的间隙和吹风角度必须调节适当，如风量过大或角度不当都可能使薄膜的厚度不稳定或不贴辊，造成褶皱或出现花纹。另外，还应设两只小气刀，单独吹气压住薄膜边部，防止边部扭曲。

挤出流延生产中采用双腔真空吸气装置的作用与气刀相同，也是用来保证挤出薄膜与冷却流延辊的紧密接触。但气刀对薄膜产生"压力"，真空吸气罩对薄膜产生"吸力"，将薄膜间与冷却辊表面运转夹带的空气吸走，从而避免薄膜与辊筒之间产生气泡，使薄膜紧密贴辊，以提高薄膜的冷却效率。

4.2.5　挤出流延膜生产中应如何选用厚度仪？

由于挤出流延成型薄膜是高速连续性的生产，生产过程中薄膜测厚必须实现自动检测。一般采用 β 射线测厚仪较为合适，因 β 射线测厚仪检测器沿横向往复移动测量薄膜厚度，并且用荧光屏显示。测量所得的数据可自动反馈至计算机进行处理，处理后自动调整工艺条件。也可以根据厚度的数据显示进行人工调节。

4.2.6　共挤复合流延膜有何特性？共挤复合流延膜对生产设备有何要求？

(1) 共挤复合流延膜的特性

共挤复合流延薄膜是用多台挤出机共挤流延生产多层结构的薄膜。多层共挤流延成型薄膜可提高薄膜的质量，具有高阻渗性、高强度、较好的透明度和印刷性、厚度偏差小等特点，还可提高热封强度、降低热封温度、降低薄膜成本等，目前广泛用于食品、医药、烟草、粮食、化工产品等包装材料。共挤流延薄膜使用的原料主要有 LDPE、LLDPE、PP、EVA、PA6、PA66、PVDC、PET 等。一般宜选用流延级树脂。目前生产的复合膜有三层、五层、七层和九层等。

(2) 对生产设备的要求

挤出机通常应根据所用原料进行选用。如五层共挤流延膜，若使用三台挤出机，其中两台要使用双流道机头；若使用四台挤出机，其中要有一台双流道机头挤出机来生产五层共挤流延薄膜。

一般根据各层薄膜宽度、厚度不同，可选用直径为 45～150mm 的挤出机。若黏合层比较薄时，一般选用直径为 45～65mm 的挤出机。如挤出 PVDC 时，螺杆长径比一般在 26 左右；挤出 EVOH、PA6、高黏度聚烯烃 HDPE、LLDPE 和黏结材料等，螺杆的长径比在 28 左右；挤出低/中黏度聚烯烃 LDPE、PP，螺杆的长径比在 33 左右。

多台挤出机共挤时，几台挤出机应安装在同一个操作平台上，以星形的形式依次排列在加料系统和机头的四周，以缩短挤出机出口与机头入口之间的距离。每台挤出机都安装在各自轨道上，可前后移动，便于进入和退出工作位置，操作与维修都很方便。

一般应采用自动换网装置，并且选用卷筒带式过滤网，长约 10m，可不停机换网，连续工作可达 3 个月。可调式机头分配器是在多层共挤出机机头前，多层物料汇合的装置。各台挤出机熔融塑化的物料，经过滤网后进入可调式分配器，将各层熔体按要求排列，叠加在一起，然后进入机头。

膜机头结构主要为衣架式机头，模唇间隙可通过热膨胀螺栓自动调节。薄膜总厚度由测厚装置测量，然后自动反馈到模唇自动调节系统，对热膨胀螺栓加热或冷却，从而改变模唇间隙。多层共挤复合薄膜的冷却一般采用双冷辊流延装置。

4.2.7 采用多台挤出机共挤生产流延膜时，应如何来选择挤出机？机头为何需安装分配器？

（1）挤出机的选择

采用多台挤出机共挤生产流延膜时，如图 4-25 所示，挤出机规格一般根据各层薄膜宽度、厚度不同进行选用。黏合层比较薄的，一般应选用直径为 45～65mm 的单螺杆挤出机。表层物料的挤出一般应根据原料来选定，挤出 PVDC 时，螺杆长径比在 26 左右；挤出 EVOH、PA6、高黏度聚烯烃 HDPE、LLDPE 和黏结材料等，螺杆的长径比在 28 左右；挤出中/低黏度聚烯烃 LDPE、PP，螺杆的长径比在 33 左右。

（2）安装分配器的目的

① 使各挤出机熔融塑化的物料，经过滤网后，按要求层次排列，再叠加在一起，然后平稳进入机头，如图 4-26 所示。

② 分配各挤出机的料流。

③ 调节各料流的流速，使其流速稳定，趋于一致。

图 4-25 多台挤出机共挤生产流延膜　　　　**图 4-26 多层共挤机头分配器**

4.3 双向拉伸平膜挤出机组疑难处理实例解答

4.3.1 双向拉伸平膜有何特点？双向拉伸平膜挤出机组由哪些部分组成？

（1）双向拉伸平膜的特点

双向拉伸平膜是由狭缝扁平机头挤出经冷却定型后，再加热进行双向拉伸，通过牵引、冷却得到制品。双向拉伸平膜的特点是：薄膜幅宽（双向拉伸聚丙烯薄膜最宽达 8.4m），生产率高，生产线速度高达 375m/min，年产量可达 25200t；薄膜质量好，厚度精度高，产品平均厚度公差不超过±2%。双向拉伸平膜法制得的拉伸强度和弹性模量大，机械强度高，耐热、耐寒，透明度、光泽度、气密性等性能好，但生产机组的组成部分多，体积庞大，整条生产线可长达百余米，自重数百吨；有的采用电子计算机控制工艺参数、机头间隙自动调节等先进技术。

（2）双向拉伸平膜挤出机组的组成

平膜法双向拉伸薄膜机组由主机、机头、流延系统、拉伸系统、牵引和卷取系统、控制系统组成，如图 4-27 所示。

双向拉伸薄膜机组中的挤出机用来挤出片基，一般要求挤出机的挤出量高，排气性好，挤

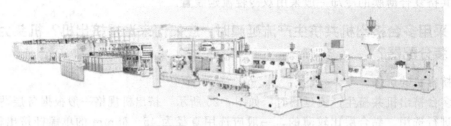

图 4-27　双向拉伸平膜挤出机组

出稳定，塑化均匀。

机头有单片基机头和共挤机头。单片基机头有直歧管型、鱼尾型和衣架型等几种结构类型。直歧管型机头结构简单，但物料易滞留，主要适于热稳定性较好的塑料。鱼尾型机头流道阻力小，但结构庞大，主要适于热敏性塑料，兼具直歧管型和鱼尾型的特点，较为常用。衣架型机头又可分为直歧管和渐缩歧管两种，宽幅薄膜多采用后一种。

双向拉伸薄膜片基共挤机头常用多歧管型、供料头型和复合型等几种结构类型。采用多歧管型机头时，各层熔料合流后流动距离短，各层熔料的黏度差对薄厚精度影响小，各层厚度精度高。共挤层数过多时，机头结构较为复杂，机头装拆困难，而且价格昂贵。一般多用于三层共挤片基。供料头型机头结构简单，价廉，易改变宽度，适于层数多及层数改变的场合。复合型机头结合了多歧管型和供料头型两者的优点，共挤出双向拉伸薄膜生产中较为常用。

流延系统是指从片基挤出到骤冷的这部分装置。流延系统的作用是将自 T 型机头挤出的熔融片基均匀地骤冷到规定温度。如双向拉伸聚丙烯薄膜片基，即从 240～260℃骤冷到 60～70℃。骤冷时，不使片基产生瑕疵、皱纹等，尽可能缩短 T 型机头和骤冷辊的间隙，以防止片基的缩颈现象。骤冷辊/冷却水槽组合方式一般采用一个直径为 800～2400mm 的骤冷辊，片基包在骤冷辊上受到辊筒和水槽的双重骤冷。对于高速生产线，为保证骤冷效果，将冷却水槽加长，使片基从骤冷辊剥离后再次进入水槽冷却。

平膜拉伸系统有纵向拉伸装置和横向拉伸装置。纵向拉伸装置是对片基在挤出方向进行纵向的拉伸，而横向拉伸装置是垂直于挤出方向对片基进行拉伸。

牵引和卷取系统的作用是引出经双向拉伸的膜，进行切边、表面处理和卷取。牵引系统中包括切边和边料回收装置、表面处理装置及卷取装置。切边和边料回收装置的作用是切割掉薄膜的夹边料，使薄膜卷取边缘整齐，设有切边装置。切边装置位于生产线两侧，在开槽的辊筒上用切刀切割下夹边料。一个刀架装数把刀片，可不停机更换未处于工作位置的磨损的刀片。切下的边料在生产线内回用。边料回收装置由输送风机、粉碎机和输送管道组成。切边料由风机输送到粉碎机，经粉碎后再输送到挤出机加料斗上方的混合器中。

表面处理装置的作用是增加薄膜的润湿张力，以提高薄膜在印刷、复合等后加工时与油墨、其他基材的黏合强度，要对拉伸过的薄膜进行表面处理。表面处理有火焰处理和电晕处理两种，目前均采用电晕处理。电晕处理装置由提供能量的高频发生器、电极、处理辊、变压器、臭氧排放系统等组成。可视用途不同，对薄膜单面或双面处理。一般来说，进行单面处理即可。

双向拉伸平膜的卷取装置多采用双轴转位式卷取机。双轴转位式卷取机可平稳、高速地卷取薄膜，而且不起皱，卷取方式有间隙卷取和接触卷取两种。间隙卷取是使预先调节好的送料辊与料卷中心的间距在整个卷取过程中保持不变，这可通过光电眼或装入液压活塞中的绝对线性传感器控制托架移动来实现。接触卷取是通过料卷的形式来自动控制线性速度，送膜压力靠气动或液压控制。

工艺控制系统主要包括薄膜测厚和厚度自动控制系统、工艺参数控制系统等。双向拉伸薄膜的测厚采用非接触、扫描式的 β 射线测厚仪，可连续监控薄膜厚度，并且实现自动控制和调节，使薄膜厚度精度高，质量好。

4.3.2　双向平膜纵向拉伸装置的结构组成如何？各有何作用？

纵向拉伸装置主要由预热辊、拉伸辊、热处理辊、夹辊、导辊、浮动辊、破膜检测器等组成。

预热辊的作用是将经流延系统骤冷固化的片基再次加热到拉伸温度。辊数为 4～16 个，成对排列。高速生产线为了加强预热，在预热辊前还设置红外线预热装置。加热辊筒的介质有油、蒸汽和过热水。导热油可用电加热或油锅炉加热。每对辊筒为一个控温回路。控温回路由循环泵、温度传感器、加热装置、热交换器及控制系统等组成。

拉伸辊的作用是靠辊筒间的速差纵向拉伸片基。采用小直径拉伸辊并缩小拉伸间隙可减少片基的缩颈现象。因此，设有 1～2 个拉伸辊间隙调整装置。以适应一次拉伸和二次拉伸的要求。拉伸辊数为 2～6 个。

由于共挤出双向拉伸聚丙烯薄膜的表面热封层为低熔点共聚树脂，易黏附在预热辊和拉伸辊表面，故可在辊筒上涂覆聚四氟乙烯树脂层防粘。热处理辊的作用是对经过纵向拉伸的片基进行退火处理，以减小应力。热处理辊一般有 2～8 个。

夹辊位于拉伸辊和最后一个热处理辊处，表面包覆硅橡胶，起防止打滑的作用。导辊起改变膜片运动方向的作用。浮动辊位于纵向拉伸装置的进、出口处，以控制膜片的张力。

破膜检测器是采用光学原理，在破膜后会发出信号，使所有直流驱动系统停止，拉伸辊移位，夹辊松开，防止膜片在纵向拉伸装置处断裂会卷绕在高速旋转的拉伸辊上，进而损坏拉伸辊。检测器一般设在最后一个拉伸辊的后面。

4.3.3　双向平膜横向拉伸装置的结构组成如何？各有何作用？

横向拉伸装置由拉幅机和烘道两大部分组成。拉幅机主要由夹子、链条、轨道、润滑系统、驱动系统等组成。拉幅机上的夹子夹住已纵向拉伸过的薄膜两侧，沿着链条轨道扩展，同时，从薄膜上、下面吹热风，从而将薄膜横向拉伸。烘道主要由热交换器、空气循环风机、喷口通风系统、风管、空气混合器、仪表、排风扇等组成。烘道的作用是按设定温度均匀地加热薄膜，使薄膜可横向拉伸。

拉幅机可分为进口段、预热段、拉伸段、热处理段、缓冲段、冷却段和出口段，如图 4-28 所示。拉幅机的进、出口段伸出在烘道外。拉幅机的夹子分为滑动型和轴承型两类，一般能根据薄膜厚度，柔和而牢固地夹住薄膜，不使薄膜受损和应力过分集中。夹子形状和结构不当会造成夹边部分过宽，而降低成品率或使薄膜脱落和断裂。拉幅机工作时依靠夹子的弹簧力和薄膜本身的张力，在拉伸过程中薄膜被越夹越紧。

滑动型夹子与轨道间的滑动工作面用特殊的耐磨合成材料制成，高速运转时的润滑油飞溅少，即使加微量润滑油也有足够的润滑性，因而耐磨。它可用于线速度达 250m/min 的生产线，而且价格便宜，结构牢固，可长期使用，维修和保养也方便，但油的少量飞溅和油的气化会污染薄膜。轴承型夹子采用了封入特殊耐热型润滑脂的轴承，完全无溅油污染薄膜的现象，高速运行时平稳、无振动，可实现 250m/min 以上的高速拉伸，但成本较高，主要适用于高速生产线和电工膜的生产。

烘道的作用是按设定温度均匀加热薄膜，使薄膜横向拉伸。双向拉伸时要求烘道横向温度分布均匀，上下热风平衡，各段能独立控制，热损耗小，热稳定性好。烘道的加热方式分为对流加热（热源为电热、热油、蒸汽、煤气）和辐射加热（由电或煤气加热产生红外线）两大类，传热介质均为空气。蒸汽加热升温快，价廉，但需中压蒸汽，锅炉和煤场会污染环境；电

(a) 外观

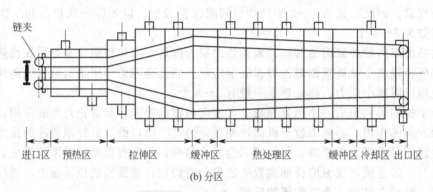

(b) 分区

图 4-28　双向拉伸平膜拉幅机

加热操作方便，但设备投资费用较高；油加热用油锅炉，可节省用电量，但维修和保养较麻烦。

4.3.4　在双向拉伸薄膜生产过程中为何要采用自动熔体过滤装置？过滤装置应如何选择？

双向拉伸薄膜的厚度小，透明性要求高，在生产过程中要进行双向拉伸，因此要求物料的塑化完全且均匀，在双向拉伸薄膜挤出过程中，膜片的强度不高，有利于拉伸。如果塑化不均匀，有颗粒、晶点存在，会使薄膜在拉伸过程中出现局部弱点，导致拉伸不均匀或破膜现象，也会影响薄膜后期的复合、印刷等。为了能保证熔体塑化的均匀性，必须选用合适的熔体过滤器，以滤去熔体中不熔的颗粒及杂质等，特别是物料中掺有边料、回收料等时，更应对熔体严格进行过滤，以防止薄膜拉伸时出现拉破的现象。

自动熔体过滤装置一般是由机头体、多孔板、过滤板、清洗头及其驱动轴和过滤网等组件所构成的。采用自动熔体过滤装置可通过机械的方法或熔体流清理过滤网过滤熔体的杂质，不需更换过滤网。工作时，塑料熔体通过过滤网过滤后流入熔体出料室，最后进入机头而被挤出。被过滤出来并聚集在过滤板上的杂质在一定的时间间隔内由清洗头清除掉，并且经分流道排出。由于双向拉伸薄膜生产自动化程度高，采用普通熔体过滤装置，即使是连续换网装置，也会或多或少有碍生产的正常进行。

自动熔体过滤装置的过滤网通常有粗过滤网和精过滤网，粗过滤网一般使用 $60\sim80\mu m$ 的不锈钢网，精过滤网有 $40\mu m/60\mu m/100\mu m\sim120\mu m/60\mu m$ 的组合不锈钢网。通常过滤网目数高，网孔小，过滤的效果好，双向拉伸薄膜生产中一般应选择目数稍高的过滤网，但过细会增加过滤网的更换频次及原料的消耗。

4.3.5　平面双向拉伸 BOPET 薄膜机组的组成如何？生产过程中应如何控制？

平面双向拉伸 BOPET 薄膜机组主要包括原料输送系统、配料干燥系统、挤出塑化系统、铸膜系统、纵拉系统、涂布系统、横拉系统、牵引装置、分切和收卷等装置。

原料输送系统主要是将经过振动筛筛选、金属分离后的物料，经一级脉冲输送至各自储存料仓（或使用槽车将切片运输至储存切片装置，回收切片直接风送到回收料仓），根据不同 BOPET 薄膜的要求，在混料器处将物料按一定比例混合，再经二级脉冲输送到切片中间停留料仓。图 4-29 所示为德国 Brückner 公司 BOPET 生产线的原料输送系统控制图。

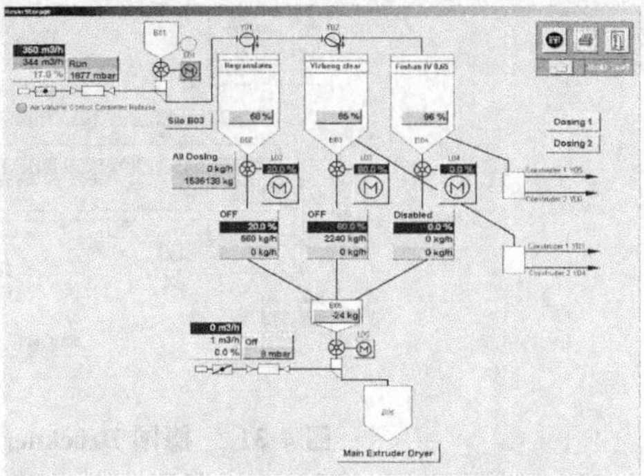

图 4-29　德国 Brückner 公司 BOPET
生产线的原料输送系统控制图

生产 BOPET 薄膜当使用两种或多种物料时，如在 PET 树脂中需加着色母料、PET 回料等，在加工之前必须准确计量各种原料的加入量，有时还需要将配好的原料混合均匀。为保证配料的准确性与混合的均匀性，一般采用旋转阀配料。旋转阀配料是依靠旋转阀的旋转叶片之间恒定的容积进行计量送料，送料量多少由叶轮的转速来决定。

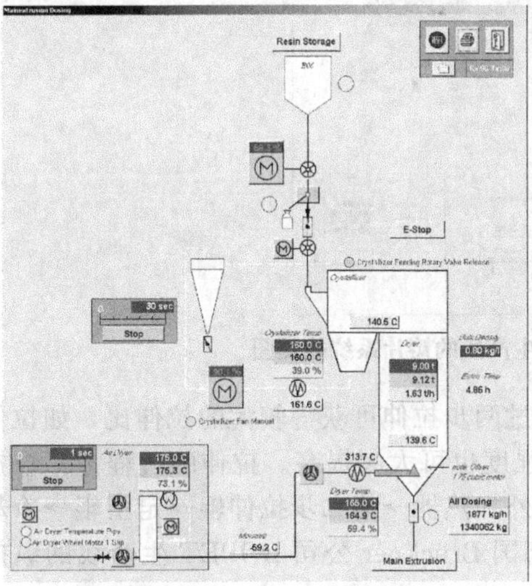

配好的物料需送入干燥系统进行干燥，以保证 BOPET 薄膜的物理机械性能（如薄膜的雾度、拉伸强度、表面性能等），以及物料的成膜性。干燥时将配好的物料首先送入脉动床，接受 140℃ 的热风加热，去除物料表面的水分，停留时间一般为 15~20min。然后再送入干燥塔，在干燥塔中 160℃ 左右的热风作用下进一步去水干燥，停留时间根据干燥塔料位设定和生产线负荷决定，一般约为 4h。通过干燥系统干燥后的物料含水率在 25×10^{-6} 左右，最低可达 20×10^{-6}。通常在干燥塔的下部有一个取样管，用于取样检测物料的含水量。干燥后的物料经过出口插板阀可直接进入挤出机。图 4-30 所示为德国 Brückner 公司 BOPET 生产线的干燥系统控制图。

图 4-30　德国 Brückner 公司 BOPET
生产线的干燥系统控制图

生产 BOPET 薄膜用的挤出机一般采用单螺杆双螺线型挤出机，通过一个高效的电加热和循环水冷却机壳的双螺线挤出机将干燥的切片熔融。挤出后的熔体首先进行预过滤，滤掉切片中粗大杂质，避免伤害计量泵，再通过计量泵进行精确计量，计量后的熔体再经精过滤器滤掉熔体中细小杂质后，送至 T 型模头急冷铸成膜片，在熔体到达模头之前的管线内布有静态混合器，将熔体压力及熔体温度混合均匀，从而具有一定的稳定性。图 4-31 所示为德国 Brückner 公司 BOPET 生产线的挤出系统控制图。

挤出塑化的熔料经过 T 型模头的口模时，成型膜片。高温膜片在高压静电吸附系统的作用下，在急冷辊上快速冷却，使其尽可能减少结晶，以免膜片结晶而导致拉伸不稳定。一般膜片要求无结晶时，冷辊温度越低越好，但考虑到温度过低，膜片容易脆化断裂，一般控制在 25~28℃。所得膜片通过牵引辊初级测厚即可进入纵向拉伸系统。图 4-32 所示为德国

Brückner 公司 BOPET 生产线的铸片系统控制图。

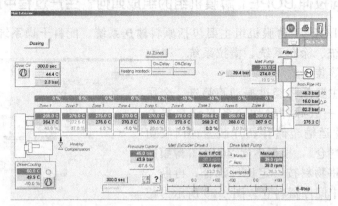

图 4-31   德国 Brückner 公司 BOPET 生产线的挤出系统控制图

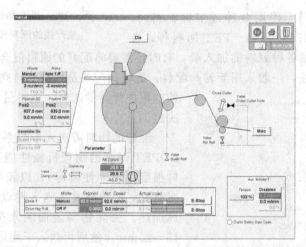

图 4-32   德国 Brückner 公司 BOPET 生产线的铸片系统控制图

对膜片的纵向拉伸一般是分两步进行拉伸的，通过两步拉伸可获得较大的拉伸比，如拉伸比可从 3.4 可升至 4.5，而且薄膜拉伸更稳定，纵向强度也可大大提高。拉伸的过程为：纵拉入口压辊→预热辊→红外加热器→第一步拉伸辊→红外加热器→第二步拉伸辊→定型辊→冷却辊→纵拉出口压辊→第二辅助收卷。图 4-33 所示为德国 Brückner 公司 BOPET 生产线的纵拉系统控制图。

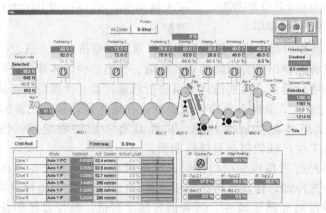

图 4-33   德国 Brückner 公司 BOPET 生产线的纵拉系统控制图

　　为显著改善膜面的性能，拓展薄膜的应用，有时需在纵拉后的膜片的非辊面涂上已经配制好的涂液。一般应将涂液经条喷口喷至膜的电晕面，然后由计量棒进行均化、控制涂层厚度，最后进入横向拉伸系统的烘箱进行干燥并预热，进行横向拉伸，涂层的厚度由采用的计量棒决定。

　　经纵向拉伸的薄膜送至横向拉伸系统后，在横向拉伸系统的入口处通过边膜跟踪器自动找正，保证夹具可以有效地夹住膜边。在预热区预热后，再加热至拉伸温度进行横向拉伸，然后进行热定型处理，增加结晶，稳定拉伸取向过程，提高薄膜尺寸的热稳定性。经热处理后，薄膜被送至牵引装置。薄膜的横向拉伸比和热定型温度取决于薄膜的用途。对于热收缩型薄膜，横向拉伸比要大，热定型区的温度要低，松弛量要小；对于尺寸稳定性好的 BOPET 薄膜，热定型温度应较高，松弛量要较大；对于纵向力学性能要求高或较厚的薄膜，横向拉伸比则较小；对于横向厚度公差小、纵横两向性能非平衡的薄膜，横向拉伸比可大些。图 4-34 所示为德国 Brückner 公司 BOPET 生产线的横向拉伸系统控制图。

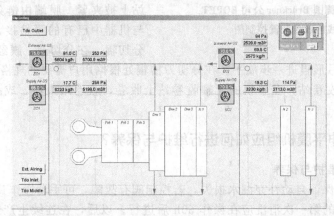

图 4-34　德国 Brückner 公司 BOPET 生产线的横向拉伸系统控制图

　　经纵、横向拉伸的薄膜，在送至牵引装置后得到进一步的冷却、展平、成品测厚、切边（切下的边膜经真空吸嘴送至回收粉碎造粒）和电晕处理，然后经静电消除，最后直接卷绕在转塔式收卷机上，切下的边膜通过真空吸嘴送至回收粉碎机粉碎再造粒循环使用。图 4-35 所示为德国 Brückner 公司 BOPET 生产线的牵引装置控制图。

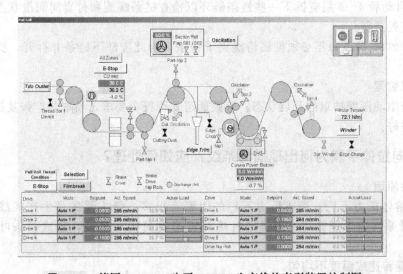

图 4-35　德国 Brückner 公司 BOPET 生产线的牵引装置控制图

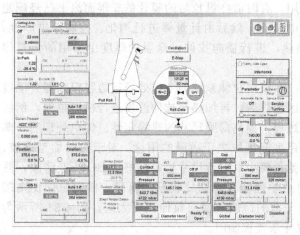

图 4-36　德国 Brückner 公司 BOPET 生产线的收卷装置控制图

从牵引装置送来的薄膜已成型，在送至收卷机时经静电消除后通过张力辊传送至收卷钢芯上，可根据膜厚不同来选择接触式或间隙式收卷方式，在恰当的张力、压力下收卷成质量较高的大母卷。在收卷长度达到设定值时可进行手动或自动换卷。收卷机为双位转塔式接触式和间隙式收卷，在收卷机上设有收卷小车的装置。图 4-36 所示为德国 Brückner 公司 BOPET 生产线的收卷装置控制图。

成型后的 BOPET 薄膜的分切可采用高速分切机进行分切。母卷在分切机放卷站上被夹紧，膜端由链条自动穿过机器或与机器中已有的膜粘接，通过牵引辊传至分切辊，在分切前，膜经进一步消除静电，并且经边膜压辊和弓形辊进一步展平。在分切刀槽辊处根据用户需要的规格进行分切，分切后的薄膜送至相应的收卷站，在单轨的无轴收卷站上收卷，收卷结束后，成品卷卸在收卷小车上，然后进行包装。

4.3.6　双向拉伸平膜机组应如何进行维护与保养？

(1) 流延系统维护与保养

① 接通供水以保证自动补充漏水损失，若控制阀有故障，可手动操作其旁通以维持运转。

② 水浴过滤器的第一次清洗应在操作 50h 后进行。以后，在连续生产运转情况下每周清洗一次。

③ 清洗过滤器时，关闭其两侧阀门，让水经旁通流过。

(2) 拉伸装置

① 每个月应检查所有夹子弹簧，特别要检查是否容易移动。尽可能经常性地检查并清洗每个夹子的夹紧区（每天或至少每次薄膜破断时）。

② 设备启动后 4~6 周应拆下一些链条链环以检查链条螺旋和衬套间润滑状态，拆卸只能在链条换向点处进行。

③ 运转 7200h 后或每年必须彻底清洗夹子链条，为此应卸下链条并拆开，拆卸在换向点处进行。

(3) 卷取装置

定期检查驱动段保护罩的开启状态，穿膜通道是否符合要求，卷取芯扩张及旋转步骤的信号功能是否完好。

4.3.7　双向拉伸平膜为何出现横向条纹？应如何处理？

(1) 产生原因

① 挤出熔体压力不稳。造成压力不稳的因素有很多，最主要的是生产线线速度提速过快，造成计量泵转速迅速提高；主挤出机螺杆转速提高相对较慢，造成模头吐料不足，压力不稳。

② 冷却辊转速或温度不均匀。

③ 风刀风量波动过大等。

(2) 处理办法

① 适当延长提速时间，待线速度稳定后，横向条纹自然消失。

② 调整冷却辊转速或温度均匀稳定。

③ 调节风刀风量，保持吹风稳定。

4.3.8　双向拉伸平膜为何出现纵向条纹？应如何处理？

(1) 产生原因

① 口模处有异物或机械损伤。

② 熔体中有粗粒。

③ 气刀风量波动大，不稳定。

④ 挤出机各段温度控制不合理。

⑤ 机头与冷却辊的距离不合理。

(2) 处理办法

① 选用结构合理、质量好的模头，保证唇口光洁，不得有任何机械损伤。

② 加强熔体过滤。

③ 及时清除唇口上的杂物，做好机头维护工作。

④ 提高气刀吹风的均匀性。

⑤ 合理控制挤出各段温度。

⑥ 调整好机头相对急冷辊的位置。

4.3.9　挤出双向拉伸膜的片基为何边缘不整齐？应如何处理？

(1) 产生原因

① 模唇两端密封件损坏造成边部漏料。

② 机头温度控制不合理。

③ 挤出熔体压力不稳。

(2) 处理办法

① 清理并修复模唇两端密封件。

② 控制好机头温度。

③ 调整挤出熔体压力，保持压力稳定。

4.3.10　薄膜横向拉伸时为何易出现破膜现象？应如何处理？

(1) 产生原因

① 原料中含有性能差异较大的杂质（低分子物、油污等）。

② 铸片上有明显的横向条纹、气泡，使局部区域应变过大。

③ 过滤器损坏，铸片杂质含量高。

④ 机头漏料。

⑤ 辊面压伤。

⑥ 废料、设备划伤薄膜。

⑦ 挤出、纵向拉伸温度设定不当。

⑧ 链夹损坏。

(2) 处理办法

① 清除原料中的杂质异物等。

② 检查并更换过滤网，加强熔体过滤，保证挤出铸片的质量。

③ 保持机头和辊面的清洁。

④ 严格控制好挤出、拉伸温度。

⑤ 检查并更换或修复损坏的链夹。

4.3.11 薄膜纵向拉伸时为何易出现破膜现象？应如何处理？

(1) 产生原因

① 薄膜横向厚度偏差过大。

② 纵、横向拉伸比过大。

③ 纵向拉伸时边缘温度过高。

④ 纵向拉伸定型温度过高。

⑤ 链夹温度过高。

⑥ 烘箱内有废料划伤薄膜。

(2) 处理办法

① 控制挤出的稳定铸片厚薄均匀。

② 降低纵、横向拉伸比。

③ 降低纵向拉伸温度，控制好边缘温度。

④ 适当降低链夹温度。

4.3.12 薄膜拉伸时为何易出现脱夹破膜现象？应如何处理？

(1) 产生原因

① 铸片边缘不好或者厚度偏差大。

② 在正常生产中出现脱夹，经人工复位后仍然脱夹，可能是有链夹损坏无法闭合，也可能是有废膜挂在链夹上，或者可能是入口导边器失灵。

③ 横向拉伸时的预热、拉伸温度过低，入口张力过大。

(2) 处理办法

① 调整铸片工艺，消除铸片缺陷。

② 停机检查链夹。

③ 提高横向拉伸时的预热、拉伸温度，降低入口张力。

4.3.13 双向拉伸薄膜收卷时为何易出现跑边现象？应如何处理？

(1) 产生原因

① 滑架的水平度和各辊之间的平行度不好。

② 触辊与铁芯（收卷辊）之间的平行度差。

③ 牵引夹辊夹紧力大小不均匀、不稳定。

④ 收卷张力和压力大小不适当。

⑤ 收卷间隙过大。

⑥ 收卷驱动不平稳。

(2) 处理办法

① 调整好滑架的水平度和各辊之间的平行度，以及触辊与铁芯（收卷辊）之间的平行度。

② 调节牵引夹辊气压缸压紧力，使夹紧力大小适中，而且保持稳定。

③ 调整收卷张力和压力。

④ 适当减小收卷间隙。

⑤ 检查并更换收卷驱动齿轮，保证收卷驱动平稳性。

第5章

型材挤出机组操作与疑难处理实例解答

5.1　型材挤出机组选用疑难处理实例解答

5.1.1　挤出异型材的工艺流程如何？挤出异型材的主要设备有哪些？

(1) 工艺流程

塑料异型材采用单螺杆挤出机挤出成型或双螺杆挤出机挤出成型，其工艺流程为：

(2) 主要设备

挤出异型材的主要设备有挤出机、机头、定型装置、牵引装置和切割装置等。

① 挤出机　成型异型材的挤出机可以是单螺杆或双螺杆挤出机。双螺杆挤出机具有很好的混炼塑化能力，物料在挤出机中的停留时间短，而且挤出的产量大，挤出速度快，一般可达到 $2\sim4\text{m/min}$，特别适合于硬质聚氯乙烯（UPVC）粉料的直接加工大规格异型材（如 PVC 塑料门窗等）大规模的生产。

对于聚烯烃类的异型材，或小批量以及截面尺寸小的 PVC 异型材的生产，一般选择单螺杆挤出机。成型加工聚烯烃类的异型材时，螺杆的直径 D 通常为 $\phi45\sim120\text{mm}$，长径比 $L/D\geqslant20$；成型 PVC 异型材时，一般螺杆直径 D 为 $\phi45\sim65\text{mm}$，长径比 L/D 在 20 左右。

② 机头　机头是制品成型的主要部件，物料在挤出机机筒内经塑化成熔融态后，被挤入机头，此时在机筒内呈圆柱形的熔料便随机头内空腔截面形状的变化而逐渐变形，并且形成一定的压力，使物料在机头内得到压实，形成与机头通道截面及几何尺寸相似的密实的型坯被挤出口模，再经过冷却定型等，得到性能良好的异型材制品。

③ 定型装置　定型装置的作用是将从口模中挤出塑料的既定形状稳定下来，并且对其进行精整，从而得到截面尺寸更为精确、表面更为光亮的制品。定型装置不仅决定制品的尺寸精度，同时也是影响挤出速度的关键因素。

④ 牵引装置　牵引装置的作用是克服型材在定型模内的摩擦阻力而均匀地牵引型材，使挤出过程稳定进行。由于异型材形状复杂，有效面积上摩擦阻力大，要求牵引力也较大，同时

为保证型材壁厚、尺寸公差、性能及外观要求，必须使型材挤出速度和牵引速度匹配。

⑤ 切割装置　为使挤出异型材满足运输、储存和装配的要求，需将连续挤出的制品切成一定的长度。一般用行走式圆锯。由行程开关控制型材夹持器和电动圆锯片，夹持器夹住型材，锯座在型材挤出推力或牵引力的推动下与型材同步运动，锯片开始切割，切断后夹持器松开，锯片回复原位，完成型材切割的工作循环。

5.1.2　挤出异型材的定型装置有哪些类型？各有何特点和适用性？

(1) 定型装置的类型

为保证异型材的几何形状、尺寸精度、表面光洁度，高温熔融态的型坯离开口模后，必须进行定型和冷却。异型材定型装置主要有多板式定型、滑移式定型、压空定型、真空定型和内芯定型等几种类型。异型材定型方法通常是按制品种类、截面形状、精度要求及挤出速度等确定。

(2) 各类定型装置的特点与适用性

① 多板式定型装置　多板式定型装置是多板式，定型时将一块至数块定型板排列在水中，挤出物从第一块定型板进入，并且沿顺次缩小的定型孔中通过，而达逐级定型的目的。其结构如图 5-1 所示。定型板材料用 3～5mm 厚的黄铜板、青铜板或铝板制成。考虑到离开定型冷却水槽后，型材还会进一步收缩，最后一块定型板的定型孔的尺寸，必须比型材截面大 2%～3%。

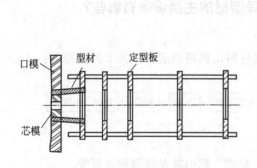

图 5-1　多板式定型装置结构示意图

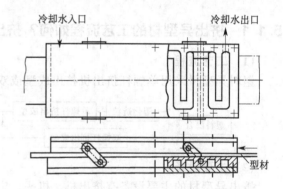

图 5-2　上下对合滑移式定型装置结构示意图

定型板的定型段长度随异型材不同而异。中空异型材为 3mm，入口处的 R 为 1mm；实心异型材为 2.5mm，入口处的 R 为 0.5mm。此外，使用多板定型时，冷却水槽中的水会有倒入口模中的危险，故应采用防漏措施。

② 滑移式定型装置　滑移式定型装置结构类型有上下对合滑移式、波纹板滑移式和折弯型材滑移式三种类型。主要用于开放式异型材的定型，如线槽、踢脚板、楼梯扶手等。

a. 上下对合滑移式定型装置　上下对合滑移式定型模要制成与型材外部轮廓一致。对于具有内凹的复杂型材，需将定型模分成几段，经组装而成，其结构如图 5-2 所示。为改善定型模对制品的摩擦，可在定型模表面涂以聚四氟乙烯分散体，并且用弹簧或平衡锤来调节它对型材的压力。在设计定型装置时，必须使型材沿牵引方向保持笔直，截面形状不得变化，而且冷却速度需保持恒定。冷却水需与挤出方向呈对流状态进行冷却。

上下对合滑移式的定型速度在很大程度上取决于异型材的几何形状。对于 1mm 壁厚，其定型速度为 3～4.5m/min；对于 4mm 壁厚，定型速度为 0.5～0.7m/min。

b. 波纹板滑移式定型装置　波纹板滑移式定型装置主要用于瓦楞板的成型。定型时，先用管材模挤出管状物，再沿挤出方向将管剖开，并且展开成平板（或用平缝模直接挤出板材），经波纹形辊筒压成粗波纹，接着通过滑移式定型模，冷却定型成为所要求的波纹板，其定型模结构如图 5-3 所示。

图 5-3　波纹板滑移式定型模结构示意图　　　图 5-4　折弯型材滑移式定型装置结构示意图

c. 折弯型材滑移式定型装置　折弯型材滑移式定型装置将从平缝模挤出的板材，在滑移式定型模中折弯成所需要的异型材截面形状，并且冷却定型，其结构如图 5-4 所示。这种装置模具形状简单，可定型极复杂的大型异型材。

③ 内压定型装置　内压定型装置亦称压缩空气外定型装置，压缩空气由机头芯模导入型材内，并且用浮塞进行封闭，其结构如图 5-5 所示，型材在压缩空气的作用下贴紧定型模内壁，使其逐渐冷却定型，一般空气的压力为 0.02～0.1MPa。这种定型装置的定型模与成型模之间应有良好的对中性，最好用法兰直接连接，并且有绝热措施。通常仅适用于直径大于 25mm 以上的中空异型材。

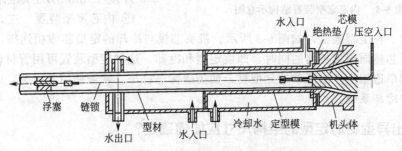

图 5-5　内压定型装置结构示意图

④ 真空定型装置　真空定型装置有干法真空定型装置和湿法真空定型装置两种结构形式。

干法真空定型装置的结构如图 5-6 所示，通常由几个箱式真空定型套组成，箱体内是外形尺寸与型材很接近的定型模，定型模与箱体板之间有冷水通路构成的夹道和抽真空管道系统。每个定型箱的长度为 400～500mm，不可过长，以便开车时型材进入和穿过定型模。箱体可对型材的 2～4 个表面进行冷却和定型。

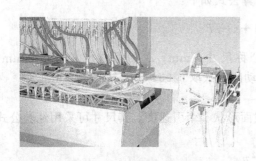

图 5-6　干法真空定型装置　　　　　　　　图 5-7　真空定型模

真空定型模由内壁有吸附缝的真空定型区和冷却区两部分组成，两区域是交替的，如图 5-7 所示。真空区周围产生负压，使型材外壁与真空定型模内壁紧密接触，以确保型材冷却定型。

定型装置底板上,除了安装几个可以滑动并定位的定型箱外,还安装冷却水槽(水浴水冷、喷雾水冷或涡流水冷)。冷却水槽内有多个支撑型材的滑辊。定型装置上方或侧面安装有数十个冷却水嘴和真空嘴,通过软管连接于定型箱的入水口和抽气口,整个定型装置可作三维以及倾斜的移动。

型材经过几级冷却真空定型后,外壁的温度应降至热变形温度以下,外形尺寸基本达到规定偏差,然而型材的内筋往往尚未得到充分冷却。在冷却水箱中,型材外壁尺寸稳定下来,同时内筋也得到充分冷却,可以经受牵引力的拉力和压力,以便进入牵引装置。

定型装置上冷却定型箱的数量取决于制品的壁厚和牵引的速度。生产中常要用一台挤出机生产几种规格的型材,在选购定型装置的长度时往往要与挤出机的生产能力配套。

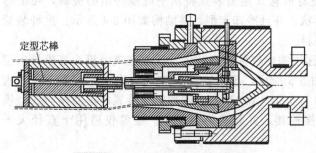

定型芯棒

图 5-8　内芯定型装置结构示意图

湿法真空定型装置是真空定型的定型模(连同真空管路)浸泡于冷却水槽或喷淋水箱中实现对型材的定型与冷却。这种定型装置省去了定型模外面的水管夹套系统,进一步提高了冷却效率。但水箱较大,而且向定型套内导入型材时,操作不便。这种装置多用于断面形状简单,厚度在 3mm 以上制品的定型。

⑤ 内芯定型装置　这是固定空心型材内部尺寸的一种定型装置,如图 5-8 所示。机头芯模与冷却的定型芯棒相连接,所挤出的管坯环绕此定型芯棒周围被拉出的同时,即被定型和冷却。这种定型装置可用管材机头,借助于定型芯棒的简单造型生产出简单的异型材,如街道标志杆等。常需使用弯机头,以便能固定定型芯模及定型冷却系统。

5.1.3　挤出异型材时定型的结构尺寸应如何确定?

定型模的尺寸确定主要包括定型模型腔截面尺寸、定型模总长度、真空吸附面积及冷却定型和真空通道的设计等。

(1) 定型模型腔截面尺寸的确定

由于在异型材成型过程中,熔融型坯受离模膨胀、冷却收缩和牵引收缩等因素的共同影响,使得在设计定型模型腔尺寸时不能等同于制品设计尺寸。定型模型腔截面的尺寸一般要小于机头口模尺寸而大于制品设计尺寸。定型模一般定为 3~4 段,每后一段的型腔尺寸要比前一段小 0.05mm,最后一段为设计尺寸或稍大。计算公式如下:

$$D=\left(d+\frac{\Delta}{2}\right)(1+s)+\delta$$

式中,D 为型腔截面尺寸,mm;d 为型材公称尺寸,mm;Δ 为型材尺寸公差,mm;s 为成型收缩率(一般取 1%),%;δ 为摩擦不摆动间隙(取 0.05~0.15mm),mm。

(2) 定型模总长度的确定

定型模的总长度取决于制品的密度、壁厚、截面形状和牵引速度。其尺寸可采用经验公式计算:

$$L=400t^2v$$

式中,L 为定型模总长度,mm;t 为制品厚度,mm;v 为牵引速度,mm/s。

(3) 真空吸附面积的确定

黏流态型坯进入定型模,在型腔内要有足够的真空吸附面积才能与定型模型腔完全贴合,真空吸附面积可用公式计算：
$$A = 0.67 fG/H$$
式中，f 为系数（取 $15 \sim 25$）；G 为制品密度；H 为真空度。

（4）冷却定型和真空通道的设计

冷却定型通道的设计应遵循均匀有效冷却的原则，其位置应尽量靠近型坯，以便于提高冷却效率。真空槽在定型模的纵向不宜均匀分布，其排布间距应由密到疏。这是因为刚进入定型模的型坯为黏流态，需要有较大的吸附力才能使其与定型模型腔贴合冷却。

5.1.4 型材定型冷却装置有哪些组成部分？

挤出型材的定型冷却装置一般由冷却定型台、真空系统、水冷却系统、定型模移动系统和操作控制盘等组成。

（1）冷却定型台

用于安装定型模、接水盘、真空系统、水冷却系统、移动系统和操作控制盘等，其台面位置可以上下、左右调整，以便使定型模的中心与机头中心对正。

（2）真空系统

一般由 $2 \sim 3$ 台水环真空泵、管路、水分离器以及若干球阀和接头等组成，并且接头处用软管与各段定型模的真空腔室相连，为中空异型材的定型提供所需的真空度。开放式异型材的定型则不需要真空系统。

（3）水冷却系统

一般由冷却水循环装置、管路、水箱以及若干球阀和接头等组成，并且接头处用软管与各段定型模的冷却腔室相连，通过定型模对异型材型坯进行冷却。定型模流出的冷却水通过管路流回水箱，或直接排放到接水盘，再由接水盘流回水箱。在型材截面较大或高速挤出时，仅靠定型模对异型材型坯进行冷却是不够的，往往要在定型模的后面设置冷却水槽或喷淋水箱，使已经定型但温度仍较高的异型材在水槽中进一步冷却。冷却水槽是浸浴式的，即型材在水槽中完全浸没在水中。冷却水应从冷却水槽的下游流入，从冷却水槽的上游流出，也就是水流的方向与型材的运动方向相反，使型材得到缓慢冷却，以减少因温度梯度过大而在型材中所产生的内应力。采用水槽冷却时，因水槽中冷却水的流速较慢，往往会造成上下层水温的不同，型材会因上下冷却不均匀而弯曲变形。另外，水的浮力也会造成型材的弯曲。因此有时需在水槽中设置滚轮，以防止型材因浮力上浮而弯曲。喷淋水箱中设置 $4 \sim 6$ 根均布于型材周围的水管，每根水管上等距离安装有若干喷淋头，将冷却水呈细水柱状喷射到型材表面，对型材进行冷却。由于喷淋式冷却水的喷射速度快，型材周围不会形成滞留的热水表面层，故冷却效率高、冷却均匀性好。从冷却水槽或喷淋水箱出来的型材表面不可避免地附着水，因此必须用压缩空气或其他方式将附着的水去除掉。

（4）定型模移动系统

型材挤出过程中，定型模口型的入口与机头口模之间的距离一般只有 10mm 甚至更小，若两者之间距离过大，熔体型坯会因自重而下垂，导致型材截面和尺寸的变化。在生产刚开始时，定型模口型的入口与机头口模之间一般应先有一段比较大的距离，以完成型坯的引模和牵引装置的夹持牵引，待型坯在真空的作用下与定型模型腔表面完全接触后，再将定型模慢慢移向机头口模。另外，生产结束或突然出现故障（如型坯卡住或拉断、型材中进水等）时，必须将定型模快速移离机头口模，否则冷却水可能会泼洒在机头上。

（5）操作控制盘

操作控制盘是整个异型材成型辅机控制系统的一个组成部分，一般置于冷却定型装置靠近机头一侧的上方，于操作者在观察型材成型过程的同时实施操作。操作控制盘一般有真空泵的启停、牵引速度的显示及调节、装置的前后移动、紧急停机等几个功能。

5.1.5 挤出异型材牵引装置有哪些类型？各有何特点？

挤出异型材的牵引机类型主要有滚轮式、履带式和传动带式三种。

图5-9 履带式牵引机

（1）滚轮式牵引机

滚轮式牵引机由2～5对上下牵引滚轮组成。滚轮和型材之间面或线接触，牵引力小，只适用于小型异型材制品的生产。要注意滚轮的形状和尺寸应与异型材的形状和尺寸相适应。

（2）履带式牵引机

履带式牵引机由两条或两条以上的履带组成。由于牵引履带与型材的接触面积大，牵引力也较大，而且不易打滑，特别适用于薄壁或型材尺寸较大的制品，注意履带的形状须与异型材的轮廓相适应，如图5-9所示。

（3）传动带式牵引机

传动带式牵引机主要由橡胶带和压紧辊组成。压紧力可调，靠压紧力所产生的摩擦力牵引型材，主要适用于薄壁异型材。

5.1.6 挤出异型材机头的基本组成如何？主要有哪些结构形式？

（1）异型材机头的结构组成

机头是制品成型的主要部件，其作用是将挤出机提供的圆柱形熔体连续、均匀地转化为塑化良好的，与通道截面及几何尺寸相似的型坯。再经过冷却定型等过程，得到性能良好的异型材制品。异型材机头的类型有很多，通常根据成型制品形状不同而有所差异，但基本上都由机头体、分流器、分流器支架、口模、芯模等几个部分组成。

机头体是组装机头各零件并与挤出机相连接的部件；分流器位于机头的内部，作用是使塑料形成一个压缩的空间，使熔料压实，还能使料层变薄，进一步塑化均匀；分流器支架是用来支承分流器和芯棒的部件；口模是成型异型材外表面的部件；芯模是成型异型材内表面的部件。

（2）异型材机头的结构形式

异型材机头可分为板式机头和流线型机头两大类。板式机头为板式型材机头，它是由几块钢板加工后组合而成，口模板是成型带状产品的，当更换夹持在机颈和夹板之间的口模板时便可得到不同形状的制品，机颈是过渡部分，它的内孔尺寸由挤出机的内孔逐渐过渡到与口模板成型孔接近的尺寸，并且比该孔稍大，如图5-10所示。其结构简单，成本低，制造快，调整

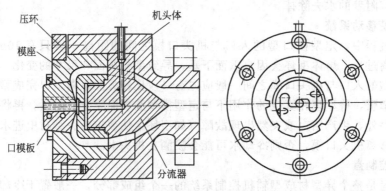
图5-10 板式机头结构示意图

及安装容易。但由于流道有急剧变化，物料在机头内的流动状态不好，容易形成局部物料滞流和流动不完全的死角。因此操作时间一长，易引起该处物料分解，分解产物会严重影响产品质量，故连续操作时间短，特别是热敏性塑料，如硬质聚氯乙烯等。因此，板式机头多适用于聚烯烃、软质聚氯乙烯制品的生产。由于在口模板入口侧形成若干平面死点，设计时应尽量减少，以减少物料分解的可能。

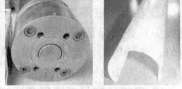

　　流线型机头包括多级式流线型机头和整体式流线型机头。在流线型机头中，当制品尺寸比挤出机出口尺寸小时可采用整体式流线型机头，机头流道比较简单，它由流道逐渐变化的过渡段和直接成型制品的口模（流道尺寸不变的平直部分）所组成，如图 5-11 所示。

图 5-11　整体式流线型机头

　　当制品尺寸比挤出机出口处尺寸大时则采用多级式流线型机头，流道可以由发散段、分流段、压缩段和定型段组成，如图 5-12 所示。流入段的流道尺寸逐渐扩大，再到过渡段经压缩段进行压缩，将机头的圆形截面逐步转变成口模的断面形状。这种转变应均匀而缓慢地进行，熔融物料逐渐被加速，在整个断面上各部位的平均流速应基本相等，防止流道内有任何死角和流速缓滞部分，避免造成物料过热分解。口模成型段的作用除赋予制品规定的形状外，还提供适当的机头压力，流道中的流动阻力主要在口模处产生，使制品具有足够的密度。另外，熔体在分流段和压缩段因受压变形而产生的内应力可在平直的口模内得到一定程度的消除，以减少挤出物的变形。多级式流线型机头如图 5-13 所示。这种流线型机头可使加工和组装简化，成本降低，为了便于机械加工，每块板的流道侧面都做成与机头轴线平行，将各板流道进口端倒角做成斜角，最好能与上一块板相衔接。这种机头一般用于硬质聚氯乙烯异型材的成型。机头设计时，一般要求口模间隙 δ 为制品壁厚的 $1.03\sim1.07$ 倍；机头压缩比 ε 为 $3\sim6$；机头定型段长度 L 为口模间隙的 $30\sim40$ 倍。

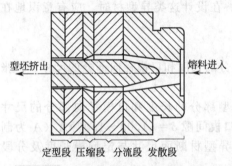

型坯挤出　　　　　　　　熔料进入

定型段　压缩段　分流段　发散段

图 5-12　多级式流线型机头结构示意图

图 5-13　多级式流线型机头

5.1.7　在挤出异型材机头的设计上应主要考虑哪些方面？主要结构参数应如何确定？

（1）异型材机头的设计应考虑的方面

　　① 机头应具有可调性，即可通过调整调节阀及限流栓或限流阀来调节流道的形状，或通过改变口模温度对温度进行调节，以将熔料均布于流道中，使物料以匀速从机头内挤出。

　　② 流道应流畅并有对称性。为使熔料运动流畅，流道要呈光滑的流线型，避免有突变区、死角及滞留区；外侧转角圆弧至少为 0.4mm 或壁厚的 1/2。同一部位的内外侧转角圆弧以同心圆弧过渡为好。在条件允许时，以尽可能取大圆弧过渡为佳。

③ 流道应能形成压力并有足够强度。为使制品密实和消除分流器支架所造成的接合线，机头流道也要有一定的压缩比，以使物料在机头内产生所需要的压力。由此，机头结构设计必须在这种压力下具有足够的强度。

④ 结构既要紧凑，又要容易加工、制造，还应装拆和维修方便，以便满足机头经常清洗更换的需要。

⑤ 在保证壁厚均匀的基础上，还要特别考虑使制品断面不发生畸变，旋转式机头（编织网机头）必须保证密封问题等。机头流道的纵截面设计要避免壁厚太大，以使传热均匀、压力均匀、流量均匀。常用 RPVC 异型材的最小壁厚为 0.5mm，最大为 20mm，但具有商品价值的壁厚应为 1.2～4.0mm。

⑥ 塑料异型材断面很难达到高精度。在满足使用要求的前提下，以选用低精度为宜。

⑦ 塑料异型材表面粗糙度主要取决于模具流道和定型模的粗糙度，其次与塑料品种及模温控制精度有关。一般取 $R=0.8mm$ 为宜，透明材取 $R<0.6mm$。

⑧ 在中空异型材内部，若需设置具有功能作用的隔腔或加强肋时，其厚度必须小于型材壁厚的 20%。否则，肋或隔腔将发生屈挠变形，难以起到预定功能的作用。肋或隔腔的间距不能过小，并且防止非对称布置，以有利于模具的结构设计。

⑨ 在设有肋或隔腔壁的背部常常会出现凹陷条痕。在设计这类异型材时，应有意识地在该部位设计若干沿条痕方向的掩饰花纹。

(2) 主要结构参数的确定

挤出异型材机头结构的主要设计参数有口模定型部分的长度和口模径向部分的尺寸、扩张角、压缩比、收敛角及分流角等。

口模使物料获得一定的形状和尺寸，通常口模定型部分的长度和口模径向部分的尺寸直接影响异型材的结构尺寸。设计机头口模时，一般口模间隙 $\delta=(1.03～1.07)A$（A 为制品尺寸），定型段长度 $L=(30～40)\delta$。表 5-1 所示为异型材断面尺寸与定型模长度及分段参考。

表 5-1 异型材断面尺寸与定型模长度及分段参考

异型材截面尺寸/mm		定型模总长度/mm	可分段数
壁厚	高×宽		
≤1.50	≤40×200	500～1300	1～2
1.50～3.0	≤80×300	1200～2200	2～3
≥3.0	≤80×300	≥2000	≥3

当异型材截面高度小于料筒内径，而宽度大于料筒内径时，机头过渡体内腔的扩张角 α 应控制在 70°以下。扩张角太大易造成挤出不稳定和制品外表面粗糙。对于 RPVC 等热敏性塑料应控制在 60°左右。

分流锥支架出口处截面积与异型材口模流道截面积之比，即压缩比的大小，主要取决于塑料原料特性、状态及异型材壁厚，一般压缩比在 3～12 范围内选取。

熔料离开分流锥支架后，应能很好地熔合形成异型材管坯。因此，应有一个收敛角（亦称压缩角），通常取 25°～50°；型芯分流锥的分流角一般小于 80°。

5.1.8 高速挤出异型材的成型模具的结构有何特点？

(1) 模头的总流程应比普通异型材的模具适当加长，以维持保压时间大致相当。

(2) 应采用限流筋，减少不同面交汇处料流的相互干扰。

(3) 内筋尽量采用单腔供料，减少料流的相互干扰和便于修模。

(4) 定型模的结构、水-气路布置应相互兼顾。

(5) 一般应采用真空定型水箱，总体长度要适当加长（一般可达 4～9m），而且真空度要合理控制，水流稳定。

(6) 生产前一定要充分地进行试模，试模的目的主要是检查生产的型材符合图纸和配合要求以及有关标准。主要检查项目有型材尺寸精度、壁厚、形位公差要求、表面质量以及低温冷冲、焊角强度等理化性能；检查物料特性与成型模具的适应性；检查挤出设备与挤出模具的适应性；调节合适的成型工艺条件，以与挤出模具相适应性；并检查成型重复精度与工作稳定性。

5.1.9　共挤型材模具流道的结构有哪些类型？生产中应如何选用？

共挤型材模具流道的结构形式有"直通式"、"返回式"、"类衣架式"和"木纹成型"共挤流道等多种类型。生产中要根据型材截面形状的不同、共挤材料的不同及共挤面包覆的大小，采用不同的共挤流道结构。

(1)"直通式"共挤流道结构简单、加工方便，但共挤各面熔体的压力和流速相互牵制，不太容易调整到完全一致，一般多用于 PP、PVC 等的共挤出。

(2)"返回式"共挤流道有足够的熔料腔和足够长的流程，能消除各点由于流程长短的差异造成的共挤料厚度的不均匀，但熔料腔大、流程长，一般不适用于热稳定性较差的 PVC 和木质纤维增强 PVC 树脂类的共挤料，以免物料分解变色等。此外，由于共挤料在流道里的存料较多，若生产过程中更换共挤料的种类或颜色，会造成很多废料，主要适用于流动性、热稳定性较好的 ASA、PMMA 共挤料的挤出。

(3)"类衣架式"共挤模具的流道和料腔都是开放的，熔体的压力和流速比较容易调节平衡，这种共挤流道适用于所有共挤料的挤出。

(4)"木纹成型"共挤流道主要用于仿木纹型材的共挤成型。

5.1.10　挤出表面结皮芯层发泡异型材的设备由哪些部分组成？各有何特点？

(1) 组成部分

挤出表面结皮芯层发泡异型材的设备主要由挤出机、机头口模、定型装置、冷却装置、牵引装置及切割装置等部分组成。

(2) 设备特点

① 挤出机　挤出表面结皮芯层发泡异型材时，一般可采用单螺杆挤出机，而硬质 PVC 的挤出应采用双螺杆挤出机。但挤出表面结皮芯层发泡异型材用的挤出机一般要求挤出传动系统动力要足够大；挤出主机螺杆长径比要足够大；挤出机必须能产生足够的熔体压力，以防止提前发泡；挤出螺杆混合性能应较高，以保证塑料和各种助剂混合均匀；挤出系统要耐磨、耐腐蚀；温控系统的控温精度要高。

② 机头口模　口模成型部分是成型表面结皮芯层发泡型材制品的关键部分，它决定表面结皮芯层发泡制品的尺寸、形状、密度和表面状态。图 5-14 所示为木塑发泡型材机头口模。口模的出口部分通常设置有结皮装置，而且能进行较为精确的温度调节控制；口模内部熔体流道的断面逐渐缩小，在模头前端达至极限，使熔体具有较高的压力，并且压力可调，以防止熔料提前发泡；出口口模处阻力小，各流道表面光滑，无死角，耐磨、耐腐蚀。

③ 定型及冷却装置　定型及冷却部分完成表面结皮芯层发泡制品的冷却和最后的定型，它决定表面结皮芯层发泡型材尺寸稳定性和最终的性能。

由于表面结皮芯层发泡的传热性差，定型模和冷却装置应适当长一些，定型模的长度为 250～350mm。图 5-15 所示为木塑发泡型材定型及冷却装置。材料用热传导性能优良的铜或铝合金。一般做成上下对半开,这样操作会方便些。

图 5-14　木塑发泡型材机头口模　　　　图 5-15　木塑发泡型材定型及冷却装置

定型装置可用水冷并抽真空,以保证制品的尺寸精度。一般定型模设置在离口模 25～300mm 处,随制品形状和牵引速度而变化;在定型模后部应安排冷却水槽,以保证异型材的充分冷却。一般冷却水槽的总长度为 3～8m。对于壁厚不均匀的制品,可在冷却水槽中安装一些喷水器,加强壁厚处的冷却,以免制品因冷却不均匀而发生变形。

另外,因表面结皮芯层发泡后要收缩,故定型部分需要考虑与制品最终尺寸保持一定的比例以及发泡后收缩矫正放量;定型及冷却装置内表面粗糙度应比口模适当地高些。

④ 牵引与切割装置　表面结皮芯层发泡制品冷却定型后,需要由牵引设备将其引离机头和冷却水槽,牵引设备的合适与否对制品的密度、泡孔结构、尺寸和出料的均匀性有很大的影响。

由于表面结皮芯层发泡制品出口阻力大,所以牵引动力要求比常规大;表面结皮芯层发泡制品具有一定的可压缩性和弹性,刚性较差,因而接触压力不宜太高,所以要求牵引设备与制品直接接触的部分摩擦系数要较大,而且必须具有无级变速的牵引速度调节装置,以便适应不同材料、不同制品尺寸所需的牵引速度。

图 5-16　木塑发泡型材
牵引与切割装置

在表面结皮芯层发泡制品的连续生产线上,配备有自动的定长切割装置,这一部分的作用是将最后制品的长度控制在确定的尺寸以内。切割装置要能可靠地确定制品长度;刀具要有较高的耐磨性、耐腐蚀性;采用金属锯片切割时,注意合理的切削角度,避免过高的动力消耗和噪声;切削速度可调,避免过高的切削速度引起制品端面出现焦痕;切割装置设有良好的排屑和收屑装置,以免污染环境。图 5-16 所示为木塑发泡型材牵引与切割装置。

5.1.11　生产塑钢型材的模具结构有何特点?

(1) 塑料与金属共挤出异型材是在模具内完成两种材料的共挤复合的,共挤出模具内有金属内衬的通道,也有塑料熔体的通道。熔体从挤出机挤出后从连接头进入口模,经过分流板流道转向区进行转向和分流重排,通过口模分流区对物料进行进一步分流细化,在口模的压缩区压缩成型后进入口模成型区;而金属材料则经折弯机成型后通过金属导向板进入,通过多块口模板形成的单独通道与熔料在口模汇流区汇流挤出,再通过冷却定型生产出复合异型材。

(2) 金属内衬在模具内的通道可以设计在型芯的内部,也可以设计在模板里,或在塑料与金属共挤出模具结构里。

(3) 在模具内应设置金属内衬的定位装置,以保证塑料与金属共挤出成型的制品具有较高的尺寸精度、形状精度及致密性。金属内衬的定位装置一般设置在与塑料复合之前的汇流点上,即金属内衬通道的入口段是放大的,直到距通道出口 1～40mm 的地方将通道截面减小,使其与金属材料的间隙保持在 0.01～1mm，以确保金属材料的精确定位及防止塑料回流进金属通道将其堵塞。

（4）熔料与金属复合长度一般在 1～60mm 范围内较为合适。在实际生产中，复合长度过长会导致机头压力过大，塑料熔体容易回流进金属内衬的通道中，而且由于各面压力不一定完全相等，金属内衬会有轻微的颤动，生产不稳定；复合长度过小，塑料与金属的复合强度会下降。

5.2　异型材挤出机组操作与维护疑难处理实例解答

5.2.1　异型材挤出机组的操作步骤如何？

（1）开车前的准备

① 对挤出生产的物料要进行预干燥，必要时还要进一步干燥。

② 检查各部件和水路、气路系统是否处于正常、安全可靠状态，需润滑的部位应有充足的润滑油，运转部分要定期加入润滑油。整个挤出、定型系统要初步对中，待挤出制品正常后再锁定位置。

③ 将机头、机身和螺杆预热到工艺要求的温度，同时开通料斗底部的冷却套，通入冷水。待机头达一定温度后，再对机身加热。

④ 各部分达到规定温度时，再恒温一段时间，一般为 0.5～1h，以使挤出机内部温度均匀。然后把机头部分连接螺栓趁热拧紧，检查连接状况，以保证运转时不发生漏料。

⑤ 检查加料斗和剩余料，不得有异物存在，尤其是金属和其他坚硬杂物，以免损坏挤出螺杆或料筒。

⑥ 更换过滤网，检查机头是否符合产品品种、尺寸要求，机头各部件是否清洁。

⑦ 清理操作现场，保持主机和辅机设备及操作台的整洁，将物料、制品、工具摆放得井然有序。

⑧ 启动各运转设备，检查运转是否正常。

（2）开机步骤

① 待各运转设备运转达到正常后，挤出机的螺杆转速由低逐渐调高，同时观察物料塑化情况和口模各部的出料情况，视挤出情况调整各部温度，直至正常生产状态。

② 在挤出物正常情况下，启动双螺杆挤出排气段的真空系统，排除挥发物。

③ 将挤出物引入定型模、水槽和牵引装置。调整定型模使之与机头同心、同线；调整牵引块的中心高度，并且以适当压力压紧型材，调整牵引速度使制品壁厚基本合乎要求。

④ 打开冷水、真空泵，锁紧定型箱，使制品贴附于定型套上，观察型材的壁厚、尺寸是否合格，制品有无弯曲和翘曲，并且依实际情况分析异常现象的成因，相应进行调整。

（3）停车

① 生产一定周期后或因故停车时，首先停止正常加料，然后排除生产料（单螺杆挤出）或加入停车料顶替生产料（双螺杆挤出）再停车。正常停车时，使用停车料排除生产料的机头被卸下后可保存，待下次生产时再用。非正常停车或因机头故障停车时，机头被卸下后应拆开清理。

② 意外情况需短时停车时，应切断电源，故障排除后可重新加热，逐渐替换排除滞留物料，再进入生产状态。短时不能修复时，应用人工排除滞料，并且拆卸机头进行清理。大型多机台生产厂，最好有备用发电机组，应启动备用电源，进行排料清料工作。

③ 机头拆装、清理时应使用专门工具，通常应用铜质工具清理机头内部积料，机头内的

结垢只能用上光砂纸磨光。

④ 定型模内存水宜用空气吹净，真空孔与真空室处的料屑被清理干净后，抹干、涂油保管。

5.2.2 异型材的挤出操作应注意哪些方面？

(1) 操作人员必须熟悉自己操作的挤出机，开车前应详细检查各部件的情况，运转机构是否正常，润滑系统是否符合规定，电气系统是否正常，仪表是否正常，温度控制是否灵敏，冷却水是否畅通。

(2) 机器要经常保持清洁和良好的润滑状态，经常检查各齿轮箱的润滑油面高度，检查恒温油箱的液面高度，正常使用半年左右应更换各类油品。

(3) 经常检查和清除磁力架上的金属杂质，防止损坏机筒、螺杆。

(4) 每次开机时要由慢到快，逐步提高螺杆的转速，而不能突然大幅度提高螺杆转速。

(5) 开机待物料从机头挤出后缓慢引至定型冷却装置，并且用牵引绳牵引至定型模中，再调节合适的牵引速度及定型模与机头的距离。

(6) 在运转过程中如发现机器不正常，应立即停车检查，排除故障后再启动。

(7) 当需要停机时，应正常停机，在停机前必须用清洗料将螺杆、机筒之间的余料排空，以免残余的物料分解造成腐蚀。

5.2.3 异型材挤出机头的加工与装配方面有何要求？

(1) 加工方面的要求

异型材挤出机头加工方面要求主要有粗糙度、尺寸、形位公差等方面的要求。

① 粗糙度的要求　机头主要零件的表面粗糙度直接影响机头的精度，是考核机头的主要参数之一。机头制造的型材制品的表面质量主要取决于机头流道表面粗糙度。机头主要零件的表面粗糙度要求应考虑零件所处的工作环境、熔融物料接触表面、流道的分型面和零件间的配合面，表面粗糙度选择应该适当。凡是熔融物料流经的表面其粗糙度不低于 $Ra0.2\mu m$，对于加工困难的部位，如分流栅板处也不应低于 $Ra0.8\mu m$。

机头流道需光滑过渡，接触面应紧密贴合，不得出现泄漏及滞料，因此，所有与熔融物料接触的分型面和贴合面的粗糙度应保持在 $Ra0.8\sim1.2\mu m$，不可降低，否则在机头压力较高的情况下，将出现滞料和溢料等现象。

机头零件间的配合面和粗糙度主要根据设计要求适当选择。不可忽视的一点就是机头在 200℃ 左右环境下工作，并且要经常拆卸，因此，应尽量提高配合面的粗糙度。

通常 UPVC 中空异型材的定型模型腔内表面粗糙度应不大于 $Ra0.2\mu m$，其他材料的中空异型材定型模型腔内表面粗糙度视型材表面要求而定。如 PMMA、ABS、PS 等中空异型材的定型模型腔内表面粗糙度应取 $Ra0.8\sim1.2\mu m$；PA、PE 等异型材定型模型腔内表面粗糙度应不大于 $Ra0.6\mu m$。

② 尺寸方面的要求　塑料异型材机头尺寸公差的要求取决于型材制品的要求，而型材制品尺寸精度取决于成型过程和所使用的材料。决定因素包括制品形状、物料特性、模具结构设计因素、工艺因素和使用要求。在一般情况下，机头的径向尺寸偏差不应低于 GB/T 1800—2009 产品几何技术规范（GPS）极限与配合中的 H_9 和 H_8。异型材定型模型腔径向尺寸偏差应根据型材的要求而定，一般应比制品高一级。通常应不低于 GB/T 1800—2009 产品几何技术规范（GPS）极限与配合中的 H_{11}。

③ 形位公差的要求　异型材挤出模的模头和芯模定型部分的平行度、垂直度、对称度应不低于 GB 1182—2008 产品几何技术规范（GPS）几何公差（形状、方向、位置）和跳动公差标注中的 9 级精度。其定型模型腔内表面的平行度、垂直度、对称度应不低

于 GB 1182—2008 产品几何技术规范（GPS）几何公差（形状、方向、位置）和跳动公差标注中的 10 级精度。

（2）机头装配方面的要求

① 机头总装配后应保证整个流道过渡圆滑。

② 内腔表面的各分型面与拼合面应紧密贴合，不得有台肩和死区，而且密封良好，不得有泄漏。

③ 经常拆卸的配合部位，应保证合理的过盈量和合理的间隙值。机头型腔与芯体之间的间隙要均匀。

④ 机头总装配后各模块外形应一致，保证机头上安装加热器的表面应与加热器保持良好接触。

⑤ 异型材定型模装配后，各水路和真空回路畅通，不得相互穿通。

⑥ 定型模入口特别是第一节定型模入口应倒圆、抛光，不允许有阻滞型坯现象。定型模开启应灵活自如。

⑦ 几节定型模中的下定型面高度尺寸差值不应大于 0.2mm，型腔中心同轴度偏差不大于 0.2mm。

⑧ 模具外形应整洁。一般来说，机头的装配精度要达到 2～3 级；凡螺纹连接部分采用 3 级精度；非配合件可用 4～5 级。机头各零件间的配合选择要考虑到受热膨胀因素。

5.2.4　生产中型材模具的拆装操作应注意哪些问题？

（1）拆模时应根据生产计划安排，专人负责指挥。

（2）拆模前先根据实际情况加入或不加少许停机料，尽量把料筒内生产的物料挤出模具口为止，按生产或使用判断，需半拆模还是解体拆模。

（3）拆装螺钉、螺帽一般顺时针方向为紧，逆时针为松，拆装螺钉、螺帽时必须按照逐个对称、对角方向顺序先全部旋松后，再逐个拆卸。

（4）解体拆模时应把全套模具的外模体、分流器支架、芯棒等各零部件拆散后，取出残留的物料，清理干净各零部件上的粘料、杂料，检查模具确认完好无损后涂好防锈油，拼拢装好整套模具，放在指定模具架上。

（5）半拆模时应根据生产安排及模具结构，判定只需要更换芯棒、口模的模具，实行半拆模，即把口模和压板拆下，松脱芯棒拉杆螺帽或芯棒连接牙。取下芯棒，清理物料到可更换芯棒的位置，要注意保护好流道表面不受任何损伤。把预备好更换的芯棒、口模装上。然后把拆下的口模清理干净，如有损坏的需修复后，涂好防锈油，放在指定的模具架上。

（6）无论半拆模或解体拆模，必须对所有有必要上油的流道工作面涂油维护，对于难拆卸的螺钉、螺帽应事先上好油或蜡后，再进行拆卸，这样既可省力，又可减小对螺钉及工具的损坏。

（7）装模时应根据生产计划安排需换装模，首先找到模具，记住规格型号，查找对应的芯棒、口模，配齐该用的螺钉、螺帽、加热圈、定径套、密封板、印字设备及工具等，对不上型号的找负责人查对。

（8）检查过渡套的尺寸是否和模具与合流芯连接处相吻合，检查芯棒内若带加热装置的是否完好，并且进行模具油污、杂物等清理。

（9）模具若因久放而生锈或损伤时，应在修复或抛光好后，再逐件将机台与模具连接法兰片、模体、调模螺钉、口模压板、锁模螺钉后，调整好口模与芯棒之间的间隙，再用水平尺装平，按顺序装好各连接螺钉、螺帽，并且对角锁紧。

（10） 根据模具基体的外形尺寸装好加热圈（温度计、热电偶插孔应在上面位置），接好加热线和热电偶反馈线，并且牢记热电偶一定要插到位，拆换好定径套及真空箱密封板，或型材定型模上真空、冷却水连接管，并且与模具装水平。

（11） 装螺钉、螺帽首先应在螺钉、螺帽的丝口上涂上高温油脂，如二硫化钼等，按照逐个对称、对角顺序全部旋到位，视螺钉的大小可用适当的加力杆将扳手套上锁紧。

5.2.5　型材模具应如何清理与保养？

模具使用一段时间后，应该停机卸下模具进行清理、检查和保养。模具进行清理和保养的具体方法如下。

（1） 停机前应加清洗料，以便拆模容易，减少对口模的损伤。

（2） 在拆模时应使用木、铝、铜等柔性材料工具和软金属工具，严禁使用钢等硬性材料工具强行敲击模具。

（3） 清理定型模型腔面及真空槽内的异物、物料碎渣等，应轻拿轻放，避免磕碰划伤。

（4） 当水道堵塞或不畅时用压缩空气进行清理，在必要时拆开堵头螺钉进行清理。

（5） 对型腔面的细小划伤、点蚀等，应采用800目以上的金相砂纸进行抛光处理，对比较严重的损伤及点蚀，可局部堆焊不锈钢并加以修复。

（6） 暂时不用的模具经防锈处理后，存放在干燥、清洁、通风的库房内，严禁与化学品同库存放。

（7） 模具重新使用时应用中性油将模具内防锈油擦洗干净。

5.2.6　采用真空定型冷却时型材各部的真空吸附力应如何控制？

由于异型材的截面形状不规则，壁厚也不均匀，因此在真空定型冷却时各处的吸附力大小要求也不同，生产过程中为了能保证型材各处能分别与定型模内壁保持良好的贴附，通常采取的方法主要如下。

（1） 根据不同截面、壁厚来确定真空度的大小以及真空槽的位置。一般来说，如截面复杂，壁厚较厚或不对称，应选用较高的真空度；对型材角部常常增加真空槽，来防止型材塌角。

（2） 开机后，在牵引刚开始时要注意打开真空泵的时间。一般待型材进入履带压紧并与定型模内型材同速移动时，就可打开真空泵，加大真空吸附力。

（3） 普通型材在刚开始牵引时，可用尖头工具在外壁上扎数个小孔，让空气进入空腔内，以便型材容易被真空吸起来。

图 5-17　型材的真空定型

（4） 加大第一节定型模的真空度，如图 5-17 所示。第一节定型模单独使用一台真空泵，使真空度保持在 0.075MPa 以上。

5.2.7　为保证型材各部冷却均匀，在冷却装置的设计和操作过程中应注意哪些方面？

为保证型材各部冷却的均匀性，防止型材的变形、开裂等，在设计冷却装置时通常应注意以下几方面。

（1） 合理进行型腔尺寸设计，使各节定型模型腔尺寸变化尽量符合型坯的冷却收缩实际，保证型腔与型坯间良好地匹配，从而达到高效冷却的目的。

（2） 冷却水路的分布应充分考虑对应冷却区域型坯的厚度、型坯的面积、内筋的分布情况等，确保冷却的均匀性。为了加强空间狭小区域、多内筋区域以及凹槽、凸台等难以冷却的部位的冷却，可采用增大周围冷却水流量或在模体上局部镶嵌铜销等导热性能更优异的材料、采用异形水孔、从模头分流筋上向内腔通入高速气流以提高热交换效率，也可少量设置喷水孔（槽），使冷却水和型材直接接触，以显著增大局部冷却效果。图 5-18 所示为型材冷却装置结构。

在操作过程中，应注意定期检查定型系统水路、气路是否畅通；及时采用专用工具将污垢、析出物等清理干净；还应注意控制冷却水的质量，以保证冷却的效果。如生产 PVC 异型材时，冷却水的 pH 值为 6.5～8.5，水硬度 ≤12°DH；悬浮物浓度 ≤10mg/L；水温控制在 12～14℃，压力为 4～7Pa。

图 5-18　型材冷却装置结构

5.2.8　挤出型材过程中应如何保证型坯的平稳移动？

在挤出过程中，型材在定型通道中移动时，受到牵引力和摩擦阻力的双重作用，要保证型材在定型通道中平稳地移动，确保型材成型质量，通常可以采取如下措施加以调整。

(1) 当型材截面较大且凸台、沟槽较少时，可调节真空吸附力大小来控制摩擦阻力的大小，并且加以改善。真空吸附力的增大或减小，会使型坯和型腔之间的摩擦力相应增大或减小，从而调节型坯各部分摩擦阻力或与牵引力平衡。一般可根据要调节的范围采用开/关真空阀门、扩大或封堵局部真空孔的办法。

(2) 在模头出料均匀的前提下，注意观察定型模或水箱定型块型腔中是否出现挂料、卡（堵）模等不良现象。如出现挂料、卡（堵）模等时，应及时调整和清理定型模。

(3) 注意检查定型段型腔的对中性。

(4) 检查小爪部位在不同定型模之间的位置变化是否符合型材收缩梯度的要求，及时调整型坯的夹紧力。

(5) 检查水箱定型块是否可在上下、左右浮动，否则需要加宽定型块安装槽或直接修正定型块型腔。

5.2.9　型材挤出过程中应如何控制型坯各部等速挤出？

在型材挤出过程中，一般控制型坯各部等速挤出的办法主要如下。

(1) 合理设计模具流道，流道表面应呈流线型，整个流道没有急剧的扩张或压缩，一般扩张角或收缩角都小于 60°，尽量避免台阶、尖角、死角等；流道应光滑过渡，避免流道截面急剧变化，防止物料在模头内滞留时间过长，以免物料过热、分解。尽量为"长流道"结构，特别是对于尺寸大且复杂的型材截面和宽高比大的型材截面，长流道有利于降低熔体大分子的无序流动，均衡异型流道从入口到出口各点的流程，保证挤出型坯的致密度和流速的均匀。

(2) 保持模头定型段型腔主间隙的均匀性，根据型材截面要求，相同壁厚处的间隙差不大于 0.02mm。

(3) 经常检查加热电源或加热器是否烧坏并及时处理，确保加热温度均匀和温控准确。特别是对于已经调试合格并已正常使用的模具，突然出现某一侧整体出料异常（明显偏快、偏慢或烟料），应该立刻进行检查并排除。

(4) 注意温度的控制与调节，一般可相应提高出料慢一侧的温度或降低出料快一侧的温度，但温差不应大于 5℃，以免影响型材性能。温度的调节通常可通过微调模头各区的温度。

(5) 经常检查模头流道的状态，消除流道中积料或黏滞物，清除划痕，将型腔抛光至镜面，以利于等速挤出。

(6) 安装模头时，要仔细检查每块模板上定位销是否松动、下沉或脱落，检查定位销及销孔表面是否清洁，应在彻底排除上述可能的异常后再进行装配。

5.3 异型材挤出操作故障疑难处理实例解答

5.3.1 在型材的挤出过程中为何会出现模头出料不均匀的现象？生产中应如何来判断模头出料的均匀性？

(1) 产生原因

① 模头流道设计不合理　模头流道设计包括局部供料不足、模头平直段长度设计或压缩比设计不匹配等诸多因素。

② 模头间隙不均匀　异型材挤出模头流道系统结构复杂，其显著的特征是狭缝和沟槽多。由于狭缝的形成涉及型芯、型芯支撑板、定型板等多个零件，因此上述各零件的加工精度和配合精度对狭缝的均匀性具有显著的影响。另外，模头在调试或维护过程中经常需要拆装，而多次拆装后，也可能因磨损而造成模头定位元件定位精度降低，从而导致模头间隙发生变化。

③ 模头各面加热不均匀　模头各面加热不均匀经常造成模头出料不均匀。导致这一现象发生的主要原因有以下几个方面。

a. 加热板变形或模头表面不平整，造成加热板和模头接触不好。

b. 热电偶未实现和模头的良好接触。

c. 加热板加热功率不均匀。对于目前广泛使用的铸铝式加热板或多层不锈钢加热板，如果一套加热板各片功率有差异或同一片上功率分布不均匀，在使用过程中就会引起加热差异。

d. 如果某片加热器烧坏或加热电源线烧断，则加热不均匀度会进一步加剧，不加热的一侧出料慢、无光泽甚至发生糊料。

④ 挤出机出料有波动或不均匀也会造成模头出料不均匀。而挤出机出料波动或不均匀主要是螺杆和机筒间隙不均匀、挤出背压过大或挤出机加热不均匀等原因造成的。

(2) 判断方法

模头出料不均匀易导致型材向出料慢的一侧弯曲，如图 5-19 所示。模头出料均匀性的判定主要有"出料速度差异"和"型坯壁厚差异"两个指标。

图 5-19　模头出料不均匀

①"出料速度差异"的判定方法　当型坯挤出正常后，在模头出口处用专用铲刀迅速截取长约 20mm、塑化良好的型坯 4～5 片进行测量，若型坯纵向各侧面的长度误差（取各片的平均值）不超过 10%，则认为型坯挤出速度均匀性符合要求，否则需要对模头出料速度进行调整。

②"型坯壁厚差异"的判定方法　分析测量上述几个切片，若外壁、内筋等各处的厚度（因有离模膨胀效应，故此厚度并不等同于模唇间隙）对应比例关系和产品截面图上外壁、内筋等各处的厚度对应比例关系基本吻合——误差不超过 10%，则认为挤出型坯厚度误差符合要求，否则需对型坯壁厚差异进行调整。

5.3.2 挤出型材时在模头和定型模之间为何型坯出现间歇性的"胀大-缩小"，即"喘气"现象？应如何处理？

(1) 产生原因

挤出型材时在模头和定型模之间为何型坯出现间歇性的"胀大-缩小"，即"喘气"现象，主要是由于挤出的型坯在定型模中各侧面承受的摩擦阻力不一致，分布较悬殊，使型坯各侧面的移动速度不一致，而出现的型坯移动不平稳现象。

挤出型坯在通过定型模时，在真空吸附作用下紧贴于型腔壁，在型坯和型腔壁之间会形成较大的摩擦力。由于型坯纵向各侧面与定型模内壁接触面面积不同，进而所产生的摩擦力也不同，使型坯各侧面承受不同的轴向弯曲应力。因而当型坯沿型腔壁面移动时，便会产生较大的摩擦阻力。另外，异型材模具型腔通道中通常存在许多狭缝、沟槽，如局部型坯出料过快或定型模型腔尺寸偏小，则可能导致夹紧阻力的产生，如图 5-20 所示，最终使型材承受不均匀的轴向拉伸应力。同时，型材沟槽抱紧模体也会产生摩擦阻力。异型材模具流道中通常存在许多凸台，如定型模型腔尺寸偏大，特别是型腔通道后部，由于型坯已基本固化，凸台尺寸偏大可能导致产生抱紧阻力，最终使型材承受不均匀的

图 5-20　木塑异型材定型

轴向拉伸应力。还有设备或模具安装不同心，致使型材在定型通道中各侧面承受阻力也有所不同。另一方面，型坯经过定型模时伴随着冷却固化，因此型坯与模具型腔壁面之间的摩擦阻力会逐渐增大。

在挤出过程中，应保证型坯在定型模中移动正常、平稳，因此要求型坯各侧面所承受的摩擦阻力基本一致。如果型材各侧面承受的阻力分布较悬殊时，会导致型坯在模头和定型模之间出现间歇性的"胀大-缩小"现象，即"喘气"现象，此种现象同时伴随有真空表指针的大幅度持续摆动。还会由于型坯各侧面承受的拉伸应力差异较大，造成型材弯曲、型材的前进速度不均匀，严重时会使整个定型台产生有节奏的抖动，并且在型材表面形成颤纹，还易发生堵模现象等。

(2) 处理办法

① 调节真空吸附力大小来控制摩擦阻力的大小。因为真空吸附力的增大或减小，会使型坯和型腔之间的摩擦力相应增大或减小，从而调节型坯各部分摩擦阻力或与牵引力平衡。一般可根据要调节的范围采用开/关真空阀门、扩大或封堵局部真空孔的办法。

② 时常观察定型模或水箱定型块型腔中是否出现挂料、卡（堵）模等不良现象，如出现挂料或卡（堵）模时，应及时清理模具。

③ 经常检查小爪部位在不同定型模之间的位置变化是否符合型材收缩梯度的要求，及时调整夹紧力。

④ 检查水箱定型块是否可在上下、左右浮动，否则需要加宽定型块安装槽或直接修正定型块型腔。同时还应检查定型段型腔的对中性。

5.3.3　型材挤出过程中为何会出现定型冷却不平衡的现象？应如何处理？

(1) 产生原因

① 由于型坯出料不均匀或壁厚差异较大，使型坯截面各部位所持有的物料量和热量不同，所需要定型模各部位提供的冷却能力亦不同，易导致冷却不平衡。

② 冷却水道设计不合理，会导致型材各部分冷却速度不一致，在定型模中一部分型材冷却较快，而另一部分冷却较慢。

③ 由于型材截面的复杂性导致的冷却不平衡。型坯经过定型模真空吸附和冷却时，定型模真空吸附和冷却的首先是型坯可视面外壁，而型坯内筋得不到同步冷却。

④ 定型模长期使用会使冷却水路或多或少地产生水垢，并且导致水流量相应减少甚至局部水道阻塞，从而影响各部位冷却的均匀性。

(2) 处理办法

① 对于壁厚相差较大的型材，应适当加强对厚壁处的冷却，开大冷却水流量或多设置冷却水道等，尽量使型材各部位冷却速度和均匀性趋于一致。

② 及时清理冷却水路的水垢，防止冷却水流量局部降低甚至水道阻塞，而影响各部位冷却的均匀性。

③ 及时清理真空气路，防止析出物阻塞真空孔径，而降低真空吸力，导致型材不能紧贴定型模，影响热交换和冷却不充分或不均匀。

5.3.4　挤出型材时，机头挤出的物料速度不均匀，应如何处理？

型材挤出过程中若出现挤出物料流速不均匀，处理的办法主要如下。

(1) 调整机头温度，适当提高出料稍慢的一侧的机头温度，或降低出料稍快的一侧的机头温度。

(2) 清理机头流道，改善物料在机头流道内的流动状态，使其各部流速均匀一致。

(3) 修整机头流道来调整物料的流速。

① 机头流道中物料流速的调节　主要有局部物料限流法和疏流法两种。对于平直段的流速调节，由于平直段的流道形状和制品相似，而且沟槽、狭缝多，结构复杂，是影响物料挤出均匀性的主要区域。要达到模头不同间隙处出料的一致性，一般间隙小的地方平直段长度应相对较短，反之亦然。在机头维修时，平直段偏短且料流偏快的区域，可通过更换模板或补焊型腔来加长该部位的平直段长度，即进行限流；反之，通过更换或修正流道来减短定型段长度，即进行疏流。

② 内筋出料速度的调整　当内筋流速偏快时，可在机头模板上对应内筋入料口位置镶嵌阻流筋，如图 5-21 所示。当条件允许时，也可通过补焊方式减小内筋间隙；当内筋流速偏慢时，可增大或加长内筋入料口尺寸，也可适当加大内筋间隙尺寸。

(4) 在模头过渡段和分流段的修正：增加或减少阻流筋，使流道均匀分区，并且在保证强度的前提下，流阻筋应尽量薄。

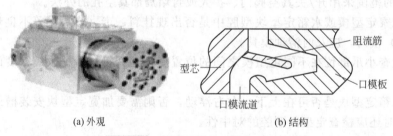

(a) 外观　　　　　(b) 结构

图 5-21　带阻流筋的型材机头结构

5.3.5　挤出型材时为何挤出机的扭矩升高、排气孔冒料？应如何处理？

(1) 产生原因

① 挤出机的喂料速度过快，所增加的剪切热不足以平衡所增加的给料量需要的热量，导致的塑料塑化不良，挤出机料筒内积存物料过多，而出现物料从排气孔溢出，而且挤出机的负荷增加，引起扭矩增加。

② 挤出速度过快，所增加的剪切热不足以平衡物料在给料段与压缩段停留时间减少而损失的热量，导致的物料塑化不良。

③ 配方采用 CPE 抗冲改性剂时，加工助剂添加量偏少，物料摩擦性能差，到排气孔时塑化不良。

(2) 处理办法

出现排气孔冒料的问题时，应综合分析考虑，判断排气孔冒料原因，不可盲目而定。一般的处理办法如下。

① 降低加料速度或挤出机螺杆的转速。

② 适当增加加工助剂，改善物料的塑化。

③ 适当提高挤出温度，降低物料的黏度，提高熔体的流动性。

5.3.6　型材挤出时，挤出机为何出现排气孔冒料，且扭矩下降的现象？应如何处理？

(1) 产生原因

① 配方中润滑剂过量，物料在挤出机内移动挤出速度过快，到排气孔时塑化不良。

② 挤出机螺杆与机筒轴向间隙过大，漏流严重。

③ 螺杆给料段、压缩段温度过高，导致物料"过塑化"，已转化为熔体的物料经历了压缩段第一次压力高峰后，到排气孔时应力释放，体积膨胀，黏附在螺棱端面，随螺杆转动被排气段机筒刮落在排气孔管壁上，积累到一定程度从排气孔溢出。

(2) 处理办法

① 适当调整配方，减少润滑剂的用量。

② 调整挤出机螺杆与机筒间隙，更换螺杆或料筒。

③ 检查排气孔处的物料是否有"过塑化"现象，若为"过塑化"时应降低料筒温度或调整加料速度与挤出速度之比。

5.3.7　共挤 PVC/PMMA 异型材时为何会常出现自动停机现象？应如何处理？

(1) 产生原因

共挤 PVC/PMMA 异型材时常出现自动停机现象的原因主要是由于机筒温度控制较低，造成物料黏度高，流动性差，使共挤机扭矩过高，电流过大，而使共挤机过载或过热保护装置起作用，自动停机以保护挤出机不至于损坏。

共挤 PVC/PMMA 异型材的生产中，由于 PMMA 的熔融温度范围比较窄，在熔融前几乎无明显的软化，故通常共挤 PMMA 层的螺杆是采用突变型螺杆。又由于 PMMA 玻璃化温度比较高，熔融以后熔体的黏度也较高，如果挤出过程中机筒温度偏低，就很易造成物料黏度高，使共挤机扭矩增大，电流增大，特别是挤出速度高时，易使共挤机出现过载现象。因此共挤过程中一般应采用低速挤出为佳。

(2) 处理办法

当出现共挤机突然自停的情况时，应将共挤机料筒温度适当提高，一般可设定到 210～230℃，以降低 PMMA 熔体的黏度，提高熔体的流动性。应注意当温度达到设定值后，重新开机时应对共挤机电机采用压缩空气强制冷却，以免电机因发热过大而损坏。如某企业采用 GCE-30T 共挤机生产 PVC/PMMA60 平开扇中梃的工艺控制如表 5-2 所示。

表 5-2　某企业采用 GCE-30T 共挤机生产 PVC/PMMA60 平开扇中梃的工艺控制

项目		参数	项目	参数
温度/℃	第一段	220	螺杆转速/(r/min)	32
	第二段	230	扭矩/N·m	74
	第三段	240	电机输入电流/A	8.1
	连接体	230		

5.3.8　共挤异型材时为何会出现突然断料现象？应如何处理？

(1) 产生原因

① 下料口过热而形成共挤料架桥时，共挤机即会出现断料现象。为了能保证共挤机长时

间连续稳定地正常生产，对共挤机机筒的冷却要控制好，特别是下料口处。

② 共挤机与机头的连接处温度控制不当，由于机头流道结构复杂，如温度控制不好，易使物料流动阻力大，流动不顺畅，而易发生阻塞、断料现象。

(2) 处理办法

共挤过程中出现共挤料突然断料的现象时，处理方法如下。

① 首先应检查下料口处下料的情况。若有下料不畅时，应该加大冷却水流量或降低冷却水温度，以加强对下料口的冷却；通常控制冷却水的回水温度在 40～45℃。

② 应该检查料斗中的共挤料，当过多过满也容易发生断料现象，操作者不要将共挤料加得过多，应该少量多次。

③ 检查共挤机与机头的连接处温度，必要时可在法兰连接处增加加热控制装置。

第6章
挤出板（片）材及其他机组操作
与疑难处理实例解答

6.1 挤出板（片）材操作与疑难处理实例解答

6.1.1 塑料板（片）材的挤出机组主要由哪些部分组成？应如何选用挤出机？

（1）机组的组成

塑料板（片）材的挤出成型是先将塑料按配方比例计量混合均匀后，再在挤出机中加热塑化、挤出，熔料通过狭缝扁平机头挤出成型板坯后，立即进入三辊压光机，由三辊压光机对其进行压光，再经冷却输送装置的冷却定型，牵引装置的牵引后，进入装置根据产品设定的计量长度进行切割（或卷取）。因此板（片）材的挤出成型的设备主要有塑料计量、混合装置、挤出机、机头口模、三辊压光机、冷却输送装置、牵引装置、切割（或卷取）装置等，生产机组的主要组成设备如图 6-1 所示。

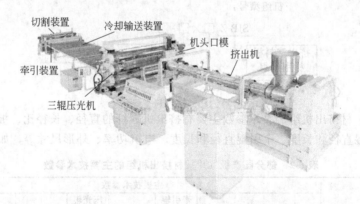

图 6-1 板（片）材挤出机组

（2）板（片）材挤出机的选用

① 挤出机类型的选用 板（片）材生产中，挤出机的选用不但会影响到产品的产量和质量，而且还会影响到生产原料品种、产品的规格尺寸大小等。用于挤出板（片）材的挤出机可以是普通单螺杆或双螺杆挤出机。普通单螺杆挤出机主要用于 HDPE、LDPE、PP、PVC 粒料等热塑性塑料板（片）材的成型，而排气式单螺杆挤出机主要用于 PS、PMMA 及 PC 等塑

料板（片）材的成型。采用单螺杆挤出机时，一般螺杆的直径在 65～200mm 之间，螺杆长径比大于 20，螺杆头部应设置过滤网。

PVC 粉料的直接挤出成型，一般可采用平行异向啮合双螺杆或锥形双螺杆挤出机，因其有良好的混合塑化功能。锥形双螺杆挤出机在塑料加工成型工艺条件基本相同的情况下能适应较大的机头压力，而平行双螺杆挤出机能适应较小的机头压力。

② 挤出机规格的选用　挤出板（片）材用挤出机的规格大小一般应根据挤出板（片）材宽度大小来选择，通常板材宽度越宽，要求挤出机的规格越大，但过大会影响挤出机效率的发挥。表 6-1 为螺杆直径的大小与挤出生产板（片）材宽度范围。选用平行双螺杆挤出机时，应根据塑料板（片）材截面的尺寸大小，确定挤出量，再由挤出量来选择双螺杆挤出机的规格。一般螺杆直径为 80～140mm，长径比小于 21，锥形双螺杆挤出机螺杆小端直径为35～80mm。

表 6-1　螺杆直径的大小与挤出生产板（片）材宽度范围

螺杆直径/mm	65	90	120	150
板材宽度/mm	400～800	700～1200	1000～1400	1200～2500

6.1.2　板（片）材的挤出机组的规格型号如何表示？有哪些主要技术参数？

板（片）材的挤出机组的规格型号的表示是按我国标准 GB/T 12783—2000 橡胶塑料机械产品型号编制方法中规定的型号编制方法来表示的。板（片）材的挤出机组型号是以字母加数字来表示，第一项是类别代号，通常用 S 表示塑料机械；第二项是组别代号，用 J 表示挤出成型机械；第三项是品种代号，用英文字母表示，如是片材挤出机组用"P"表示，板材挤出机组用"B"表示；第四项是辅助代号，用 Z 表示机组，第三项与第四项之间一般用短横线隔开；第五项是挤出机螺杆的规格参数，用阿拉伯数字□×□-□来表示，第一项数字表示螺杆直径，第二项数字表示螺杆长径比，第三项数字表示板（片）材最大幅宽；第六项是设计序号，表示对原结构的某些参数进行改进的次数，按 A、B、C、D 等英文字母的顺序选用，如是"A"可以省略不标，其表示方法如下所示：

机组型号：

$$SJB-Z\ \square \times \square - \square$$

挤出塑料板材用机组　　　　　　板（片）材最大幅宽

螺杆直径　　　　螺杆长径比

表征板（片）材挤出机组的技术参数主要有挤出机螺杆的直径、长径比、板（片）材最大宽度、产量、压光辊直径和长度、牵引辊直径和长度、电机功率、外形尺寸等，如表 6-2 所示。

表 6-2　部分国产板（片）材挤出机组的主要技术参数

产品名称	型号	主要技术参数										用途
		螺杆直径/mm	长径比	产量/(kg/h)	模口宽度/mm	牵引辊规格（直径×长度）/mm×mm	牵引速度/(m/min)	压光辊规格（直径×长度）/mm×mm	最大板宽/mm	电动机功率/kW	质量/t	外形尺寸（长×宽×高）/m×m×m	
PP 片材成型机组	SJP-Z90×30-800（PP-SJBPZ-90×30）	90	30:1	70	950	$\phi 200\times 1100$	0.8～8	$\phi 200\times 1100$	800	60	10	1.85×3.5×3.5	生产成型吸塑包装材料

续表

产品名称	型号	主要技术参数											用途
		螺杆直径/mm	长径比	产量/(kg/h)	模口宽度/mm	牵引辊规格(直径×长度)/mm×mm	牵引速度/(m/min)	压光辊规格(直径×长度)/mm×mm	最大板宽/mm	电动机功率/kW	质量/t	外形尺寸(长×宽×高)/m×m×m	
PP/PS塑料发泡片材机组(FDJ65/90RS1040)	SJEP-Z65×30/90×30-1100	65,90	30:1 30:1	60~70	片材厚度2~5		3~30		1040	155	15	1.85×5.0×3.5	生产成型装饰食品包装用发泡片材
塑料挤出地板机组	SJB-600	150	25:1	150~400	360	φ400×600	7~12	φ400×600		100	10	5.5×2.4×2.95	
PP片材挤出成型机组	SJB-600(SJY-610)				片材厚度0.3~1			φ450×610	600	4.5			生产塑料板(片)
塑料挤出板材机组	SJB-1200	150	25:1	50~300	制品厚度0.8~5	φ500×1200	0.12~2.4	φ250×1200	1200	157	15.15	13.34×2.4×1.82	

6.1.3 挤出板（片）材机头的结构形式应如何选用？

目前挤出板（片）材用的机头主要是采用扁平机头，扁平机头按其流道结构分为支管式、衣架式、分配螺杆式和多层共挤复合机头等多种类型。

支管式机头的流道是与模唇口平行的圆筒形（管状）槽，可以储存一定的物料，起分配物料及稳压的作用，使料流稳定。通常圆筒形（管状）槽越大，储存的物料就越多，料流越稳定、均匀。机头内有了阻力调节块可以调节物料流速，使物料出口均匀一致。这种机头结构简单，机头体积小，重量轻，操作方便，但物料在机头内停留时间较长，易引起物料的过热变色、分解，主要适用于 PE、PP、PS、ABS 等板（片）材的挤出成型。

分配机头内设置有一根螺杆，螺杆靠单独的电动机带动旋转，使物料进入机头后均匀地分配至模具整个宽度内，然后等压、等速和等量地挤出模唇。改变螺杆转速，可以调整板材的厚度，板材挤出厚度的均匀性也可以通过模唇来调整。分配机头可以减少物料在机头内的停留时间，使流动性差、热稳定性不好的物料不易出现滞料分解现象。主要适用于高黏度物料、热稳定性不好的物料或制品幅宽大的板（片）材成型。多层共挤复合机头主要适用于多种物料的共挤复合板（片）材的挤出成型。

衣架式机头可挤出多种不同厚度规格的板（片）材，是目前应用最为广泛的机头。衣架式机头主要由机头体、侧板、阻力调节块、调节螺栓、上下模唇等所组成，其结构如图 6-2 所示。衣架式机头的流道呈衣架形，可储存少量的物料，以稳定料流，但圆形槽的截面积较小，可减少物料的停留时间，衣架式机头流道使物料的横向流速已趋于一致，薄膜厚薄均匀，其结构如图 6-3 所示。机头设置有阻力调节块，可以通过调节螺栓来调节物料的流速，使物料出口均匀一致。上下模唇间隙可调，通过调节上下模唇间隙，可挤出多种不同厚度规格的板（片）材，并且能生产 2m 以上的宽幅板材。

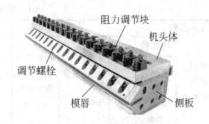

图 6-2 衣架式机头结构

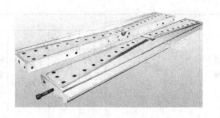

图 6-3 衣架式机头流道

6.1.4 挤板机组中三辊压光机的功能是什么？三辊压光机辊筒不同排列形式各有何特点和适用性？

(1) 三辊压光机的功能

三辊压光机通常是由直径为 200～450mm 的三个辊筒组成的。通常三辊压光机的中间辊筒的轴线是固定的，上下两辊的轴线可以上下移动，以调整辊隙。三个辊都是中空的，而且都带有夹套，可通入蒸汽、油或水进行温控。在挤出板材过程中，三辊压光机的主要功能是将从扁平机头挤出来的板坯立即进行冷却定型与表面的压光，同时还对板坯起一定的牵引作用，调整板材各点速度一致，以保证板材的平直。

三辊压光机中的第一辊与第二辊一起对板坯施加压力，把板坯压成所需厚度，使其厚度均匀，表面平整；第二辊还将板材压光以提高板材表面的光洁度，并且使板材冷却定型；第三辊起压光和冷却作用，辊筒的表面必须镀铬和磨光，辊筒的表面粗糙度 $Ra \leqslant 0.2\mu m$。在挤出过程中，三辊压光机与机头的距离应尽可能靠近，一般为 5～10cm。压光辊的圆周速度一般应有较大的调节范围，速比多在 1：20 左右，最大圆周速度为 2～8m/s。

(2) 三辊压光机辊筒不同排列形式的特点和适用性

三辊压光机辊筒的排列主要有直线式和倾斜式两种形式，如图 6-4(a)～(c) 所示。

(a) 直线式   (b) 直线式   (c) 倾斜式

图 6-4 三辊压光机辊筒的排列形式

图 6-4(a) 是三辊呈直线式排列，熔料从下辊与中辊进入，从上辊引出，这种形式可以增大下面的空间，主要适用于大型挤板机。

图 6-4(b) 是三辊呈直线式排列，但熔料从上辊与中辊间隙进入，从下辊引出，有利于物料的牵伸操作，一般较为多用，适用于大、中、小板材的生产。

图 6-4(c) 是三辊呈倾斜式排列，物料的包角大，对压光有利，但分离力产生的弯曲应力大，辊筒之间的距离小，不利于牵伸操作，主要适用于表面质量要求较高的板材的生产。

6.1.5 挤出板材牵引装置的结构组成怎样？板材的牵引速度如何调节？

(1) 牵引装置的结构组成

板材的牵引装置一般由一个主动钢辊和外面包着橡胶的从动钢辊组成，两辊靠弹簧或汽缸压紧，把板材压紧在钢辊上，牵引板材运行。主动钢辊由电机通过链条直接带动，如图 6-5 所示。在挤出板材过程中，通常由三辊压光机冷却定型后的板材即进入牵引装置，它可将板均匀地牵引至切割装置，防止在三辊压光机中辊间积料，同时还可将板材压平。

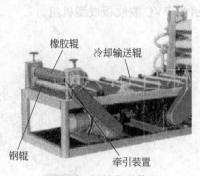

图 6-5 板材牵引装置

（2）板材牵引速度的调节

一般牵伸装置中牵引辊的速度能无级调节，以适应不同挤出速度的牵伸，而且两牵引辊之间的间隙也能调节，以适用不同厚度的板材生产。在调节两辊间隙时，一定要调节两个工作面的间隙均匀一致，避免两辊工作时，由于压力过紧而出现"跑偏"现象。

挤出时板材的牵伸速度应比三辊压光机速度稍大（5%～10%），以保持板材具有一定的张力，使板材冷却过程中不至于产生变形翘曲等缺陷，但速度也不能过快，否则会使板材产生较大的内应力，影响板材的二次加工。

6.1.6 挤出板材的在线切割方式有哪些？各有何适用性？

板材的切割方式目前在生产线上最常用的是锯切和剪切两种方式。圆盘锯切割装置的结构如图 6-6 所示，在进行锯切时，其锯片一方面高速旋转对板材进行切削，另一方面锯片会沿板材的横向进行送进，同时整个锯座还会沿板材牵引速度方向与板材完全同步前移，锯切时噪声较大，而且锯屑飞扬，切断处有毛边，但消耗动力比较小，结构较为简单。一般挤出生产硬质板材时常采用圆盘锯片进行切割。

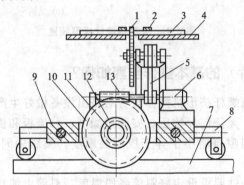

图 6-6 圆盘锯切割装置

1—圆盘锯片；2—压紧板；3—塑料板材；4—工作台；5—传动带；6—电动机；
7—导轨；8—纵行锯座；9—横行锯座；10—蜗轮；11—螺杆；12—螺母；13—蜗杆

剪切主要适用于软板（片）的剪切，一般在剪床上进行，切裁速度快，效率高，无噪声和飞屑，操作条件好，但剪床设备庞大而笨重。

6.1.7 波纹板波纹成型方法有哪些？其成型机组有何不同之处？

波纹板的成型方法主要有两种。一种是先成型 UPVC 板材，再将 UPVC 板材加热软化，经过一组带有圆弧状凹凸钢辊热滚压，即成波纹板，然后冷却定型、切断，即可得到波纹板制品。另一种是板坯从机头挤出后，立即通过波纹成型装置成型波纹，再经冷却定型、牵引、切割后得到波纹板。采用第一种方法成型波纹板时机组主要由挤出机、口模、三辊压光机、输送冷却装置、板材预热装置、波纹成型装置、牵引装置、切割装置、堆放装置等组成。图 6-7 所示为 PVC 波纹板成型机组。

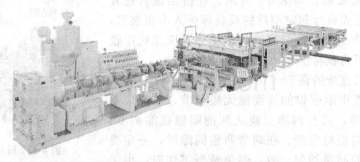

图 6-7　PVC 波纹板成型机组

采用第二种方法成型波纹板时机组主要由挤出机、口模、波纹成型装置、牵引装置、输送冷却装置、切割装置、堆放装置等组成。波纹成型装置设置在机头前，其结构如图 6-8 所示。挤出时，板坯离开机头后，立即被上下夹辊滚压而形成波纹状，然后再经冷却定型、牵引、切割后得到波纹板。

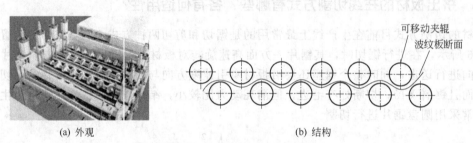

(a) 外观　　　　　　　　　　　　　　　(b) 结构

图 6-8　波纹板波纹成型装置

6.1.8　挤出成型板（片）的基本操作步骤如何？

(1) 首先按单螺杆或双螺杆挤出机操作规程对挤出设备做好生产前的各项检查准备工作。

(2) 确认料筒内清洁、无任何异物后，安装过滤网、分流板和机头模具，根据产品要求调整好口模间隙。模具唇口间隙应略小于等于板制品厚度，模唇中间间隙应略小于两侧端模唇间隙。

(3) 按原料塑化工艺条件要求设定好料筒各段温度，料筒由加料段开始至料筒与成型模具连接处温度逐渐提高；成型模具温度略高于料筒温度，高出温度控制在 5～10℃。模具两端温度略高于模具中间温度，高出温度控制在 5～10℃。

(4) 调开三辊压光机的辊距，打开控温装置，调至工艺要求温度。注意三辊的工作面温度应是进片辊温度略高些，出片辊温度略低些。

(5) 待挤出机达到开机状态后，低速启动螺杆，打开料斗喂料开合门（或低速启动喂料挤出机螺杆），对挤出机进行少而均匀、缓慢的喂料。

(6) 启动三辊压光机，开启冷却装置，打开冷却水供应系统，启动牵引装置。

(7) 片材挤出机头后，按三辊压光机要求入片形式入片，三辊的中间辊上辊面应与模具唇口下平面在一个水平面上；唇口端面与中间辊中心线平行，相距 50～100mm。

(8) 将板材引入展平辊、牵引装置、切割装置。

(9) 挤出基本稳定后，调节三辊间距至要求大小，辊筒间隙应等于或略大于板的厚度。

(10) 适当调节三辊运转速度、挤出速度和牵引速度大小，使其相匹配，直到达到制品厚度要求。

(11) 根据板坯在三辊辊面状态，适当调节辊面温度，当表面出现横纹，板坯不易脱辊时，应适当降低辊面温度；板坯表面无光泽时，应适当提高辊面温度。

6.1.9 挤出板材时，板材厚度应如何调节控制？

挤出板材时，板材厚度可通过模唇间隙及三辊压光机辊距和转速来调节控制。

模唇间隙一般应等于或稍小于板（片）材的厚度，物料挤出后产生膨胀，可通过调节牵引速度达到板（片）材厚度。为了获得厚度均匀的板材，通常应将模唇间隙控制为中间小，两边大。板（片）材厚度及均匀性还可通过调整口模阻力块，改变宽度方向各处的阻力大小，从而改变流量，调节厚度大小。厚度偏差较小时，可通过对模唇间隙进行微调来调节。

三辊压光机辊距一般应调节到等于或稍大于板材厚度，主要考虑物料的热收缩。三辊压光机的辊距沿板材方向应调节一致，在三辊间距之间还需要有一定量的存料，否则当机头出料不均匀时，就会出现缺料，板材表面会有大块斑等现象。但存料也不宜过多，过多时存料易冷却，这些冷料带入板坯时，易使板材出现"排骨"状的条纹。

板材的厚度还可以由三辊压光机转速来调节，三辊压光机的转速与挤出机的挤出速度存在一定的速比，可以对板坯起到拉伸作用，控制拉伸比的大小也可以调节板材的厚度。通常挤出过程中三辊压光机的转速比挤出机的挤出速度快 10%～25%，拉伸比为 1.1～1.25。但拉伸比也不能过大，否则会造成板材单向取向，使纵向拉伸性能提高，横向降低，导致板材各向异性，影响板材质量。

6.1.10 挤出过程中板（片）材的厚度是如何测量和自动调节的？

板（片）材挤出生产过程中是采用 β 射线自动测厚仪连续测量，测量时自动测厚仪不直接与板（片）材接触，利用放射性同位素放射出来的 β 射线在穿过被测板（片）材时，射线透过的强度与被测板（片）材厚度按一定关系衰减的原理，而通过测定单位面积质量来测定板（片）材厚度。测厚仪可沿板（片）材横向移动，如图 6-9 所示，将测得的厚度自动记录下来。测量快而准确，通常精度可达 0.002mm。测量出的数字信号可以在口模阻力调节器或螺杆转速之间建立反馈系统，再通过调节口模的阻力和螺杆转速来控制板（片）材的厚度。

图6-9 板（片）材的测厚

6.1.11 挤出 PVC 结皮发泡板材时，定型模板之间的间隙应如何调整？

生产 PVC 结皮发泡板材的过程中，定型模板对挤出的可发泡熔体板坯进行发泡定型，使其形成表面结皮、中间发泡的板材，并且可控制发泡板材的厚度及宽度。发泡定型模板通常是由几块模板组成的，每块模板的间隙取决于板材的厚度。由于板材挤出过程中逐渐被冷却而发生收缩，因此每道定型板的间隙大小不能相等，应随型坯的变化而变化，以控制好发泡板材的厚度，一般应沿板材牵引方向逐渐减小，而且变化的大小程度根据板材的发泡及冷却收缩来确定。通常发泡定型模板之间间隙的调整按第 1 道板与第 2 道板、第 2 道板与第 3 道板之间的间隙均匀递减 0.2～0.5mm 为宜，如果第 1 道板与其他板之间的间隙过大，很易导致堵模，还可能出现因发泡板从第 1 道板出来后，进入其他模板时因承受压力过大而导致破泡或密度过大的现象。表 6-3 所示为某企业生产 18mm PVC 结皮发泡板材定型模板间隙。

表 6-3　某企业生产 18mm PVC 结皮发泡板材定型模板间隙

模板	第 1 道	第 2 道	第 3 道	第 4 道
模板间隙/mm	19.6～19.8	19.0～19.2	18.4～18.6	17.8～17.9

6.1.12　单螺杆挤出板材时，螺杆的转速很稳定，但板材厚度为何会出现周期性的波动？应如何处理？

(1) 产生原因

单螺杆挤出板材时，螺杆的转速很稳定，但板材厚度出现周期性的波动现象，这是典型的挤出机下料不稳定而造成的，主要原因如下。

① 下料口处温度过高，物料出现粘连结块，使挤出下料口下料不均匀，而造成挤出机口模出料不均匀。

② 原料颗粒大小不均匀，在下料口处出现"架桥"，使下料不稳定，使挤出机挤出物料量不稳定，时多时少，而造成挤出片材厚度周期性波动。

③ 螺杆、机筒被磨损导致，使螺杆输送物料波动大。

④ 过滤网处杂质太多，没有及时清理，出现堵料引起口模出料不稳定，呈周期性变化。

(2) 处理办法

① 加强下料口处的冷却，降低下料口的温度，防止物料粘连。

② 增加物料颗粒的均匀性，物料充分混合均匀。

③ 更换或修补螺杆或机筒。

④ 及时清理过滤网，使用时尽量多加几层；对旋转式的过滤装置的转速应适当调慢。

如某企业在挤出 HDPE 片材时，片材厚度不稳定，时厚时薄，波动大，经检查发现挤出机料斗座的下料口处没有开冷却水进行冷却，下料口处的物料已经出现结块，使下料不畅。停机清除料斗口的结块物料，对料斗座开冷却水进行冷却后，开机生产即转为正常，片材厚度波动消失，产品质量稳定。

6.2　挤出包覆电线电缆操作与疑难处理实例解答

6.2.1　塑料包覆的电线电缆结构如何？挤出包覆电线电缆的工艺流程如何？

塑料包覆的电缆的基本结构主要包括导体线芯、绝缘层和护层三部分，如图 6-10 和图 6-11所示。导体具有较高的导电性，提供电流通路，传输电能，铜和铝为常用的导电材料，铜比铝的导电性能好。绝缘层是用于将导体与相邻导体保护隔离，要求具有较高的绝缘性能。护层分为内护层和外护层，它保护绝缘层不受外力的损伤和防止水分及潮气的侵入，应具有较好的密封性和一定的机械强度。塑料包覆的电线主要包括导体和绝缘层两部分。

图 6-10　护套软电缆

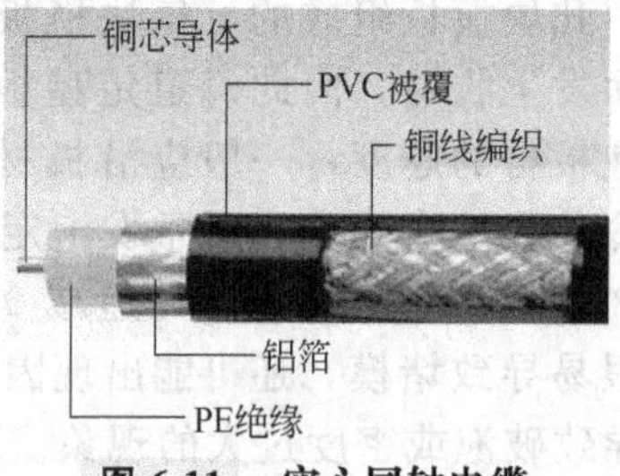

图 6-11　实心同轴电缆

挤出电线电缆包覆工艺的过程一般分为两步，一是制备电缆料，二是塑料电线电缆的包覆。电缆料是指用于电线电缆的绝缘和护套用的塑料材料，它是由基体树脂和助剂通过配伍、改性以后制备成粒料。电线电缆的包覆是由电缆料经挤出包覆制备电线电缆的过程，其工艺流程如下。

电缆料 → 塑化挤出
　　　　　　　　　　　　　→ 机头包覆 → 冷却定型 → 牵引 → 卷绕 → 制品
线芯 → 拉直 → 预热

6.2.2　挤出包覆电线电缆的机头的结构形式有哪些？各有何特点？

（1）机头结构形式

电线电缆的机头模具主要有挤压式、挤管式、半挤管式、高速挤出四种类型。

（2）不同结构形式的机头特点

挤压式机头是无嘴模芯与一般模套配合，模芯口缩到模套承线径后面，是靠压力实现产品最后定型的，塑料通过模具的挤压，直接挤包在线芯或缆芯上，具有塑料层结构紧密的特性，如图 6-12(a) 所示。模芯与模套配合角度及对模距离决定最后压力的大小，影响着塑料层质量和挤出质量；模芯与模套尺寸也直接决定着挤出产品的几何尺寸和表面质量，模套成型部分孔径是考虑解除压力后的"膨胀"以及冷却后的收缩等方面的因素。而模芯孔径的尺寸应严格控制，如果太小，则线芯通不过，而太大又会引起偏心。模芯内锥角与内承径之间的连接还必须是圆弧光滑过渡而不是锐角相接，否则将增加放线阻力。由于挤压式机头在挤出模口处产生较大反作用力，因此一般挤出产量较低。

挤管式机头是用长嘴模芯和一般模套配合，把模芯嘴伸到与模套口相平或略超出模套口，是在包覆于电线电缆线芯或缆芯前由模具作用成型，然后经拉伸包覆于线芯或缆芯上，如图6-12(b) 所示。挤管式模具充分利用了塑料的可拉伸特性，挤出厚度远远超过包覆所需厚度，所以挤出线速度可依塑料拉伸比的不同有不同

(a) 挤压式　　(b) 挤管式　　(c) 半挤管式

图 6-12　电线电缆机头模具类型

程度的提高。熔料是以管状成型后经拉伸实现包覆的，所以其径向厚度的均匀性只由模套的同心度来决定，而不会因线芯任何形式的弯曲而导致包覆层偏心。可采用抽真空挤出有效地提高塑料层与包覆线芯或缆芯结合的紧密程度。

半挤管式（或称半挤压式）机头是用短嘴模芯和一般模套配合，模芯嘴的承线径伸到模套承线径的 1/2 处，是挤管式与挤压式的中间形式，如图 6-12(c) 所示。采用这种模具，模芯尺寸可以适当放大，从而可避免挤压式因线芯外径变大出现刮伤、卡牢和外径变小而导致偏心的问题，还可避免胶层不实、线芯间空隙等问题。半挤管式机头挤出时可采用抽真空或不抽真空。半挤管式机头通常在大规格绞线绝缘中采用，以防止大外径（圆形）挤管式机头产生绝缘凹坑，导致厚度不合格、挤压产生偏心等问题，有效地保证绝缘质量。

高速挤出机头是采用两段锥角的模套与无嘴模芯配合的一种挤压式机头，高速挤出机头模套的锥角一般较小，圆锥长度较短，主要用于薄绝缘线缆的挤出。

6.2.3　挤出线缆包覆模应如何选配？选配时应注意哪些方面？

（1）线缆包覆模的选配方法

线缆包覆模一般由模芯和模套两部分组成。模芯的选配主要是根据线芯选配。而模套的选配一般应依制品（挤包后）的外径选配，并且根据塑料工艺特性，决定模芯和模套角度及角度差、定径区（即承线径）长度等机头的结构尺寸。这主要是由于挤出的塑料熔体离模后，一方

面受牵引、冷却的作用，会使制品挤包层截面收缩，而外径减小；另一方面由于压力下降，塑料熔体会出现离膜膨胀，因此挤出线径并不等于口模尺寸。离模后塑料层的形状和尺寸的变化与物料性质、挤出温度及模具尺寸和挤出压力有关。

挤管式线缆包覆模可根据拉伸比或根据经验推算来选配。所谓拉伸比就是塑料在模口处的圆环面积与包覆于电线电缆上的圆环面积之比，即模芯和模套所形成的间隙截面积与制品标称厚度截面积之比值，拉伸比（K）为：

$$K=(D_1^2-D_2^2)/(d_1^2-d_2^2)$$

式中　D_1——模套孔径，mm；

D_2——模芯出口处外径，mm；

d_1——挤包后制品外径，mm；

d_2——挤包前制品直径，mm。

塑料品种不同，拉伸比 K 也不一样，如聚氯乙烯 $K=1.2\sim1.8$，聚乙烯 $K=1.3\sim2.0$，由此可确定模套孔径。

在实际生产中，挤管式线缆包覆模的选配多是根据经验推算来选配的。表 6-4 所示为某企业线缆包覆模选配的推算公式。

表 6-4　某企业线缆包覆模选配的推算公式

类型		模芯/mm	模套/mm
挤压式	单线	导线直径＋(0.05～0.10)	导线直径＋2Δ＋(0.05～0.10)
	绞线	绞线直径＋(0.10～0.15)	绞线直径＋2Δ＋(0.05～0.10)
挤管式	绝缘	线芯外径＋(0.1～1.0)	模芯外径＋2Δ＋(0.05～0.10)
	护套	缆芯最大外径＋(2～6)	模套外径＋2Δ＋(1.0～4.0)

注：Δ 为塑料挤包层的标称厚度。

① 测量半制品直径　对绝缘线芯，圆形导电线芯要测量直径，扇形或瓦形导电线芯要测量宽度；对护套缆芯，铠装电缆要测量缆芯的最大直径，对非铠装电缆要测量缆芯直径。

② 检查修正模具　检查模芯、模套内外表面是否光滑、圆整，尤其是出线处（承线）有无裂纹、缺口、划痕、碰伤、凹凸等现象。特别是模套的定径区和挤管式模芯的管状长嘴要圆整光滑，发现粗糙时可以用细砂布圆周式摩擦，直到光滑为止。

③ 线缆包覆模选配时，铠装电缆模具要大些，因为这里有钢带接头存在，模具太小，易造成模芯刮钢带，电缆会挤裂挤坏。绝缘线芯选配的模具不宜过大，要适可而止，即导电线芯穿过时，不要过松或过紧。

④ 线缆包覆模选配要以工艺规定的标称厚度为准，模芯选配要按线芯或缆芯的最大直径加放大值；模套按模芯直径加塑料层标称厚度加放大值。线芯或缆芯外径不均匀时，放大值取上限；反之取下限。在保证质量及工艺要求的前提下，要提高产量，一般模套放大值取上限。

(2) 线缆包覆选配应注意的方面

① 16mm² 以下的绝缘线芯配模，要用导线试模芯，以导线通过模芯为宜。不要过大，过大将产生倒胶现象。

② 真空挤出时，选配模具要合适，不宜过大，若过大，绝缘层或护套层容易产生耳朵、棱、松套等现象。安装模具时要调整好模芯与模套的距离，防止堵塞，造成设备事故。

6.2.4　线缆包覆模应如何进行安装与调整？

(1) 线缆包覆模的安装

① 模芯的安装　线缆包覆模的模芯一般安装在模芯支撑器上，模芯与支撑器的连接方法有两种：一种是螺纹连接，即将模芯支撑器卡在台钳上，将选配好的模芯拧紧在支撑器上，然

后再将模芯支撑器装在机头上；另一种是支撑器与模芯采用相同锥度的紧密配合，靠挤出塑料熔体的反压实现连接。安装时可先将支撑器放入机头预热，待热胀后，再将凉模芯插入支撑器内锥孔，顶紧即可。

② 模套的安装　将选配好的模套嵌入模套座内，然后将模套座置入机头内腔，并且径向固定好，再装紧压盖，压紧模套。此时，压盖不要拧得太紧，否则，不利于初调偏心。

③ 共挤线缆包覆模的安装　共挤线缆包覆模安装时应遵循先热后冷的原则，装模顺序是：应先将十字机头加热，待其略膨胀后将模套装入机头；再拧紧模套紧固螺母；待模套稍热略膨胀后将内模装入；装上外模，拧上外模紧固螺母；如主、辅机同时工作时，应先将分流模加热，待其略膨胀后将外模嵌入分流模，待嵌有外模的分流模冷却后将其装入机头，拧上外模紧固螺母；拧上铜线导向螺母。在装模时应在各部件的接触面上涂抹高温润滑剂（如二硫化钼），以便更换规格时调换模具。

（2）线缆包覆模的调整

① 空对模　生产前把模具调整好，用肉眼把模芯与模套间距离或间隙调整均匀，然后把对模螺钉拧紧。

② 挤出对模　塑料塑化好后，调整对模螺钉，根据模口出料圆周方向的多少，一面挤出物料，一面调整，调整时应先松动薄处的螺钉，再拧紧物料厚处的螺钉；同时取样检查塑料厚度是否偏心，直到调整均匀为止，然后把对模螺钉分别拧紧。

③ 走线对模　把导线穿过模芯，与牵引线接好，然后跑胶，进行微调。等胶跑好后，调整好螺杆和牵引速度，起车走线取样，然后停车，观察样品的塑料层厚度是否均匀，反复几次，直到调整均匀为止，再把螺钉拧紧。主要适合于小截面的电线电缆的调模。

④ 灯光对模　适合聚乙烯塑料电线电缆。利用灯光照射绝缘层和护套层，观察上、下、左、右四周的厚度，调整对模螺钉，直到调整均匀为止，然后把螺钉拧紧。

⑤ 经验对模　利用手摸感觉塑料层厚度，调整模具。适用于大截面电线电缆的外护层。另外，也可利用游标卡尺的深度尺来测量塑料层厚度进行模具调整，或利用对模螺钉的螺纹深度调整模具；还可利用取样测量塑料层厚度调整模具。调模时应注意模芯与模套间轴向模口相对距离的调整，以及模芯外锥与模套内锥角度差的调整，一般必须使模套的内锥角大于模芯的外锥角3°～10°，以使物料挤出压力逐渐增大，实现塑料层组织密实、塑料与线芯结合紧密的目的。

线缆包覆模调整时的原则是：面对机头，先松后紧，拧紧螺钉的方向为左上、右下、左下、右上。调模时应注意：拧紧螺钉时谨防碰着加热片电插头，以免触电或碰坏插头。为了防止触电，调整时可先关掉模口段加热电源。模套的压盖不要压得太紧，等调整好后再把压盖压紧，防止压盖进胶，造成塑料层偏心或烧焦。

6.2.5　挤出包覆低烟无卤 PVC 线缆的设备和模具有何特点？

（1） 挤出包覆低烟无卤 PVC 线缆的螺杆通常应使用 PVC 型螺杆，而且压缩比不能过大，一般压缩比为 2.1～2.3，长径比为 25 比较合适。

（2） 挤出设备具有良好的冷却装置。由于挤出过程中会因摩擦而产生大量的热量，易使熔料温度过高而导致线缆的表面产生气孔等缺陷，而影响产品质量，因此挤出设备必须具有良好的冷却装置以严格控制工艺温度。

（3） 一般电缆绝缘层的挤出机头应选用挤压式机头，而护套层的挤出则应选用半挤压式，这样才能充分保证材料的拉伸强度、伸长率以及表面光洁度。

（4） 使用挤压式模具时，模套应比实际尺寸要小一些，模套尺寸的选配不能过大，否则电缆的表面不致密，而且挤包比较松。

6.2.6 挤出包覆 PVC 电缆护套层时为何出现粗细不均匀和竹节形的现象？应如何处理？

(1) 产生原因

① 挤出机螺杆速度不稳定，主电机转速不均匀，皮带过松或打滑，而使挤出机出料不稳定，时多时少，造成电缆外径粗细不均匀。

② 收放线或牵引的速度不均匀，由于牵引突然不稳定，易形成电缆的塑料等呈竹节形。

③ 模具选配较小，半成品外径变化较大，造成电缆的塑料层厚度不均匀。

(2) 处理办法

① 经常检查螺杆、牵引、收放线的速度是否均匀，并且做适当调节。

② 模具选配要合适，防止倒胶现象。

③ 经常检查机械和电器的运转情况，发现问题要立即停机修理。

如某企业挤出包覆 PVC 电缆护套时出现粗细不均匀现象，检查时先调节挤出、牵引、收放线的速度以及机筒温度等工艺参数都无明显效果，再检查模具也无问题，然后检查螺杆转速时发现转速不够稳定，检查传动系统后，发现是主电机皮带有些松。停机更换皮带后，重新开机时，电缆粗细不均匀的现象即消失，而且挤出生产转为稳定。

6.2.7 电线电缆为何出现正负超差？应如何处理？

(1) 产生原因

① 螺杆转速不稳定，使挤出机出料不稳定，造成塑料层的厚度出现偏差。一般螺杆转速出现不稳定时，挤出机电流表或电压表会左右摆动大。

② 牵引速度不稳定，使挤出的物料受牵引拉伸的作用不稳定，时大时小，而造成包覆层厚度变化。

③ 半成品质量有问题，如钢带或塑料带绕包松，产生凹凸不均匀现象或塑料层有包、棱、坑等缺陷。

④ 温度过高，熔体黏度降低，受牵引拉伸时更易使电缆的外径变形变细，塑料层变薄，形成负差。

⑤ 线芯或缆芯不圆，还有蛇形，而外径变化太大。

⑥ 操作时，模芯选配过大，或调模螺钉没有扭紧，造成倒胶而产生塑料层偏心。

⑦ 加料口或过滤网部分堵塞，造成挤出熔料量减少而出现负差。

(2) 处理办法

① 经常测量电缆外径和检查塑料层厚度，发现外径变化或塑料层不均匀，应立即调整。

② 选配模具要合适，调好模具后要把调模螺钉拧紧，把压盖压紧。

③ 注意螺杆和牵引的电流表和电压表，发现不稳定，要及时检修。

④ 不要把条料或其他杂物加入料斗内，若发现此情况要立即清除。

⑤ 及时清理过滤网，以防过滤网的堵塞，而造成出料不均匀。

如某企业挤出包覆 PVC 电线时，包层厚度总是偏小，经检查发现机头温度过高（186℃），降低机头温度至 172℃后，挤出包覆层厚度满足要求，并且挤出产品质量稳定。

6.2.8 挤出生产 PVC 电线电缆时表面粗糙是何原因？应如何处理？

(1) 产生原因

① 物料塑化不均匀或物料中有杂质。

② 挤出机螺杆转速过高，特别是生产小规格电线时，由于剪切作用过大，使熔体出现熔体破裂。

③ 挤出温度太高或物料含有水分。

④ 挤出不稳定。

⑤ 过滤网杂质没有及时清理或过滤网有破洞，造成杂质或粗粒进入机头内而被挤出。

(2) 处理办法

① 提高挤出机机筒和机头的温度，使物料塑化均匀。

② 采用更细些的筛网对配方中各原料成分进行过筛及过滤。

③ 增加过滤网目数或层数或使用浅槽螺杆，以提高挤出压力，保证物料的塑化均匀性。

④ 充分干燥物料或适当降低物料的成型温度，以防止物料的分解。

⑤ 加长口模平直部分或降低螺杆转速，保持挤出稳定。

⑥ 及时清理或更换过滤网。

如某企业挤出包覆 PVC 电线时，包覆层表面突然出现许多粗颗粒，使电线表面粗糙，经检查是挤出熔料中有颗粒，拆下过滤网检查发现，过滤网出现了一个破洞，更换过滤网后，挤出生产即恢复正常。

6.2.9 挤出包覆的电线电缆为何偏心？应如何处理？

(1) 产生原因

① 模具与线芯不同心，使线芯周围间隙不均匀。

② 口模内温度不均匀，局部过热或有冷料。

③ 成型温度过高，熔体黏度过小，引起重力下垂。

(2) 处理办法

① 调节模具与线芯位置，使其保持同心。

② 调整口模温度，使其各处温度均匀。

③ 适当降低成型温度或加强冷却。

④ 换用黏度较大的树脂生产。

6.2.10 挤出包覆电线为何线芯与包覆层分离？应如何处理？

(1) 产生原因

① 包覆成型时，线芯温度太低。

② 挤出的熔料温度太低。

③ 线芯表面有油污或杂质、水分等。

④ 冷却速度过快。

(2) 处理办法

① 提高线芯的预热温度。

② 提高挤出熔料的温度。

③ 清洗线芯表面，并且保持干净和干燥。

④ 适当降低冷却的强度，以降低冷却速度。

6.2.11 挤出包覆电线电缆时为何合流痕非常明显？如何处理？

(1) 产生原因

挤出包覆电线电缆时，如果料流融合不好，通常会在表层的外侧出现一条较深色的痕迹，有时在合流痕处用手一撕即开，严重时还会出现裂纹。在挤出包覆电线电缆的过程中，造成合流痕的原因主要有以下几个方面。

① 温度控制太低，塑化不良。

② 机头长期使用，造成严重磨损。

③ 机头温度控制失灵，造成低温，使塑料层合粘不好。

(2) 处理办法

① 适当地提高控制温度，特别是机头的控制温度。

② 机头外侧采用保温装置进行保温。

③ 加两层过滤网，以增加压力，提高塑料的塑化程度。

④ 适当降低螺杆和牵引的速度，使塑料塑化时间延长，达到塑料合缝的目的。

⑤ 加长模具的承线径，增加挤出压力和温度。

6.2.12 在挤出包覆电线电缆过程中进行自动换网时，为何换网速度慢，有时甚至失灵？应如何处理？

(1) 产生原因

在挤出包覆电线电缆过程中自动换网装置出现速度慢，有时甚至失灵的主要原因是：气压或油压低；汽缸（或液压站）漏气（或漏油）。

(2) 处理办法

① 检查换网装置的动力系统。

② 检查汽缸或液压缸的密封情况。

6.3 单丝挤出成型设备操作与疑难处理实例解答

6.3.1 塑料单丝的挤出成型机组由哪些部分组成？有何特点？

(1) 机组的组成

单丝是挤出成型的一个较大品种。单丝的种类很多，如聚氯乙烯单丝、聚丙烯单丝、聚乙烯单丝、尼龙单丝等，主要用于织物和绳索等。挤出单丝的成型设备是由单螺杆挤出机、机头、冷却水箱、牵引装置、热处理装置、卷取装置等组成的。图 6-13 所示为聚氯乙烯单丝成型机组组成。

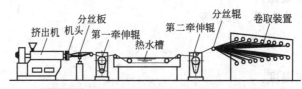

图 6-13 聚氯乙烯单丝成型机组组成示意图

(2) 各部分的特点

① 单螺杆挤出机 生产单丝用挤出机一般为单螺杆挤出机，螺杆直径为 45～120mm。对需要分丝，单螺杆直径为 45～65mm；若生产绳索等不需要分丝的复丝，可用 90～120mm 的螺杆。螺杆长径比 L/D 为 20～30。若生产聚乙烯、聚丙烯、尼龙单丝，应采用突变型螺杆，前两种塑料可用压缩段等于 (3～5)D 的通用型螺杆，生产尼龙单丝螺杆的压缩段可取 (1～2)D。

② 机头 单丝机头有水平式和直角式两种，如图 6-14 所示。水平式机头的物料流出的方

向和挤出方向一致。而直角式机头中的物料由水平方向转 90°弯后，变为向下挤出，机头内流道直径逐渐缩小，以建立起压力，将物料压实。机头中的分流体呈圆弧形锥状，其锥角称为扩张角，它一般为 30°～80°。分流体与腔体所形成的流道结束处的截面积应大于喷丝板所有孔眼总面积之和，而且与喷丝板流道衔接处要设计成一个瘦颈，以形成一定压力，使物料均匀地到达喷丝板。这样可减少机头流道中的存料，防止物料分解，也减少了清理机头的废料。

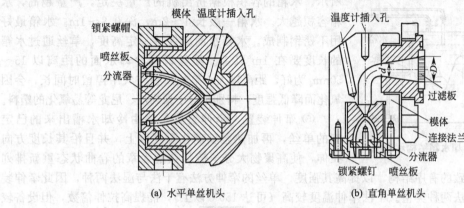

(a) 水平单丝机头　　(b) 直角单丝机头

图 6-14　单丝机头结构示意图

③ 喷丝板　喷丝板是机头中的主要零件，其结构如图 6-15 所示。喷丝板上喷丝孔的孔径大小、孔数、孔的长径比及孔径包角等对产品质量和产量影响较大。通常喷丝孔径的大小主要根据单丝成品直径与牵伸比来确定，而牵伸比又与物料的种类有关。表 6-5 所示为喷丝孔径与单丝直径的关系。

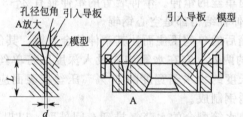

图 6-15　喷丝板结构示意图

表 6-5　喷丝孔径与单丝直径的关系

单丝直径/mm	喷丝孔径/mm	
	高压聚乙烯（HDPE）	低压聚乙烯（LDPE）
0.2	0.5	0.8
0.3	0.8	1.1
0.4	1.1	1.2
0.5	1.2	1.7
0.6	1.5	2.0
0.7	1.7	2.3

注：LDPE 的牵伸倍数为 6，HDPE 的牵伸倍数为 8～10。

从表 6-5 中可以看出，挤出 LDPE 单丝时，牵伸比一定时，若喷丝孔径增大，则单丝直径也增大。喷丝孔径增大，固然可以增加产量，但要保持单丝直径不变，势必增加牵伸比，增大卷取速度，工艺操作比较困难，不稳定。

喷丝板上的喷丝孔数一般为 12～60 个。孔数过多，则导致分丝机构庞大。喷丝孔的长径比 L/D 一般取为 4～10。喷丝孔径包角（即喷丝孔入口角）则不同的品种取值有所不同，一般聚乙烯取 60°，聚丙烯取 20°。

喷丝板对孔径尺寸精度、孔表面质量要求较高。通常要求各孔中心距、孔径大小以及平直部分长度均相等，否则会导致断丝或细粗不均匀。一般孔径误差为10%将使产量波动达47%，单丝直径变化21%。另外，喷丝板应选择耐磨损、耐腐蚀的材料。常用工具钢或马氏体钢经调质处理。

④ 冷却装置　冷却装置是将由喷丝板出来的高温单丝迅速冷却、定型，以防相互粘连的装置。可采用冷却水箱水冷方式进行冷却，其结构如图6-16所示。水箱的容积根据挤出机的产量决定，产量越高，水箱容积越大。水箱一般长1～2m，深0.8～1m。水箱最好用不锈钢制成。水箱水面应保持一定高度，单丝通过水箱的长度要在1m以上。喷丝板到冷却水面的距离以15～50mm为好，距离过大，单丝因在空气中停留时间长，会因氧化而降低强度，特别是对于聚烯烃、尼龙等易氧化的塑料。

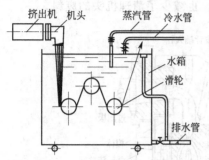

图6-16　冷却水箱结构示意图

⑤ 牵伸装置　牵伸装置是将由冷却水槽出来的已定型的单丝，再加热至玻璃化温度以上，并且沿其长度方向拉伸，使高聚物大分子链从杂乱无章的卷曲状态重新排列成与长度方向一致的有序结构，以提高其强度。单丝的牵伸方法有干法与湿法两种，因此牵伸装置也有干法和湿法两种类型。干法牵伸温度较高（可达150℃以上），能提高拉伸倍数，但设备较复杂，成本高，较少采用。目前较为多用的是湿法。湿法是采用100℃的沸水加热，设备成本低，加热均匀，操作方便。湿法牵伸装置主要由几组牵伸辊和几个热牵伸水箱、牵伸辊、压丝杠、排气装置、排丝机等组成。

牵伸水箱长度一般在1.8～3m之间，以保证单丝在热水中的停留时间，使单丝达到强度要求。水一般可采用蒸汽加热或电加热。

牵伸辊的作用是实现对单丝的牵伸。牵伸装置的牵伸辊有2～3组，每组牵伸辊可有2个、3个、5个或7个辊筒。牵伸辊结构都是空心钢辊。

压丝杠是将进入热水箱后的单丝压住而让其牵伸的金属棒。其位置在离电加热较远，距水箱前、后端300～350mm的两处。它在水箱中的没入深度以将单丝全压没入水为准，不宜太深，否则不利于牵伸；其长度约为水箱宽度的50%。压丝杠表面应光滑无毛刺，不能损伤单丝表面，压丝杠最好用不锈钢制成。

排气装置的作用是将热水箱剩余的水蒸气排到车间外面，以提高车间能见度，防止电器、设备受潮锈蚀，改善工人的劳动条件。

⑥ 热处理装置　由于经强行牵伸的单丝收缩率大，将单丝进行热处理（俗称退火或回火）后，可消除其内应力，减小其收缩率。热处理方法有干法和湿法两种。干法的优点是可减少单丝中的水分，而湿法的成本低，操作方便。

所谓干法就是采用电加热烘箱，即在烘箱的顶部（或底部）有两层电热丝将空气加热，再用鼓风机将热风吹到单丝经过的地方，将单丝加热。烘箱的有效长度为1.8～2.5m。为保持恒温，烘箱周围宜用石棉包起来，单丝的进出口应设置上下能活动的挡板。

湿法就是将牵伸好的单丝通过与牵伸用的热水箱类似的热水箱，靠热水加热单丝。热处理导辊速度比第二次牵伸速度减少2%～5%，以使单丝产生松弛，回缩。对使用要求不高的单丝，也可省去热处理工序。

⑦ 卷取装置　卷取装置的作用是将牵伸、热处理好的单丝缠绕成卷。它由卷取筒、卷取轴组成。卷取筒装在卷取轴上，卷取轴由电机和传动系统带动。为使单丝均匀平整地卷在卷取筒上，可采用正反螺纹或凸轮机构来完成。

6.3.2　牵伸装置中不同数目的牵伸辊各有何特点？

牵伸装置的牵伸辊有2～3组，每组牵伸辊可有2个、3个、5个或7个辊筒。不同数目的牵伸辊有不同的如下特点。

(1) 二辊牵伸

二辊牵伸是有两个上下排列的辊筒，上辊为主动辊，直径为 150～250mm，长 200～250mm，表面镀铬。下辊为被动辊，直径等于或小于上辊。为便于排丝，下辊可左右调整使其与上辊成 6°～12°的倾斜角。一般二辊牵伸都采用二次牵伸。第一次牵伸为初牵伸，原丝上到第一组牵伸辊的上辊后再在下辊上绕几圈（防止单丝打滑）后进入第一热水箱，经两道压丝杠后出第一热水箱，把经过初牵伸的单丝绕到第二组牵伸辊上再进入第二热水箱，进行第二次牵伸，由第二热水箱出来后的单丝再绕到第三组牵伸辊上，经卷取缠绕成卷。这种二辊、二次牵伸方法操作比较麻烦，单丝性能有时不稳定，但设备维修费用低，操作安全。

(2) 三辊牵伸

三辊牵伸不同于二辊牵伸之处在于，在上辊上方又加了一个橡胶辊，以防止单丝打滑。这种三辊牵伸比较稳定，不需多次反复将原丝缠绕在辊上，操作方便，单丝排列整齐，分丝容易。但操作易出危险（挤伤手），胶辊易被割丝刀割伤，维修费用高，单丝易挤扁。

(3) 七辊牵伸

七辊牵伸是指一组牵伸辊共有 7 个辊筒。在水平方向分两组排列。利用单丝经过多个辊筒产生的阻力使单丝在辊筒上不打滑。为了增加摩擦，在上排第一辊筒上采用橡胶压紧轮。该牵伸法也采用二次牵伸，共有三组牵伸辊。七辊牵伸的特点是维修费用低，单丝牵伸时不打滑，牵伸倍数稳定，牵伸完全，单丝性能指标高，可以直接分为单丝，省去分丝麻烦。其缺点是操作不太方便。

6.3.3　挤出单丝操作应注意哪些方面？

(1) 开车前应检查待加入的原料是否符合要求，是否含有金属杂质。应检查生产线各部位是否正常，等待各部位达到设定温度并保温一段时间后，才能开车。

(2) 开车顺序为先开辅机，再开主机。辅机中又先开卷取装置，再开其他部分。开启主机后应低速空载运转，但时间不得超过半分钟。

(3) 正常挤出时，要经常检查单丝的细度是否合乎规定要求。如果发现有 10% 的丝不符合要求时，应立即停车把喷丝板取下，换上新喷丝板。

(4) 卷取要整齐，松紧适度，不能松紧不均匀。不准将未牵伸过的及乱头丝卷入。换卷时应先将空卷装好旋紧，将移动手柄拨向空卷后，迅速将丝割断引向空卷，并且立即调整电压。在原卷丝未完全停稳前，严禁松动顶丝。新引入的丝要排好，已排好的丝严禁重排。

(5) 停车顺序应是先停主机，后停辅机。辅机中又是最后停卷取装置。最好在丝全部通过辅机后再将辅机停下。

6.3.4　挤出单丝时喷丝板处为何断头多？应如何处理？

(1) 产生原因

① 机头温度太高或太低，温度太高或太低时，都会造成丝的强度不够，拉伸出现断裂。

② 物料中有杂质或焦料，使丝的断面产生缺陷，而大大降低了丝的拉伸强度。

③ 预拉伸比过大。

④ 喷丝板不符合要求，喷丝孔径太小或部分堵塞，使单丝成品直径与牵伸比不匹配。

(2) 处理办法

① 根据物料状况，调整机头温度。

② 检查、更换过滤网，检查、更换物料。

③ 降低预拉伸比。

④ 调换喷丝板，喷丝板上喷丝孔径的大小应根据单丝成品直径与牵伸比以及物料的种类来确定。

6.3.5 挤出单丝牵伸时水箱中为何断头多？应如何处理？

(1) 产生原因

① 热牵伸倍数过高，拉伸过快。

② 牵伸温度偏低，单丝冷却过快。

③ 延伸辊压不住单丝。

④ 热水槽中的压丝杠不光滑，损伤了单丝表面，降低了单丝的强度。

⑤ 原材料中有杂质或是分解料，或不是抽丝级原料，或过滤网损坏。

⑥ 喷丝板处有未冷却丝粘在一起，或丝没有排好。

(2) 处理办法

① 适当降低牵伸比。

② 提高牵伸温度。

③ 用胶辊压紧牵伸辊使单丝在延伸辊上不打滑，调整压丝杠。

④ 检查原料或清洗机头，去掉分解料，检查、更换过滤网。

⑤ 用冷水把粘在一起的丝分开，重新排好丝。

6.4 打包带成型设备操作与疑难处理实例解答

6.4.1 塑料打包带生产机组由哪些部分组成？应如何选用？

(1) 组成部分

塑料打包带生产机组主要包括挤出机、机头、口模、冷却装置、预拉伸装置、二次加热装置、拉伸装置、压花装置、定型装置、卷取装置等。

(2) 选用

① 挤出机　由于打包带宽度较小，因此挤出打包带用的挤出机一般选择中小型挤出机，螺杆直径为 45～65mm，产量为 20～60kg/h，生产中其产量一般受辅机的拉伸、冷却、定型能力的影响较大。若产量要求在 60～90kg/h 时，则应选用较大型的挤出机，而此时应采用整体机头、分流口模，同时生产两根或三根打包带，以提高生产率。

挤出机的螺杆形式应根据物料的性能选择，聚丙烯、聚乙烯打包带多选用突变型螺杆，聚氯乙烯多选用渐变型螺杆。螺杆长径比一般在 20 以上。若树脂中加入填料，为提高混合效果，螺杆长径比可增加到 28 以上。

② 机头和口模　成型打包带的口模大都和机头为一整体，通常用四个或六个或若干个螺栓固定在机筒法兰上。在塑料打包带生产过程中，挤出机螺杆头部与机头连接处应加装过滤板和过滤网，以滤去杂质和提高挤出压力，过滤板上有排列规整、直径在 2mm 左右的孔眼，孔眼光洁并呈流线型。过滤网的目数和层数应根据原料而定，过滤装置可采用手动和半自动换网装置。自动或半自动换网装置在生产过程中可不停机进行换网。

用于挤出塑料打包带的机头，一般采用直角式扁形狭缝机头。熔融物料进入机头流道后，在挤出压力作用下，成 90°直角改变流动方向，在口模成型为扁平带状挤出。机头流道呈圆锥形，流道长短根据物料而定。流道过长，物料停留时间长，易局部过热降解；流道过短，不利于物料塑化彻底和冷却定型。

③ 冷却装置　冷却装置一般采用冷却水箱，水箱呈长方形，箱内安装有数个传送带状坯料的导辊，水箱内装供水管，出水由溢流水口溢出。水箱底部设有能调节水箱高度的螺旋调节装置。由口模挤出的带垂直进入冷却水箱前，要在空气中经过 150～250mm 长的距离，在空气中缓慢降温。

④ 预拉伸装置　预拉伸装置是把冷却后的带状坯料在一定的拉力和恒定的牵引速度下，均匀平稳地传送到二次加热装置。预拉伸装置应由调速电机和牵引辊组成，而且牵伸速度可以调节。

⑤ 二次加热装置　二次加热装置也称为加热拉伸装置。它的作用是把挤出的带状坯料加热软化，并且在拉伸辊的作用下，将带状坯料强制拉伸、变窄，提高打包带的拉伸强度，降低断裂伸长率，最终得到符合要求的制品。拉伸装置的加热分为水加热和远红外加热两种。一般产量高、挤出打包带线速度大时应选用远红外加热装置。

⑥ 拉伸装置　打包带的二次拉伸是打包带在二次加热后，使带状坯料在一定的温度下，通过拉伸装置将带状坯料再次拉伸，使大分子长链再次得到整齐地排列，达到力学和物理性能的要求。

拉伸装置是通过可调速驱动装置带动上下两组压紧辊对坯料进行强制拉伸的；也有采用4～6 个上下两排平辊，辊速逐级增加，带子是靠传动辊的摩擦牵引进行拉伸的。拉伸装置运转要平稳。根据产品的要求，改变拉伸速度（拉伸比）即可得到不同规格、尺寸的产品。

⑦ 压花装置　为了得到较为理想的打包带制品，便于打包带在打包时两头衔接，不打滑，而且美观，打包带拉伸后须进行压花。压花装置设有上下一对圆辊，辊上刻有花纹，两辊间的压力可调。拉伸后的打包带经过有一定压力的上下圆辊中间，进行压花。压花后的制品基本定型，上面有清晰的花纹，规格尺寸符合要求。

⑧ 定型装置　打包带经过二次加热、拉伸后，分子排列由无序变为纵向有序，虽已成型，但还有一定的温度，存在一定的内应力，收缩后易变形，会改变某些物理性能，如偏斜度大、断裂伸长率大，所以还要经过冷却定型处理。

冷却定型有冷水定型和室温定型两种。冷水定型是打包带经过压花后进入冷水槽，水温一般要求在 30℃以下，冷却水温不宜过高，这种方法具有时间短、方便、快捷等优点，但由于水冷，使聚合物分子在短时间内急骤冷却，制品存有内应力，在储存中易变形，影响力学性能。室温定型是在设备上面或下边（也有的上下两面）设有几个导向轮，打包带经过拉伸后，通过数个导向轮，经过几十米的往复运动，在空气中慢慢冷却，往复速度要与拉伸、收卷同步进行，否则易产生乱带。

⑨ 卷取装置　卷取装置的作用是把已定型的打包带松紧适度、平整、整齐地卷绕在卷取辊上。卷取装置应能提供可无级调节的、不因卷盘直径变化而变化的卷取速度和松紧适度的张力，并且能在较短的时间内容易拆卸换卷。常用的卷取装置是摩擦离合器，用来调整卷取速度和松紧适度的恒张力。

手工用打包带是通过常用的手工用打包机打紧后用卡扣锁紧，故要求卷取装置应把打包带卷取成单层圆平盘。而机用打包带是采用自动打包机打包、热压、黏合，故要求机用打包带卷取装置应把打包带卷绕成多层排列整齐的圆盘，每件质量约 10kg，每件中心装有能在打包机上固定的圆孔芯（纸芯较多），以便在自动打包时能随意旋转打包。

6.4.2　打包带成型机组中的二次加热装置有哪些类型？各有何特点？

打包带成型机组中的二次加热装置有水加热装置和远红外加热装置两种类型。

水加热装置是由铁板做成的长方形水箱，其长度为 2.5～4.5m，箱内安装有 2～3 组、每组 3 个或数个功率为 0.8～1.2kW 的加热器，对水进行加热并使之保持在 95～100℃。带状坯料经过水箱加温后，在拉伸力的作用下拉伸变窄，并且被匀速地输送到压花装置，拉伸变窄的位置一般称为拉伸点，拉伸点应控制在热水槽的中间部位。该装置结构简单，造价较低，缺点是耗电量大，加热时间长，温度因受水沸点的限制而不易调节。另外，水中含有酸、碱及其他有害物质，蒸发后会影响产品质量和污染生产环境。

远红外加热装置一般应分区控制，通常根据主机的产量不同可分为两区或三区加热控温。根据不同的要求，箱体一般长为 2.4～4.5m，宽、高为 0.25～0.35m。每区在箱体底部和箱盖上对称安装有功率为 0.8～1kW 的 U 形远红外管状加热器，温度控制采用精度较高的数显式或指针式温控仪表。箱体为两层，内外层金属板中设有 8～12mm 厚的石棉类保温层。箱体底部装有 5～13 个支撑辊，使带子在箱体内保持在中间运行，以免距离远红外管状加热器太近，受热熔化，影响拉伸，箱体进口可略高于中心线，出口可略低于中心线。进出口通常设有小插销门，以封闭箱体内热量，使箱体内温度均衡，2～3 个区的温度分别为进口区 150～190℃，中间区 160～180℃，出口区 130～170℃。温度控制要根据生产工艺条件与带子的线速度来调整。

远红外加热装置的恒温性能好，加热时间短，节省能源，与水加热装置相比较，不改变其他生产工艺，可提高拉伸比（水加热装置的拉伸比为 5～7 倍，而该装置为 6～9 倍），易操作，产品质量好，改善生产环境，适于产量高、带子线速度大的机组。

6.4.3　打包带成型机组的操作与维护应注意哪些方面？

(1) 在启动主机时，由于料筒物料温度低，受热不均匀，黏度高，螺杆要在较低的转速下启动，然后逐步向正常的工作速度平滑上调，以防机头压力过大，损坏设备。停车时，为了将机筒内剩余的物料逐步挤出，并且使螺杆不致损坏，要逐渐减速再停车，在生产中出现故障时，要立即减速停车，迅速排除故障。

(2) 在调换产品规格或停车时，要注意及时清理螺杆和机筒，尤其是多孔板和过滤网应经常清理，以免杂质积多堵塞，影响生产。清理时应打开机头连接法兰，然后用铜棒、铜片对机头的各个部件和多孔板进行清理，再涂少许机油或石蜡。采用自动换网装置的设备清理时，也要注意经常更换过滤网。

(3) 辅机冷却装置平时要经常检查，查看管道、水阀门是否通畅、灵活、牢固、可靠，也要检查水箱和拉伸箱中的电气加热元件是否安装牢固。停机时注意关闭水阀门。

(4) 经常检查辅机的传动部件的转动是否灵活，并且加注润滑油，在清理、保养、检修时不要将辊碰伤，否则稍有变形，会影响产品质量和使用。长期不用时，应将设备的主要部位涂上油脂，防止生锈。

(5) 应经常检查电气控制部分、指示仪表是否正常。车间内湿度不宜太高，以免电气元件受潮而损坏，车间内还要注意环境卫生，不准堆放杂物及其他类塑料，不得有较多的灰尘，以免损坏设备，影响生产。

6.4.4　打包带生产过程中挤出机出现电流过大的现象是何原因？应如何处理？

(1) 产生原因

① 料筒加热温度不够或加热不均匀，机头加热温度太低。

② 传动带动力不够。

③ 过滤网未及时清理，堵塞严重。

④ 电路故障。

(2) 处理办法

① 检查加热系统，调整各部的加热温度，并且恒温半小时再开机。

② 调整传动带松紧或更换传动带。

③ 清理或更换过滤网。

④ 检查电路，并且排除故障。

6.4.5 打包带生产过程中挤出机挤出量为何偏小？应如何处理？

(1) 产生原因

① 挤出机螺杆转速较低，物料输送率小。

② 挤出机传动系统的皮带过松。

③ 机筒加热不均匀，物料温度过低。

④ 机筒、螺杆磨损严重，漏流过大。

⑤ 过滤网堵塞，机头压力过大。

⑥ 机头、口模温度低，熔体流动性下降。

(2) 处理办法

① 适当提高挤出机螺杆转速，提高物料的输送率。

② 检查传动系统，调紧或更换传动带。

③ 检查加热系统，使各部温度均匀，并且适当提高物料的温度。

④ 检查螺杆和料筒，更换或修复螺杆、料筒。

⑤ 清理或更换过滤网。

⑥ 适当提高机头和口模温度。

6.4.6 打包带生产时，挤出的带坯为何出现竹节状？应如何处理？

(1) 产生原因

① 挤出机温度控制不均匀，使物料塑化不均匀。

② 机头口模温度过低或过高。

③ 机筒磨损严重，使物料塑化不均匀。

④ 挤出机螺杆转速不稳定。

⑤ 加料口下料不均匀，使挤出量稳定。

(2) 处理办法

① 检查加热系统，使各段加热温度均匀。

② 调整合适的机头口模温度。

③ 调换或修理料筒。

④ 适当提高挤出机螺杆转速。

⑤ 检查是否有"架桥"现象，检查下料口处的料温。

6.4.7 打包带为何会偏斜度大？应如何处理？

(1) 产生原因

① 压花辊压力不平衡。

② 定型水温过低，冷却速度过快。

③ 挤出机、辅机不在同一直线上。

(2) 处理办法

① 调整压花辊的压力，使其各点保持平衡。

② 调整冷却水温，控制冷却速度。

③ 调整辅机，使挤出机机头、辅机在同一中心线上。

第7章

挤出吹塑设备操作与疑难处理实例解答

7.1 挤出吹塑设备选用疑难处理实例解答

7.1.1 挤出吹塑成型工艺过程怎样？有何特点？

(1) 挤出吹塑成型的过程

挤出吹塑是将塑料在挤出机中熔融塑化后，经管状机头挤出成型管状型坯，当型坯达到一定长度时，趁热将型坯送入吹塑模具中，再通入压缩空气进行吹胀，使型坯紧贴模腔壁面而获得模腔形状，并且在保持一定压力的情况下，经冷却定型，脱模即得到吹塑制品。挤出吹塑成型的过程为：

塑料 → 塑化挤出 → 管状型坯 → 模具闭模 → 吹胀成型 → 冷却 → 开模 → 取出制品

一般可分为下列五个步骤（图7-1）：①通过挤出机使聚合物熔融，并且使熔体通过机头成型为管状型坯；②型坯达到预定长度时，吹塑模具闭合，将型坯夹持在两半模具之间，并且切断后移至另一工位；③把压缩空气注入型坯内，吹胀型坯，使之贴紧模具型腔成型；④冷却；⑤开模，取出成型制品。

(2) 挤出吹塑成型的特点

挤出吹塑成型的特点是生产的产品成本低、工艺简单、效率高，但制品的壁厚不好控制，制品壁厚均匀性差。目前挤出吹塑用的塑料品种主要有低密度聚乙烯（LDPE）、高密度聚乙烯（HDPE）、聚氯乙烯（PVC）、聚丙烯（PP）、乙烯-乙酸乙烯酯共聚物（EVA）、聚碳酸酯（PC）、尼龙类（PA）。中空吹塑成型的制品可以是容量为几毫升到几万毫升的容器，主要是用于包装牛奶、饮料、洗涤剂等的瓶类容器，以及包装化学试剂、农用化学品、饮料、矿泉水等的桶类容器和一些大容量（200～1000L）包装桶和储槽。

7.1.2 挤出吹塑成型方式有哪些？各有何特点和适用性？

(1) 挤出吹塑成型方式

挤出吹塑成型按型坯成型的方式可分为连续挤出吹塑成型和间歇挤出吹塑成型。

(2) 特点与适用性

① 连续挤出吹塑成型 连续挤出吹塑主要是指塑料的塑化、挤出及型坯的形成是不间断

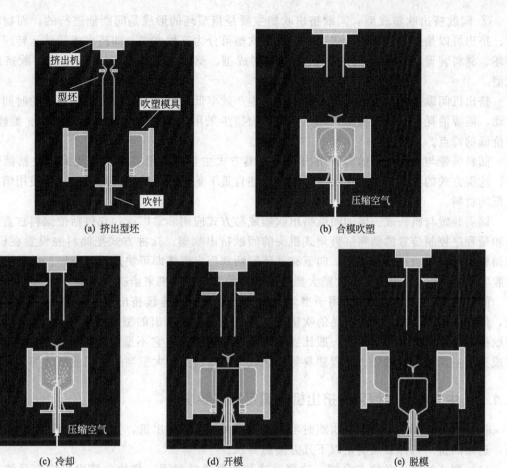

图 7-1 挤出吹塑成型过程

地进行的；与此同时，型坯的吹胀、冷却及制品脱模，仍在周期性地间断进行。因此，从整个成型过程来看，制品的制造是连续进行的。为保证连续挤出吹塑的正常运作，型坯的挤出时间必须等于或略大于型坯吹胀、冷却时间以及非生产时间（机械手进出、升降、模具等）之和。连续挤出吹塑成型的成型设备简单，投资少，容易操作，是目前国内中、小型企业普遍采用的成型方法。连续挤出吹塑，可以采用多种设备和运转方式实现，它包括一个或多个型坯的挤出；使用两个以上的模具；使用一个以上的锁模装置；使用往复式、平面转盘式、垂直转盘式的锁模装置等。

　　连续挤出吹塑成型适用于中等容量的容器或中空制品、大批量的小容器、PVC 等热敏性塑料瓶及中空制品等。中等容量的容器或中空制品需要较大挤出型坯，其型坯挤出时间也较长，这样有利于使型坯的挤出与型坯的吹胀、冷却及制品脱模同步进行，并且在同一时间内完成，实现连续挤出吹塑成型。这种成型方式，可连续吹塑成型 5~50L 容器，若选用熔体黏度高、强度高的塑料（如 HDPE、HMWHDPE），由于型坯自重下垂现象的改善，则可成型更大容积的容器。大批量的小容器，如瓶类容器，由于型坯量小，挤出型坯所需的时间少，通常型坯的挤出与型坯的吹胀成型不能在同一时间内同步完成。但当大批量生产小容器时，采用两个甚至更多的模具及锁模装置，就可以相对地延迟吹塑容器的成型周期，实现连续挤出吹塑成型。对于 PVC 等热敏性塑料的中空制品，由于是连续挤出型坯，物料在挤出过程的停留时间短，不易降解，因此使 PVC 等塑料的吹塑成型能长期、稳定地进行。这种成型方式也适于LDPE、HDPE、PP 等塑料的吹塑成型。

② 间歇挤出吹塑成型　　间歇挤出吹塑主要是指型坯的形成是间断地进行的，而物料的塑化、挤出可以是连续式或间断式。间歇挤出吹塑可分为三种方式，即挤出机间歇运转间歇成型型坯、储料装置与机头分离的间歇挤出吹塑成型、储料装置与机头成一体的间歇挤出吹塑成型。

挤出机间歇运转间歇成型型坯的方式，生产效率低。而且由于挤出机在较短的时间内频繁启动，能源消耗大，挤出机易损坏，因此目前很少采用。但它具有成型设备简单、维修方便、售价低的特点。

储料装置与机头分离的间歇挤出吹塑成型方式主要有采用往复螺杆及采用柱塞储料腔两类，这类方式的型坯挤出速度快，可改善型坯自重下垂及型坯壁厚的均匀度，可使用熔体强度较低的材料。

储料装置与机头成一体的间歇挤出吹塑成型方式应用非常广泛，它包括带储料缸直角式机头和带程序控制装置的储料缸直角式机头的间歇挤出吹塑。这种方式把储料腔设置在机头内，即储料腔与机头流道成一体化，向下移动环形活塞压出熔体即可快速成型型坯。这种机头的储料腔容积可达250L以上，可吹塑大型制品，可用多台挤出机来给机头供料。

间歇挤出吹塑成型主要适用于型坯的熔体强度较低，连续挤出时型坯会因自重而下垂过量，使制品壁厚变薄，大型制品的吹塑，需避免连续缓慢挤出的型坯过量冷却等方面的成型。间歇挤出吹塑成型的周期时间一般比连续挤出吹塑成型长，它不适宜PVC等热敏性塑料的吹塑成型。主要用于聚烯烃、工程塑料等非热敏性的塑料生产大型制品及工业制件等。

7.1.3　中空吹塑成型用的挤出机应满足哪些要求？

挤出机的类型较多，中空吹塑时不论采用哪种类型的挤出机，为生产出合乎质量要求的产品，选用的挤出机都必须满足以下几方面的要求。

（1）型坯的挤出必须与合模、吹胀、冷却所要求的时间一样快，挤出机应有足够的生产率，不使生产受限制。

（2）挤出机混炼塑化效果好，型坯的外观质量要好，因为型坯存在缺陷，吹胀后缺陷会更加显著。型坯的外观质量和挤出机的混合程度有关，在着色吹塑制品的情况下尤其重要。

（3）挤出机对温度和挤出速度应有精确的测定和控制，控制温差小于±2℃。挤出成型型坯的尺寸大小、熔体黏度和温度应均匀一致，以利于提高产品质量。否则温度和挤出速度的变化会大大影响型坯和吹塑制品的质量。

（4）应具有可连续调速的驱动装置，在稳定的速度下挤出型坯。由于挤出速度的变化或产生脉冲，将影响型坯的质量，而在制品上出现厚薄不均匀。

（5）挤出机的传动系统和止推轴承应有足够的强度。由于冷却时间直接影响吹塑制品的产量，因此，型坯应在尽可能低的加工温度下挤出，在此情况下，熔体的黏度较高，必然产生高的背压和剪切力。

（6）挤出机应配备有几种不同结构的螺杆，以生产不同塑料品种的型坯，提高挤出的适用性。

7.1.4　挤出中空吹塑成型机有哪些类型？主要由哪些部分组成？

（1）挤出中空吹塑成型机的类型

挤出中空吹塑成型机的类型较多，按工位数来分可分为，单工位和双工位挤出中空吹塑机；按模头的数目分，可分为单模头、双模头和多模头挤出中空吹塑机。挤出中空吹塑机的分类如图7-2所示。

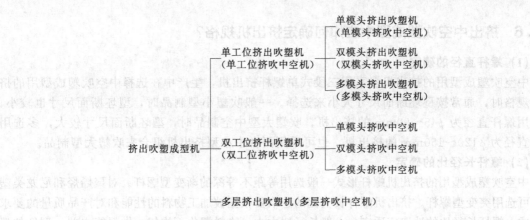

图 7-2 挤出中空吹塑机的分类

(2) 挤出中空吹塑成型机主要组成

挤出中空吹塑成型机主要由挤出机、机头、合模装置、吹气装置、液压传动装置、电气控制装置和加热冷却系统等组成。图 7-3 所示为挤出吹瓶机。

挤出机主要完成物料的塑化挤出。机头是成型型坯的主要部件，熔融塑料通过它获得管状的几何截面和一定的尺寸。合模装置是对吹塑模具的开、合动作进行控制的装置，通常是通过液压或气压与机械肘杆机构通过合模板来使模具开启与闭合。吹气装置是将压缩空气吹入型坯内，使型坯吹胀成模腔所具有的精确形状的装置。根据吹气嘴不同的位置分为针管吹气、型芯顶吹和型芯底吹三种形式。

图 7-3 挤出吹瓶机

7.1.5 挤出中空吹塑成型用的挤出机主要有哪些类型？各有何适用性？

挤出中空吹塑成型用的挤出机主要有单螺杆挤出机和双螺杆挤出机两种类型。

在中空吹塑制品的生产中对于挤出机类型的选用，通常是根据物料的性质来选择。当采用 PE、PP、PC、PET、PVC 粒料等中空吹塑制品时，一般选用单螺杆挤出机；而采用 PVC 粉料直接中空吹塑成型时，则大都选用双螺杆挤出机。这主要是由于单螺杆挤出机挤出时，固体粒子或粉末状的物料自料斗进入机筒后，在旋转着的螺杆的作用下，通过机筒内壁和螺杆表面的摩擦作用向前输送。摩擦力越大，越有利于固体物料的输送；反之，摩擦力小不利于物料的前移输送。在加工过程中，PP、PE 等颗粒料与机筒内壁的摩擦较大，有利于物料的向前输送，而在螺杆的压缩比的作用于下逐渐被压实。同时，由于机筒外部加热器的加热、螺杆和机筒对物料产生的剪切热以及物料之间产生的摩擦热，使物料在前移的过程中温度逐渐升高而熔融，最后形成密实的熔体被挤出机头并成型。因此，PP、PE 等颗粒料一般可选用单螺杆挤出机。

而采用 PVC 粉末状树脂直接中空吹塑时，粉末状树脂与挤出机机筒内壁的摩擦系数小，摩擦力小，不利于物料在加料段的向前输送。另外，由于 PVC 的热稳定性差，熔体黏度大，流动性差，在挤出过程中不宜采用高温或高的螺杆转速，以免 PVC 在高剪切下出现降解，因此不利于采用单螺杆挤出机挤出。而采用双螺杆挤出机挤出塑化时，物料的输送是通过两根螺杆的啮合，对物料进行强制输送，而且对物料的混炼作用强，有利于物料的混合均匀，对物料的塑化效率高，可实现低温挤出。同时由于双螺杆的自洁作用，物料不易出现积存而引起过热分解的现象。故采用 PVC 粉料直接挤出中空吹塑成型时应选择双螺杆挤出机。

7.1.6 挤出中空吹塑成型中应如何确定挤出机规格？

(1) 螺杆直径的确定

中空吹塑成型用的挤出机多采用三段式单螺杆挤出机，生产中在选择中空吹塑成型用的挤出机规格时，通常按型坯断面尺寸大小来选择。一般吹塑小型制品时，型坯断面尺寸也较小，多选用螺杆直径为 $\phi 45\sim 90mm$ 的挤出机，吹塑大型中空制品时，型坯断面尺寸较大，多选用螺杆直径为 $\phi 120\sim 150mm$ 的挤出机。也可采用两台中小型挤出机组合来吹塑大型制品。

(2) 螺杆长径比的确定

中空吹塑成型用的挤出机螺杆形式一般选用等距不等深的渐变型螺杆。对聚烯烃和尼龙类塑料则可选用突变型螺杆。挤出机螺杆长径比的选取要根据被加工物料的性能和对产品质量的要求来考虑，螺杆长径比的选取应适宜。一般长径比太小，物料塑化不均匀，供料能力差，型坯的温度不均匀；长径比大些，分段向物料进行热和能的传递较充分，料温波动小，料筒加热温度较低，能制得温度均匀的型坯，可提高产品的精度及均匀性，并且适用于热敏性塑料的生产。

对于热敏性物料的加工，如 PVC 等，宜选用较小的螺杆长径比，因过大的螺杆长径比易于造成停留时间过长而产生分解；对于要求较高温度和压力的物料，如含氟塑料等，就需要用较大长径比的螺杆来加工；对于产品质量要求不太高（如废旧塑料回收造粒）时，可选用较小的螺杆长径比，否则应选用较大的螺杆长径比；对于不同几何形状的物料，螺杆长径比要求也不一样，如对于粒状料，由于经过塑化造粒，螺杆长径比可选小些，而对于未经塑化造粒的粉状料，则要求螺杆长径比大些。一般螺杆长径比为 20～30，生产中部分塑料要求螺杆的长径比如表 7-1 所示。

表 7-1　生产中部分塑料要求螺杆的长径比

塑料名称	长径比	塑料名称	长径比
PVC-U	16～22	ABS	20～24
软质 PVC	12～18	PS	16～22
PE	22～25	PA	16～22
PP	22～25		

(3) 螺杆压缩比的确定

螺杆的压缩比是由于螺杆压缩段螺槽的容积变小使物料获得压实作用大小的表征。螺杆设计一定的压缩比的作用是将物料压缩、排除气体、建立必要的压力，保证物料到达螺杆末端时有足够的致密度，故螺杆的压缩比对塑料挤出成型的工艺控制有重要影响。

在选择螺杆的压缩比时应根据塑料的物理性质，如物料熔融前后的密度变化，在压力下熔融物料的压缩性、挤塑过程中物料的回流等，及制品性能要求进行选择。一般密度大的物料压缩比宜较小，密度小的物料压缩比要较大些。目前大都是根据经验加以选择，对聚烯烃塑料，压缩比选 (3～4):1，对 PVC 粒料常选 (2～2.5):1，生产中加工不同性能的塑料与制品的常用压缩比如表 7-2 所示。

表 7-2　生产中加工不同性能的塑料与制品的常用压缩比

塑料名称	压缩比	塑料名称	压缩比
硬质聚氯乙烯粒料	2.5	ABS	1.8
硬质聚氯乙烯粉料	3～4	聚碳酸酯	2.5～3
软质聚氯乙烯粒料	3.2～3.5	尼龙 6	3.5
软质聚氯乙烯粉料	3～5	尼龙 66	3.7
聚乙烯	3～4	尼龙 11	2.8
聚丙烯	3.7～4	尼龙 1010	3
PET	3.5～3.7	聚苯乙烯	2～2.5

7.1.7 机头的结构形式有哪些？各有何特点和适用性？

挤出吹塑机头结构形式通常分为转角式机头、直通式机头和带储料缸式机头三种类型。转角式机头由于熔体流动方向由水平转向垂直，熔体在流动中容易产生滞留，加之连接管到机头口模的长度有差别，机头内部的压力平衡受到干扰，会造成机头内熔体性能差异，型坯表面易出现熔接线。一般对于转角式机头，内流道应有较大的压缩比，口模部分有较长的定型段。目前绝大多数吹塑成型是采用出口向下的转角式机头，如图 7-4 所示。

直通式机头与挤出机呈一字形配置（图 7-5），从而避免塑料熔体流动方向的改变，可防止塑料熔体过热而分解。直通式机头的结构能适应热敏性塑料的吹塑成型，常用于硬质 PVC 透明瓶的制造。

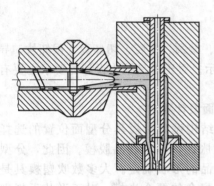

图 7-4　转角式机头结构示意图

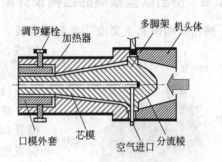

图 7-5　直通式机头结构示意图

带储料缸式机头在挤出过程中，由挤出机向储料缸提供塑化均匀的熔体，按照一定的周期所需熔体数量储存于储料缸内。在储料缸系统中由柱塞（或螺杆）定时、间歇地将所储的物料迅速推出，形成大型的型坯。高速推出物料可减轻大型型坯的下坠和缩径，克服型坯由于自重下垂产生的变形而造成的制品壁厚的不一致性，同时挤出机可保持连续运转，为下一个型坯备料，该机头既能发挥挤出机能力，又能提高型坯的挤出速度，缩短成型周期。主要用于成型大型中空制品，如垃圾箱等。带储料缸式机头的结构形式有多种，活塞式带储料缸式机头的结构如图 7-6 所示。

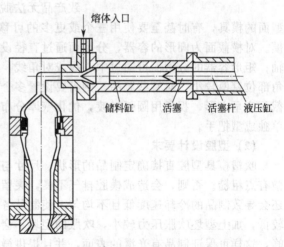

图 7-6　活塞式带储料缸式机头结构示意图

7.1.8 挤出吹塑模具有哪些特点？

挤出吹塑模具主要赋予制品形状与尺寸，并且使之冷却。其特点如下。

（1）吹塑模具一般只有阴模。由于模颈圈与各夹坯块较易磨损，一般做成单独的嵌块便于修复或更换，也可与模体做成一体。

（2）吹塑模具型腔受到的型坯吹胀压力较小，一般为 0.2～1.0MPa。因此，挤出吹塑用模具对材料的要求较低，选择范围较宽，选择材料时应综合考虑导热性能、强度、耐磨性、耐腐蚀性、抛光性、成本以及所用塑料与生产批量等因素。常用的材料有铝、铜铍合金、钢、锌镍铜合金及合成树脂等。吹塑模具型腔一般不需经硬化处理，除非要求长期生产。

（3）吹塑模腔内，型坯通过膨胀来成型，可减小制品上的流痕与接合线及模腔的磨损等问题。

（4）由于没有阳模，吹塑制品上有较深的凹陷也能脱模（尤其对硬度较低的塑料），一般不需要滑动嵌块。

（5）能有效地夹断型坯，保证制品接合线的强度。

（6）能快速、均匀地冷却制品，并且减小模具壁内的温度梯度以减少成型时间与制品翘曲。

（7）能有效排气，可成型形状复杂的制品。

7.1.9 挤出吹塑模具的结构设计有何要求？

挤出吹塑模具主要由两半阴模构成，一般由模体、模颈、模腔、切坯套、截坯块、导柱等组成，如图7-7所示。对于模具结构设计的要求主要有以下几个方面。

图7-7 挤出吹塑模具结构组成

（切坯套 定径进气杆 模颈 导柱 模腔 截坯块）

（1）模具分型面设计要求

挤出吹塑模具结构设计时模具分型面位置的选择应使模具对称，减小吹胀比，易于制品脱模。因此，分型面的位置通常由吹塑制品的形状确定。大多数吹塑模具是设计成以分型面为界相配合的两个半模，对于形状不规则的瓶类和容器，分型面位置的确定特别重要，如位置不当将导致产品无法脱模或造成瓶体划伤。这时，需要用不规则分型面的模具，有时甚至要使用三个或更多的可移动部件组成的多分型面模具，以利于产品脱模。对横截面为圆形的容器，分型面通过直径设置；对椭圆形容器，分型面应通过椭圆形的长轴；矩形容器的分型面可通过中心线或对角线，其中后者可减小吹胀比，但与分型面相对的拐角部位壁厚较小。对有些制品，则需要设置多个分型面。容器把手应沿分模面设置。把手的横截面应呈方形，拐角用圆弧过渡，优化壁厚分布。把手孔一般采用嵌块来成型，还可用注射法单独成型把手。

（2）型腔设计要求

吹塑模具型腔直接确定制品的形状、尺寸与外观性能。用于PE吹塑的模具型腔表面应稍微有点粗糙。否则，会造成模腔排气不良，夹留有气泡，使制品出现"橘皮纹"的表面缺陷，还会导致制品的冷却速度低且不均匀，使制品各处的收缩率不一样。由于PE吹塑模具的温度较低，加上型坯吹胀压力较小，吹胀的型坯不会楔入粗糙型腔表面的波谷，而是位于或跨过波峰，这样可保证制品有光滑的表面，并且提供微小的网状通道，使模腔易于排气。对模腔做喷砂处理可形成粗糙的表面。喷砂粒度要适当，对HDPE的吹塑模具，可采用较粗的粒度，LDPE要采用较细的粒度。蚀刻模腔也可形成粗糙的表面，还可在制品表面形成花纹。吹塑高透明度或高光泽性容器（尤其是采用PET、PVC或PP）时，要抛光模腔。对工程塑料的吹塑，模具型腔一般不能喷砂，除可蚀刻出花纹外，还可经抛光或消光处理。

模具型腔的尺寸主要由制品的外形尺寸并同时考虑制品的收缩率来确定。收缩率一般是指室温（22℃）下模腔尺寸与成型24h后制品尺寸之间的差异。如HDPE瓶的吹塑成型，其收缩率的80%～90%是在成型后的24h内发生的。

（3）模具切口设计要求

吹塑模具的模口部分应是锋利的切口，以利于切断型坯。切断型坯的夹口的最小纵向长度为 0.5～2.5mm。过小，会减小容器接合缝的厚度，降低其接合强度，甚至容易切破型坯不易吹胀；过大，则无法切断尾料，甚至无法使模具完全闭合。切口的形状，一般为三角形或梯形。为防止切口磨损，常用硬质合金材料制成镶块嵌紧在模具上，切口尽头向模具表面扩大的角度随塑料品种而异，LDPE 可取 30°～50°，HDPE 可取 12°～15°。模具的启闭通常用压缩空气来操纵，闭模速度最好能调节，以适应不同材料的要求。如加工 PE 时，模具闭合速度过快，切口容易切穿型坯，使型坯无法得到完好的熔接。这就要在速度和锁模作用之间建立平衡，使得夹料部分既能充分熔接，又不致飞边难以去除。

在夹坯口刃下方开设尾料槽，位于模具分型面上。尾料槽深度对吹塑成型与制品自动修整有很大影响，尤其对直径大、壁厚小的型坯。槽深过小，会使尾料受到过大压力的挤压，使模具尤其是夹坯口刃受到过高的应变，甚至模具不能完全闭合，难以切断尾料；若槽深过大，尾料则不能与槽壁接触，无法快速冷却，热量会传至容器接合处，使之软化，修整时会对接合处产生拉伸。每半边模具的尾料槽深度最好取型坯壁厚的 80%～90%。尾料槽夹角的选取也应适当，常取 30°～90°。夹坯口刃宽度较大时，一般取大值。

(4) 模具中的嵌块设计要求

吹塑模具底部一般设置单独的嵌块，以挤压封接型坯的一端，并且切去尾料。设计模底嵌块时应主要考虑夹坯口刃与尾料槽，它们对吹塑制品的成型与性能有重要影响。因此，应满足以下几方面的要求。

① 要有足够的强度、刚性与耐磨性，在反复的合模过程中承受挤压型坯熔体产生的压力。

② 夹坯区的厚度一般比制品壁的大些，积聚的热量较多。因此，夹坯嵌块要选用导热性能高的材料来制造。同时考虑夹坯嵌块的耐用性，铜铍合金是一种理想的材料。对软质塑料，夹坯嵌块一般可用铝制成，并且可与模体做成一体。

③ 接合缝通常是吹塑容器最薄弱的部位，要在合模后但未切断尾料前把少量熔体挤入接合缝，适当增加其厚度与强度。

④ 应能切断尾料，形成整齐的切口。成型容器颈部的嵌块主要有模颈圈与剪切块，剪切块位于模颈圈之上，有助于切去颈部余料，减小模颈圈的磨损。剪切块开口可为锥形的，夹角一般取 60°，模颈圈与剪切块由工具钢制成，并且硬化至 56～58 HRC。

(5) 模具的排气部分设计要求

成型容积相同的容器时，吹塑模具内要排出的空气量比注射成型模的大许多，要排出的空气体积等于模腔容积减去完全合模瞬时型坯已被吹胀后的体积，其中后者占较大比例，但仍有一定的空气夹留在型坯与模腔之间，尤其对大容积吹塑制品。另外，吹塑模具内的压力很小。因此，对吹塑模具的排气性能要求较高（尤其是型腔抛光的模具）。若夹留在模腔与型坯之间的空气无法完全或尽快排出，型坯就不能快速地吹胀，吹胀后不能与模腔良好地接触，会使制品表面出现粗糙、凹痕等缺陷，表面文字、图案不够清晰，影响制品的外观性能与外部形状，尤其当型坯挤出时出现条痕或发生熔体破裂时。排气不良还会延长制品的冷却时间，降低其力学性能，造成其壁厚分布不均匀。因此，要设法提高吹塑模具的排气性能。

(6) 模具加热与冷却通道设计要求

在吹塑时，塑料熔体的热量将不断传给模具，模具的温度过高会严重影响生产率。为了使模温保持在适当的范围内，在一般情况下，模具应设冷却装置，合理设计和布置冷却系统很重要。一般原则是：冷却水道与型腔的距离各处应保持一致，保证制品各处冷却收缩均匀。对于大型模具，为了改进冷却介质的循环，提高冷却效应，应直接在吹塑模具的后面设置密封的水箱，箱上开设一个入水口和一个出水口。对于较小的模具，可直接在模板上设置冷却水通道，冷却水从模具底部进去，出口处设在模具的顶部，这样做一方面可避免产生空气泡，另一方面可使冷却水按自然升温的方向流动。模面较大的冷却水通道内，可安装折流板来引导水的流向，还可促进湍流的作用，避免冷却水流动过程中出现死角。

对于一些工程塑料，如 PC、POM 等，模具不仅不需要冷却，有时甚至要求在一定程度上升高模温，以保证型坯的吹胀和花纹的清晰，可在模具的冷却通道内通入加热介质或者采用电热板加热。

7.1.10　挤出吹塑模具的排气形式有哪些？各有何特点？

(1) 挤出吹塑模具的排气形式

吹塑模具采用的排气方法主要有分型面上的排气、模腔内的排气、模颈螺纹槽内的排气和抽真空排气。

(2) 各排气形式的特点

① 分型面上的排气　分型面是吹塑模具主要的排气部位，合模后应尽可能多而快地排出空气。否则，会在制品上对应分型面部位出现纵向凹痕。这是因为制品上分型面附近部位与模腔贴合而固化，产生体积收缩与应力，这对分型面处因夹留空气而无法快速冷却、温度尚较高的部位产生了拉力。为此，要在分型面上开设排气槽，如在分型面上的肩部与底部拐角处开设有锥形的排气槽。排气槽深度的选取要恰当，不应在制品上留下痕迹，尤其对外观要求高的制品（例如化妆品瓶），排气槽宽度可取 5~25mm 或更大。

② 模腔内的排气　为尽快地排出吹塑模具内的空气，要在模腔壁内开设排气系统。随着型坯的不断吹胀，模腔内夹留的空气会聚积在凹陷、沟槽与拐角等处，为此，要在这些部位开设排气孔。排气孔的直径应适当，过大会在制品表面上产生凸台，过小又会造成凹陷，一般取 0.1~0.3mm。排气孔的长度应尽可能小些（0.5~1.5mm）。排气孔与截面较大的通道相连，以减小气流阻力。另一种途径是在模腔壁内钻出直径较大（如 10mm）的孔，并且把一个磨成有排气间隙（0.1~0.2mm）的嵌棒塞入该孔中。还可采用开设三角形槽或圆弧形槽的排气嵌棒。这类嵌棒的排气间隙比排气孔的直径小，但排气通道截面较大，机械加工时可准确地保证排气间隙。嵌棒排气用于大容积容器的吹塑效果好。还可在模腔壁内嵌入由粉末烧结制成的多孔性金属块作为排气塞，可能会有微量的塑料熔体渗入多孔性金属块内，在吹塑制品上留下痕迹。因此，可考虑在金属块上雕刻花纹或文字。

③ 模颈螺纹槽内的排气　夹留在模颈螺纹槽内的空气难以排出，可以通过开设排气孔来解决，在模颈圈钻出若干个轴向孔，孔与螺纹槽底相距 0.5~1.0mm，直径为 3mm，并且从螺纹槽底钻出 0.2~0.3mm 的径向小孔，与轴向孔相通。

④ 抽真空排气　如果模腔内夹留空气的排出速度小于型坯的吹胀速度，模腔与型坯之间会产生大于型坯吹胀气压的空气压力，使吹胀的型坯难以与模腔接触。在模壁内钻出小孔与抽真空系统相连，可快速抽走模腔内的空气，使制品与模腔紧密贴合，改善传热速度，减少成型时间（一般为 10%），降低型坯吹胀气压与合模力，减小吹塑制品的收缩率（25%）。抽真空排气较常用于工程塑料的挤出吹塑。

7.1.11　挤出吹瓶时，瓶底"飞边"自动裁切机构有何要求？

挤出吹瓶时，瓶底"飞边"的清理有多种类型的自动裁切机构，但不管采用什么类型的机构，对自动裁切机构的要求如下。

(1) 底部模块必须采用硬质材料（45 钢等）来制造。另外，还必须慎重考虑底部模块的形状与强度的关系。由于在底部模块上切除了一部分金属以容纳"飞边"裁切拉杆，加之裁切边缝部分必须有较高的强度。

(2) 为了使"飞边"充分得到冷却，裁切深度要浅一点（以型坯壁厚的 50% 为宜）。另外，由于施加在底部溢料上的锁模力相当大，故用以剪切"飞边"的刃口部分宜设 2°～3°互相咬合的锥角，咬合面和裁切拉杆表面的表面粗糙度不得低于 $Ra3.2\mu m$。

（3）裁切刀的宽度为 0.3～0.5mm，若担心制品接缝部位壁厚不足时，可以通过减小裁切深度的方法进行弥补。

（4）裁切拉杆内应设冷却回路。如遇瓶底溢料冷却不足时，飞边裁切断面会出现拉丝现象，甚至只能使飞边伸长而无法切断。

图 7-8 瓶底"飞边"自动裁切机构

（5）裁切边缝与裁切拉杆在型腔工作表面一侧不得有高度差和间隙，否则会引起飞边裁切不净的现象。

（6）裁切拉杆的有效行程必须足够，吹塑高密度聚乙烯制品时应大于 10～15mm。瓶底"飞边"自动裁切机构如图 7-8 所示。

7.1.12 挤出吹塑中型容器的模具结构有何要求？

对于中型容器（20L 左右）模具的结构要求主要如下。

（1）一般分为颈部、筒体部、底部三截来制造，这样型腔的加工工艺性可明显改善。颈部模块上固定着一个单独加工的带有螺纹接口形状的零件（镶块），吹塑空气从此处引入。若制品带有把手，一般安装在制品把手的相对侧，即采用下吹工艺方法。带有桶口冲切功能的吹塑模具的螺纹接口端面部分应设有冲切嵌件。

（2）为了缩短成型周期，模具应采取强化冷却方式。

（3）为了提高桶底和把手周边部分的跌落强度，这些部分的裁切边缝采用双层裁切方式。

（4）型腔的适当部位应植入排气销，各模块间结合面应开设 0.05mm 左右的排气缝，以提高模具的排气能力。另外，为了确保螺纹部分的几何形状，在模具螺纹的牙尖部位还可开设几个直径为 0.4～0.5mm 的排气孔。

（5）为了便于进行飞边的裁切，裁切刀必须十分锋利。

7.1.13 吹塑模具的分型面为曲面时，分型面的位置应如何选择？

吹塑模具的分型面（简称 PL），又称为模具分割面，当吹塑制品为不对称或凹凸状或颈部倾斜，以及带有连接法兰的形状复杂的制品时，必须把分型面设计成曲面或包括斜面在内的锥面，即曲面分型吹塑模具。采用曲面分型时，其分型面位置的设定应考虑以下几个方面的问题。

（1）避免制品上的下陷部分给制品取出造成困难。

（2）为了使制品各部壁厚均匀，PL 的设置应力图使吹胀比较大部位的壁厚减薄的趋势有所改善。

（3）制品上用来组合的法兰及颈部，都有一定强度上的要求，PL 应通过这些部位，否则成型时会发生困难。

（4）应考虑模具型腔的颈部及其他各部有良好的工艺性。

（5）为了防止在合模时型坯破裂，并且使之有足够的强度，PL 的凹凸应尽可能地减小，应避免出现锐角及过小的圆角。如果 PL 的凹凸程度很大，应确保开模时有足够行程以便于影响制品的取出。

（6）应保证吹塑过程得以顺利进行。曲面分型面确定以后，还要进一步考虑模具的开合方向尽可能地减少由锁模力引起的作用在导向销和导向套上的切应力；为了便于模具的加工与检测，在可能条件下，尽可能地不要使型腔加工的基准面发生倾斜。在确定成型方向（模具内制品是正置还是倒置），即在型坯挤出方向上，型腔是正置或倒置时应注意以下事项。

① 为了降低成型作业成本，在允许的情况下，型坯的直径应尽可能地小。

② 考虑到垂伸会对型坯壁厚的分布有影响，应把吹胀比较大的部位、接缝处壁厚不易保证的部位设置在模具的下侧。

模具的开合方向与成型方向的确定必须保证：合模→吹针前进→刺透型腔外壁→吹气→吹针后退→模具开启→制品取出等一系列工艺过程能顺利地进行。

7.2　挤出吹塑设备操作与维护实例解答

7.2.1　挤出吹塑成型机的操作步骤如何？

挤出中空吹塑成型过程是一个较为复杂的成型过程，为了保证制品获得高合格率和成型设备能够长期正常使用，操作人员必须熟悉挤出中空吹塑成型机性能和操作规范，了解挤出中空吹塑成型原理和塑料及添加剂的性能，掌握设备的日常维护与保养要求，以能安全规范地操作。挤出中空吹塑成型机的操作步骤如下。

(1) 开机前的准备工作

① 熟悉成型设备的使用手册，要能够严格地按照设备使用手册的要求操作。

② 检查电气配线是否符合要求，有无松动现象，检查各地脚螺栓是否旋紧。

③ 检查电动机、电加热器的绝缘电阻是否达到规定的要求值，接地的电气元件的绝缘电阻值不得低于 $1M\Omega$。

④ 对各润滑点按要求加足润滑油（或润滑脂）。

⑤ 检查加料、冷却系统是否正常。

⑥ 用于挤出吹塑生产的物料应达到所需干燥要求，必要时还需进一步干燥。

⑦ 根据产品的品种、尺寸，选择好机头规格，按下列顺序将机头装好：装机头法兰、模体、口模、多孔板及过滤网。

⑧ 接好压缩空气管，装上芯模、电热棒及机头加热圈。检查用水系统。

⑨ 调整口模各处间隙使其均匀，检查主机与辅机中心线是否对准。

⑩ 启动挤出机、锁模装置、机械手等各运转设备，进行无负荷运转，检查各个安全紧急装置运转是否正常，发现故障及时排除。

⑪ 按工艺条件的规定，设定挤出机机头及各加热段温度并进行加热，待各部分温度达到设定温度后恒温 $0.5\sim1h$。

⑫ 在可编程序控制器上，按工艺规定设定各点型坯壁的厚度。

(2) 空运转

① 用手动盘车，盘车时应感觉轻快。

② 加热升温。启动加热系统前，应认真检查各段温控仪表的设定值是否与工艺要求相符合；启动加热系统后，应检查各段加热器的电流指示值，当挤出机、型坯机头达到工艺设定温度后，保温 $2\sim3h$。

③ 启动润滑冷却系统，低速启动主电动机，$3\sim5min$ 后停机，空运转结束。检查螺杆有无异常及电机电流表有无超负荷现象，压力表是否正常（机器空转时间不宜过长）。

(3) 开机

① 启动上料、冷却、润滑系统。

② 将主电动机调速旋钮调至零位，然后启动主电动机，再均匀缓慢地使转速逐步升高。通常在 10~20r/min 转速下转动几分钟，待有熔融的物料从机头挤出后，再继续提高主电动机转速，直到正常使用规定的转速为止。

③ 逐渐少量加料，待型坯挤出正常，各控制装置显示的数值符合工艺要求时，逐步提高挤出机转速至工艺要求的转速。在塑料挤出之前，任何人不得处于口模的正前方。

④ 大量加入物料，调节型坯厚度。

⑤ 当型坯挤出达到稳定状态后，开始合模，进入正常操作。在成型加工过程中，为了保证生产的正常进行和产品质量，应适时地进行工艺参数的调整；控制好挤出机的温度、转速及熔体的压力，控制好型坯的壁厚和质量；为减少型坯的自重下垂，在允许的条件下，加快型坯的挤出速度，缩短模具的等候时间；吹胀压力要足够，吹气速度以快为好；要保证型坯吹胀时排气充分；在保证制品充分冷却的前提下尽量缩短成型周期。

(4) 运转中检查

① 主电动机电流是否平稳，若出现大的波动或骤然升高应及时调整，必要时应停机。

② 注意齿轮减速箱、主机体内及各转动部件有无异常声响，当齿轮磨损和啮合不良，或物料中混入坚硬物质，或轴承损坏时，运转过程中有可能出现异常声响。

③ 检查温度控制、冷却、润滑和型坯控制等系统工作是否正常。

④ 检查出料是否稳定均匀。

(5) 停机

① 正常停机　首先关闭上料系统，关闭料斗的下料闸板。将主电动机降速，尽量排尽机筒中的物料。待物料基本排空后，将主电动机的调速按钮调至零并关机。关闭加热器、冷却泵、润滑液压泵的电源，最后切断总电源。关闭各进水阀门。

② 临时停机　临时停止挤出吹塑时，应按停机时间不同，进行不同步骤的操作。当停机在 1h 以内时，机筒与机头的各加热段温度应保持根据成型工艺所设定的温度，仅停止螺杆的转动。如果采用的是聚氯乙烯（PVC）树脂，则应先挤完机筒内的余料并适当降低机筒与机头的加热温度，以避免 PVC 等热敏性材料的过热分解。

当停机在 8h 以内时，首先应停止螺杆转动，同时将各加热段设定温度降低 15~25℃。

如果停机在 8h 以上时，则应完全停止螺杆转动及机头与机筒的加热。为了防止残留在机筒内的熔体氧化、降解，在停机前，应先降低机筒均化段的温度，利用螺杆的低速转动，尽量把机筒内的余料排出，最后停止螺杆的转动和机筒、机头的加热。

③ 紧急停机　遇有紧急情况需紧急停机时可直接按紧急停机按钮，再检查故障。

7.2.2　挤出中空吹塑成型时，型坯的壁厚应如何控制？

挤出吹塑成型时，对型坯壁厚进行控制，不仅可以节省原料、缩短冷却时间、提高生产率，还可以减少制品飞边、提高制品的质量。在挤出过程中型坯壁厚可以通过工艺控制参数和调整机头口模间隙大小来进行控制。挤出吹塑过程中，对于型坯厚度的控制方法主要如下。

(1) 调节口模间隙　一般设计圆锥形的口模，结构如图 7-9 所示。通过液压缸驱动芯轴上下运动，调节口模间隙，作为型坯壁厚控制的变量。

(2) 改变挤出速度　挤出速度越大，由于离模膨胀，型坯的直径和壁厚也就越大。利用这种原理挤出，使型坯外径

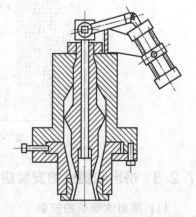

图 7-9　圆锥形口模间隙调节机构

恒定，壁厚分级变化，不仅能适应型坯的下垂和离模膨胀，还能赋予制品一定的壁厚，又称为差动挤出型坯法。

（3）改变型坯牵引速度　周期性改变型坯牵引速度来控制型坯的壁厚。

（4）预吹塑法　当型坯挤出时，通过特殊刀具切断型坯使之封底，在型坯进入模具之前吹入空气称为预吹塑法。在型坯挤出的同时自动地改变预吹塑的空气量，可控制有底型坯的壁厚。

（5）型坯厚度的程序控制　这是通过改变挤出型坯横截面的壁厚来达到控制吹塑制品壁厚和重量的一种先进控制方法。型坯壁厚的程序控制器可以根据吹塑容器轴向各处的吹胀比的差异产生型坯轮廓，设定型坯控制点控制型坯壁厚。壁厚控制点有 10 点、20 点、40 点、60 点、120 点等多种，控制的点数越多，则壁厚越均匀。程序控制器输出的信号通过电液伺服阀驱动液压缸使机头芯棒上下移动，以调节机头口模的间隙，实现型坯轴向壁厚分配要求，达到既保证制品质量要求又实现原材料节省的目的。调整时，根据机头套、模芯形状的不同，模唇间隙的调节方法也不同，模芯下降，模唇间隙变大，称为倒锥调节方式；反之，模芯下降，模唇间隙变小，称为正锥调节方式。模芯上下运动一般采用液压缸驱动。除通过模芯的上下移动实现型坯的壁厚变化之外，还可以借助薄壁钢圈的弹性变形来改变模唇间隙，模唇间隙借薄壁钢圈的弹性形变局部地环绕口模圆周而改变，形变可借螺钉来固定，或在出料过程中借程序控制器来自动改变。

如某企业采用美国摩根（MOOG）公司的 24 点型坯壁厚控制器，其工作原理如图 7-10 所示。它是由电子控制器、电液伺服阀、位移传感器及用来调整机头口模开口间隙大小的伺服液压缸等所组成的位移反馈电液伺服系统。工作时，电子控制器发出规律性变化的电信号，经比例放大器放大后输入到带位移反馈的电液伺服系统。伺服液压缸和电信号成正比地位移，带动机头芯棒上下运动，以改变口模部分开口缝隙大小，来实现改变型坯壁厚的目的。通常不同规格的中空成型机根据其加工对象的不同，为保证壁厚变化平缓，电子控制器可以把型坯长度均匀地按 24 等分或 32 等分来控制其开口间隙。这样，只要操作人员根据工艺要求设定好各等分型坯厚度的预选值，就可以很容易地控制长度方向的壁厚，得到壁厚均匀理想的中空制品。

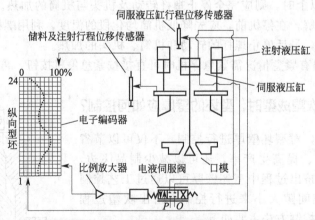

图 7-10　24 点型坯壁厚控制器的工作原理

7.2.3　挤出吹塑机的安装应注意哪些问题？应如何进行调试？

（1）挤出吹塑机的安装
挤出吹塑机安装时应注意以下几方面的问题。

① 机器应安装在干净、通风的车间。安装机器的地基应按地基平面图的要求施工，要求具有足够的承载能力，并且留有地脚螺栓的安装孔。

② 机器安装时，应用水平仪调整好水平，以确保机器工作时运行平稳。同时，必须注意到机器与墙壁、机器顶部与屋顶天花板有足够的距离。前者通常要求≥1.5m，后者要求≥2m。

③ 主机和辅机设备的安装应有合理布局，同时应考虑留有成型制品的堆放空间或输送通道。空气压缩机应放在靠近主机并具有较好隔声效果的专用房间。

④ 电、水、气等管线应布置在地下，地面上留出多个电源线、水管、气管接口（接头），冷却水要有一定压力与流量，并且考虑循环使用。电气控制柜安装在操作方便、视线广的位置。

（2）挤出吹塑机的调试

① 接通电气控制柜上的电源开关，将操作的选择开关调到点动或手动位置。

② 检查机器各部位的连接情况是否正常。

③ 机器润滑部位加好润滑油；液压系统油箱内加好工作油。

④ 将气泵（或空气压缩机）启动，运转至所需压力。

⑤ 检查主机电动机与液压泵电动机的转向是否正确；机器不工作时，液压系统应在卸压状态下运转。

⑥ 检查吹气杆的动作是否同步。

⑦ 接通加热与温度控制调节系统；接通冷却水系统，进行循环冷却。

⑧ 调整好所有行程开关（或电子比例尺）；关闭安全门。

⑨ 清洗料筒，进行加料试车。

7.2.4　挤出中空吹塑机应如何进行日常维护与保养？

定期清理挤出机的机筒、螺杆、型坯机头和成型模具，定时润滑各运动部件，认真维护机械、保持原料干净和工作场地清洁，有助于挤出吹塑中空成型机的长期、正常运转。

（1）挤出机的维护保养

① 所用的塑料原料及添加剂中不允许有杂质，严禁金属和砂石类等坚硬的物质进入料斗机筒中。

② 要有足够的预热升温时间。达到工艺设定温度后需保温 2～3h。开机之前应能用手动盘车。

③ 螺杆只允许在低速下启动，空转时间不能超过 2min。

④ 新机器运转跑合后，齿轮箱应更换润滑油，其后每运转 4000h 应更换一次润滑油。

⑤ 主电动机为直流电动机的，应每月检查一次电动机电刷的工作状况，若有问题应及时更换。

⑥ 长时间停机时，应对机器采取防锈、防污措施。

⑦ 对各润滑点的润滑情况及油位显示，各转动部位轴承的温升及噪声，电动机电流、电压的显示，润滑油和冷却水的温度，压力显示及液压管路的泄漏情况等，做到每日巡检。

（2）型坯机头的清洗

在成型过程中，当加工工艺温度较高或进行间歇吹塑时，若熔体在储料室中滞留时间较长，一些聚合物可能会产生一定程度的降解。而若聚合物中的添加剂太多，则在物料熔融过程中会形成副产物。这些降解物或副产物将会积聚在机头流道内，使型坯表面出现条纹，影响制品的性能及外观。因此，保持型坯机头的洁净和控制良好是保证吹塑制品性能的重要一环。

在生产实践中，机头的清理主要有手工清理法、溶剂清洗法及超声波溶剂清洗法等几种方法。

① 手工清理法　手工清理法是在拆卸机头前将机头温度加热到残料的熔点（T_m）之上，待机头内物料熔融后停止加热，迅速除去加热器，拆开机头。用铜片或铜制刮片去除黏附在机头流道内多余的熔体，然后用黄铜棉做仔细清理。如果有条件，也可采用高速气流来除去机头上的熔体，而后再用黄铜棉擦去氧化的熔体。此外，还可采用磨轮或高热除去熔体。应注意的是，加热机头时不能用喷灯火焰来加热，以免造成机头局部过热，影响口模与芯棒的尺寸和形状。

手工清理不仅工作量较大，还会对机头的流道壁面造成物理损伤。故清理机头时，应注意避免刮伤流道，尤其是模口区。

② 溶剂清洗法　溶剂清洗法是通过酸性或碱性化学制剂、有机或无机溶剂来清洗机头。采用溶剂清洗法清洗机头流道，可以避免刮伤流道表面。但采用酸性或碱性化学制剂清洗机头时或多或少会腐蚀流道表面，而且清洗的效率不如有机溶剂清洗效率高。使用溶剂清洗法清洗机头后，应设置回收装置，以降低成本消耗并可避免污染环境。

③ 超声波溶剂清洗法　超声波溶剂清洗法是采用超声波发声器及化学制剂并用清洗机头，用清水冲洗，除去机头表面的无机残余物，以避免对流道的腐蚀。该法清洗效果好，但要采用超声波发声器，故清洗成本较高。

(3) 模具的维护保养

模具的维护保养直接关系到制品的外观质量及模具的使用寿命，必须引起重视。挤出吹塑模具的维护保养通常有以下内容。

① 型腔内表面整修　型腔内表面的表面粗糙度是保证制品外观质量的关键。对于透明容器（如 PVC 和 PET 容器），要求型腔内表面具有很高的表面粗糙度质量（通常为 $Ra0.4\mu m$）。在生产过程中，应定期抛光维护，抛光时应用力摩擦，使少量抛光剂渗入模腔表面，然后用干净的棉布反复打磨，直到型腔表面再次达到镜面为止。抛光操作时，应经常更换棉布，以免划伤型腔。

② 夹坯口的维护　经过一定时间的挤出吹塑生产后，模具夹坯口的刃口将会磨损，故应定期修复。修复工作应由有经验的制模人员承担。

③ 模颈的保护　挤出吹塑模具颈部的剪切块及进气杆的剪切套，是保护制品颈部形状的重要部件。剪切块与剪切套的刃口被不均匀磨损后，成型容器在使用时颈部会产生泄漏现象，故应经常检查，使其处于良好状态，必要时应及时修理或更换。

④ 模具冷却孔道的清洗　当模具冷却孔道发生堵塞或因锈蚀而影响冷却介质流动时，会导致制品因冷却不均匀而产生翘曲变形，故应定时对冷却孔道进行清洗。清洗时可采用专用除垢剂进行清洗，再用清水冲洗的清洗方法。

⑤ 模具运动件的润滑　合模装置导杆、导轨以及模具导柱、导套应定期进行润滑，以保证合模动作的平稳性。导套磨损后应及时更换，以确保模具的对中性。

⑥ 模具的存放　当停止生产一段时间或将模具入库时，应用压缩空气吹净模具的冷却孔道。模具表面应涂上防护剂并合拢放置，避免锈蚀和损伤。

7.2.5　挤出中空吹塑机定期检修包括哪些内容？

定期检修是挤出中空吹塑机维护保养中的一个重要环节，定期检修包括 3～6 个月、12 个月以及 36 个月的定期检修，一般分别称为小修、中修和大修。

(1) 小修的主要内容

① 清理上料系统的上料管，更换密封件。

② 抽真空系统的清理。

③ 机头漏料处理以及对过滤网更换装置进行检修、清理。

④ 检查并处理冷却水、润滑油等管路、管件的泄漏。

⑤ 应及时补充液压系统的工作油，保证油位处于油标的中间位置。为保证工作油具有合适的黏度，建议环境温度低时采用 32 号抗磨液压油，环境温度高时采用 46 号抗磨液压油。

⑥ 每半个月至一个月，应观察减速器的油位视窗，若油位低于规定值，应及时补充适量的 220 中级液压齿轮油（LCKC220）。新机启用后，应在 300～600h 内更换一次润滑油，更换时间须在减速器停止至润滑油尚未冷却时，箱体亦应用同品质的润滑油冲洗干净。

（2）中修的主要内容

对挤出吹塑机进行中修时，除包括小修的内容外，主要还有以下几方面的内容。

① 检查螺杆表面、螺杆花键（或平键）并清洗。

② 检查或更换多孔板、过滤网，修理托板表面，调整夹紧力。

③ 检查减速箱中齿轮的齿面状况及接触情况，测量齿隙，清理减速箱底油污，消除油封等密封部位的漏油现象并换油。

④ 检查减速器输出轴与螺杆的连接套（或花键套）的同轴度及磨损情况。

⑤ 检查主电动机轴承并加注润滑脂。

⑥ 检查电加热器及电控部分。

⑦ 液压系统检查，包括：按规定更换工作油；清洗滤油过滤装置或更换；检查各阀的性能，必要时予以更换；按要求检查伺服系统，保证型坯质量。

（3）大修的主要内容

大修的内容除包括中修的内容外，还有以下几方面的内容。

① 拆卸并抽出挤出机螺杆。拆卸挤出机螺杆时应注意必须是在确定机筒内物料完全熔融并挤净机筒内熔料后，再拆卸。在抽出螺杆的过程中，应防止螺杆变形和碰伤，所用钢丝绳应套胶管。清理螺杆表面物料、积炭，所用工具为铜棒、铜板及铜刷。测量并记录螺杆各段外径，测量螺杆的直线度，必要时进行校直。测量螺杆花键或平键的配合间隙，记录磨损情况，清除毛刺。螺杆外径，一般磨损量允许极限≤2mm。螺杆轴线的直线度偏差应不低于 GB/T 1184—2008 规定的 8 级精度，否则应予以校正。镀铬层脱落部位可用刷镀法或喷镀法修复。

② 检修机筒内表面的刮伤部位。

③ 检查调整机筒对减速器输出轴的同轴度及机筒体、减速器的水平度，测量并记录螺杆与机筒的间隙值。机筒前、后端水平度偏差≤0.05mm/m，而且倾斜方向一致。

④ 解体检查轴承、润滑油泵、油分配器、密封及运动部件。

⑤ 解体检查主减速器，修理齿轮齿面，调整各部件的间隙，检查更换轴承、油封等易损件，清理油箱并换油。

⑥ 解体检查修理喂料机及喂料电动机。

⑦ 检修液压系统，全面清洗、检查、测试各液压元器件（特别是泵和阀），凡达不到要求的必须进行更换。

7.3　挤出吹塑设备疑难处理实例解答

7.3.1　挤出吹塑过程中为何模具不能完全闭合或有胀模现象？应如何解决？

（1）产生原因

① 合模压力不足。

② 合模到位触动器过早碰到行程开关，或合模到位接近开关损坏。

③ 电磁阀线圈已坏，或电磁阀不动作、卡死。

④ 液控单向阀有泄漏现象。

(2) 解决办法

① 提高合模压力。

② 检查触动器并调至适当位置。

③ 检查或更换接近开关。

④ 检查或更换电磁阀。

⑤ 检查液控单向阀，清洗或更换液控单向阀。

7.3.2 吹塑模具合模时为何发出较大的撞击声？应如何解决？

(1) 产生原因

① 慢速合模的节流阀调节不当。

② 慢速合模触动器位置不当，触动器未碰到接近开关或合模慢速、合模终点接近时开关已坏。

③ 合模压力太大。

④ 合模到位后触动器未碰到接近开关。

(2) 解决办法

① 按顺时针方向调整慢速合模的节流阀。

② 调节触动器位置，使其慢速合模时能碰到接近开关。

③ 适当降低合模压力。

④ 检查或更换接近开关。

7.3.3 挤出中空吹塑过程中液压泵有较大噪声，是何原因？应如何解决？

(1) 产生原因

① 液压泵可能已经损坏。

② 油箱内过滤网杂质太多，堵塞严重。

③ 油箱至液压泵之间的球阀关闭。

④ 液压油的质量不好，油温过高。

⑤ 油箱至液压泵的管路有空气进入。

(2) 解决办法

① 检查液压泵，必要时更换液压泵。

② 清洗或更换过滤网。

③ 打开油箱至液压泵之间的球阀。

④ 更换液压油，检查冷却水进入情况。

⑤ 紧固该管路各接头，加强各连接部分的密封。

7.3.4 挤出吹塑时螺杆变频调速电机的变频器突然不工作，是何原因？应如何解决？

(1) 产生原因

① 变频器已烧坏。

② 变频器内控线或主控制线接触不良。

③ 变频器散热不良。

④ 接触器线圈失电工作。

⑤ 电压太低。

（2）解决办法

① 检查或更换变频器。

② 检查变频器内控线或主控制线，坚固接线。

③ 检查变频器散热情况，清理散热口。

④ 检查接触器，必要时更换接触器。

⑤ 检查并调节变频器进线电压。

7.3.5　挤出中空吹塑机为何不升温或出现升温报警现象？应如何解决？

（1）产生原因

① 加热按钮未打开，或某一段加温控制键未打开。

② 热电偶接触不良，或损坏。

③ 温控模块已损坏。

④ 当前温度值低于下限设定温度值，或温控值未设定。

（2）解决办法

① 打开加热按钮，或打开该段控制键。

② 检查热电偶接线情况，必要时更换热电偶。

③ 更换新的温控模块。

④ 检查报警加热段工作是否正常，设定合适的下限温度及温控值。

7.3.6　挤出吹塑表面凹陷的制品时，制品的脱模可采取哪些措施？

　　挤出吹塑成型一些柔软而富有弹性的制品时，在模内因冷却收缩，会使制品表面产生凹陷。当制品表面的凹陷不太厉害时，一般不影响制品的顺利脱模。除用气芯吹塑成型的制品受气芯的制约外，在模具开启的同时，一般底部内陷的小型瓶类制品只要稍稍向上提起，制品就能顺利脱模。但有些制品尽管凹陷不太厉害，但是制品在脱模时无法变更位置，如制品两个对称的端面同时向内凹陷或凹陷很深时，制品的脱模就会变得很困难，甚至在模具开启的同时就被拉破。在这种情况下，通常的办法就是使模具局部能够运动，在开模和取出制品时让出空间，保证制品取出不受影响。其驱动机构一般都采用液压缸或汽缸（推动凹陷部位的模块作退让运动）。如用液压缸驱动四分型模。但对汽车零件来说，凹陷部分的形状各异，因此模具上必须设置各种各样的液压缸驱动的模块退让动作机构。

　　当模具内、外受空间限制，无法装设动作缸时，可将模具上凹陷部分的模块做成可分离的结合形式，也就是抽芯式结构，在脱模时可与制品同时脱落，然后再放回到模具中去。

　　内孔带螺纹的制品模具可以理解为带凹陷部位制品的特殊形式。这类中、小型容器的模具可在吹塑喷嘴上设置带螺纹的凸缘环，成型脱模后再将凸缘环旋出。另外，有些汽车零部件在分型面以外的部位设有螺纹结构，这类制品的模具中就应该设置具有转角控制功能的汽缸，使螺纹部分的模块按螺距的要求一边旋转一边向外退出。

7.3.7　吹塑过程中模具在闭模时易损伤，是何原因？应如何处理？

（1）产生原因

① 模具的导柱松动、损坏或导柱设置不当。

② 固定模具的个别部位螺栓松动，使两半模具出现错位。

③ 模具内的金属嵌件有松动。

④ 底吹（顶吹）装置定位不准确或在运转中发生错位。

⑤ 底吹（顶吹）装置提升或下降的速度与模具闭合速度不同步。

(2) 处理办法

① 检查模具导柱，修复或更换已松动导柱，模具导柱不能少于 2 根。

② 经常检查模具固定螺栓，及时更换已损坏的螺栓。

③ 修复模具内金属嵌件松动部位，操作时应注意把嵌件安放牢固。

④ 经常检查底吹或顶吹装置的定位状况。

⑤ 调整底吹或顶吹装置的提升或下降速度，使其与模具速度同步。

7.3.8　采用储料缸挤出吹塑机头时，型坯挤出量为何会不稳定？应如何处理？

(1) 产生原因

① 储料缸活塞限位开关松动，计量不准确。

② 储料缸的活塞密封圈磨损，出现了溢料。

③ 树脂性能不稳定，工艺条件波动，使注入储料缸的供料量产生波动。

(2) 处理办法

① 检查限位开关是否松动，更换、调整活塞行程限位开关，拧紧限位开关螺栓。

② 更换活塞密封圈，经常清除储料缸溢料。

③ 检查工艺设定是否合适，调整工艺。

第8章
挤出成型其他设备操作与疑难处理实例解答

8.1 原料预处理设备操作与疑难处理实例解答

8.1.1 物料的预热干燥装置有哪些？各有何特点和适用性？

物料预热干燥装置常见的有热风干燥箱、远红外预热干燥装置、真空干燥箱、循环气流预热干燥装置等。

(1) 热风干燥箱

热风干燥箱是应用较广的一种预热干燥设备。这种干燥设备在箱体内装有电热器，由电风扇吹动箱内空气形成热风循环。物料平铺在盘里，料层厚度一般不超过 2.5cm。干燥烘箱的温度可在 40～230℃ 范围内任意调节。干燥热塑性物料，烘箱温度根据物料性质控制在 60～110℃ 范围，时间为 1～3h；对于热固性物料，温度为 50～120℃ 或更高（根据物料而定）。热风干燥箱结构简单，多用于小批量物料预热干燥，如压延生产中各种用量较少的固体助剂。

(2) 真空干燥箱

真空干燥箱是将需干燥的物料置于减压的环境中进行干燥处理，这种方法有利于附着在物料表面水分的挥发以达到干燥目的。常用的真空干燥箱有真空耙式预热干燥机和真空料斗等。真空干燥时真空泵将干燥机中的空气抽出，机体内形成负压，从而使物料的表面水分挥发达到干燥的目的。真空干燥时由于机体内空气被抽出，而减少干燥环境中的含氧量，可避免物料干燥时的高温氧化现象。真空干燥箱主要用于在加热时易氧化变色的物料，如 PA 等。

(3) 远红外预热干燥装置

远红外预热干燥装置主要由远红外线辐射元件、传送装置和附件（保温层、反射罩等）组成，如图 8-1 所示。远红外线辐射元件主要由基体、远红外线辐射涂层、热源组成。基体一般可由金属、陶瓷或石英等材料制成。远红外线辐射涂层主要是 Fe_2O_3、MnO_2、SiO_2 等化合物；热源可以是电加热、煤气加热、蒸汽加热等。

(a) 单层传送 (b) 多层传送采用远红外线预热干燥时，一般首先由加热器对基体进行加热，然后由基体将热能传递给辐射远红外线的涂层，再由涂层将热能转变成辐射能，使之辐射出远红外线。由于预热干燥的物料有对远红外线吸收率高的特点，能吸收远红外预热干燥装置发射的特定波长的远红外线，使其分子产生激烈的共振，从而使物料内部迅速地升高温度，达到预热干燥的目的。

一方面，远红外预热干燥由于是辐射传热，可以使物料在一定深度的内部和外表面同时加

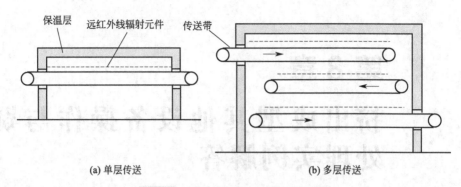

(a) 单层传送　　　　　　　　　　(b) 多层传送

图 8-1　远红外预热干燥装置示意图

热，不仅缩短了预热干燥时间、节约能源，而且也避免了受热不均匀而产生物料的质变，提高了预热干燥的质量，其预热干燥温度可达 130℃左右。另一方面由于热源不直接接触物料，因此易实现连续预热干燥。远红外预热干燥设备规模小、制造简便、成本低，主要适用于大批量物料的预热干燥。

（4）循环气流预热干燥装置

循环气流预热干燥装置是利用蒸汽、电、热风炉、烟气炉的余热作为热源来进行干燥的设备。循环气流预热干燥的特点是：时间短，脱水速度快，一般为 0.5～3s。主要适用于大批量的各种粉料、粒料、糊状料等物料的预热干燥。

8.1.2　原料的筛析设备有哪些类型？各有何特点和适用性？

原料常用的筛析设备主要有转动筛、振动筛和平动筛三种类型。

（1）转动筛

常见的转动筛主要有圆筒筛，它主要由筛网和筛骨架组成，如图 8-2 所示。筛网通常为铜丝网、合金丝网或其他金属丝网等。工作时将需筛析的物料放置于回转的筛网上，通过驱动装置带动圆筒形筛网转动而实现物料的筛析。这种筛体的结构简单，而且为敞开式，有利于筛网的维修或更换，但筛选效率低。筛网的使用面积只占筛网总面积的 1/8～1/6，由于筛体为敞开式，筛选时易产生粉尘飞扬，卫生性差。

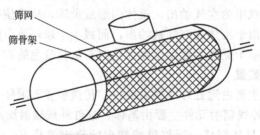

图 8-2　圆筒筛结构示意图

转动筛析通常主要适合于筛选密度较大的粉状填料，如碳酸钙、滑石粉、陶土等。

（2）振动筛

振动筛是一种通过平放或略倾斜的筛体，通过振动进行筛析的设备。根据筛体振动方式可分为机械式和电磁式两种类型。

机械式振动筛主要由筛体、弹簧杆、连接杆、偏心轮（或凸轮）等组成，如图 8-3 所示。它是利用偏心轮（或凸轮）装置，使筛体沿单一方向发生往复变速运动而产生振动，从而达到筛选的目的。

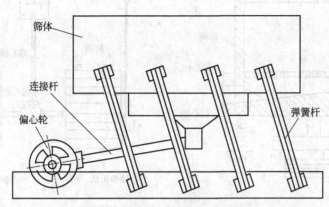

图 8-3　机械式振动筛结构示意图

　　电磁式振动筛主要由筛体、电磁铁线圈、电磁铁、弹簧板与机座等组成，如图 8-4 所示。它是利用电磁振荡原理，由电磁铁线圈与电磁铁等组成电磁激振系统，工作时因电磁铁的快速吸合与断开使筛体沿单一方向发生往复变速运动而产生振动，达到筛选的目的。

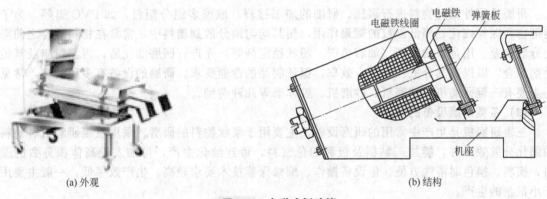

(a) 外观

(b) 结构

图 8-4　电磁式振动筛

　　振动筛析通常适用于筛析粒状树脂和密度较大的填料。若将筛体制成密闭式，也能用于粉状物料的筛选。振动筛析的主要特点是：筛选效率高，并且筛孔不易堵塞；省电，电磁振动筛的磁铁只在吸合时消耗电能，而断开时不消耗电能；筛体结构简单且为敞开式，有利于筛网的维修或更换；由于筛体是敞开式，筛析时易产生粉尘飞扬，卫生性差；同时，往复变速运动产生的振动使运动部件撞击而产生较大的噪声。

　　(3) 平动筛

　　平动筛主要由筛体、偏心轮、偏心轴等组成，工作时利用偏心轮装置带动筛体发生平面圆周变速运动。根据筛体的数目，平动筛分为单筛体式和双筛体式两种类型，其结构如图 8-5、图 8-6 所示。双筛体式有两个筛体，其四角用钢丝绳悬吊在上面的支撑部件上，而中间的偏心轴主要作传动之用，为了使平动筛的运动平稳，偏心轮在设计时通常采用平衡块（铅块）来实现其质量平衡。偏心轴转动时，筛体作平面圆周变速运动而达到筛选的目的。平动筛的特点是：工作时整个筛网基本都能得到利用，筛选效率比圆筒筛高而比振动筛低，但筛孔易堵塞；筛体通常为密闭式的，故筛选时不易产生粉尘飞扬，卫生性好；筛体发生平面圆周变速运动而产生的振动小，噪声小；筛体的密闭使筛网的维修或更换不方便。

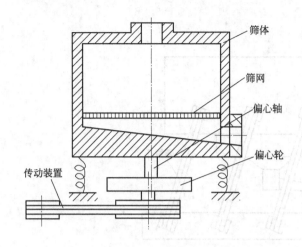

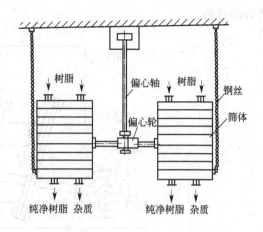

图 8-5　单筛体式平动筛结构示意图　　　图 8-6　双筛体式平动筛结构示意图

8.1.3　研磨设备的类型有哪些？各有何结构特点？

(1) 研磨设备的类型

研磨是用外力对物料进行碾压、研细的加工过程。成型多组分塑料，如 PVC 膜等，为了能把物料颗粒细化，降低颗粒的凝聚作用，使其均匀地分散到塑料中，常常在物料混合之前需把分散性差、用量少的助剂（如着色剂、粉状稳定剂等）先进行研磨细化后，再与树脂及其他助剂混合，以提高其分散性和混合效率，保证制品的性能要求。研磨的设备有多种类型，常见的主要有三辊研磨机、球磨机、砂磨机、胶体磨等几种类型。

(2) 各类研磨设备的特点

三辊研磨机是生产中常用的研磨设备，主要用于浆状物料的研磨。采用三辊研磨机时物料的细化分散效果好，能加工黏稠及极稠的色浆料，可连续化生产，可加入较高体积分数的颜料，换料、换色时清洗方便。但设备操作、维修保养技术要求较高，生产效率低，一般主要用于小批量的生产。

球磨机主要用于颜料与填料的细化处理，适于液体着色剂或配制成色浆料的研磨。球磨机研磨时无须预混合，可直接把颜料、溶剂及部分基料投入设备中进行研磨。其操作简单，维修量少。由于是密闭式操作，因此可适合挥发或含毒物的浆料的加工，但操作周期长，噪声大，换色较困难，不能细化较黏稠的物料。

砂磨机主要用于液体着色剂及涂料的研磨，其生产效率高，可连续高速化操作，设备操作、维修保养简便，而且价格便宜、投资少，应用广泛，但对于密度大、难分散的颜料，如炭黑、铁蓝等，灵活性较差，更换原料和颜色较困难。

胶体磨是一种无介质的研磨设备，主要由转子、定子等组成，转子的高速旋转对色浆料产生剪切、混合作用，使颜料粒子得以细化分散。转子和定子的间距可以调节，以调节颜料的细化程度。胶体磨使用方便，可连续化操作，生产效率高，但浆料黏度过高时，会使转子减速或停转，转子与定子的间距最小为 $50\mu m$，大型胶体磨通常在 $100\sim200\mu m$ 间距下运行，因而不宜于分散细度要求较高的色浆。

8.1.4　三辊研磨机的结构组成如何？三辊研磨机应如何选用？

(1) 三辊研磨机的结构组成

三辊研磨机主要由辊筒、挡料装置、调距装置、出料装置、传动装置组成，如图 8-7

所示。

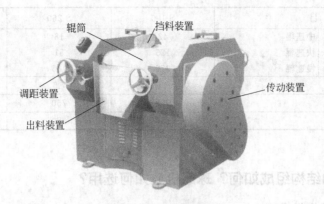

辊筒　挡料装置

调距装置

出料装置

传动装置

图 8-7　三辊研磨机

三辊研磨机的辊筒是对物料产生剪切和挤压的场所，一般为三个等径辊筒平行排列组成，辊筒直径的大小取决于研磨机的规格。

挡料装置位于慢速、中速辊之间，挡板的位置可通过螺钉进行调节，其作用是防止加料时物料进入辊筒两端的轴承中。

调距装置的作用是调节辊间距离及压紧力，改变对物料的剪切和挤压作用以达到研磨的要求。

出料装置（刮刀片）一般多用钢板制成，其作用是将辊筒表面上的浆料刮下。为了有利于快速辊表面上的浆料刮下，应贴在快速辊的表面上，其刀口位置应设在高于辊筒轴线 3mm 处。

传动装置主要由电动机、减速箱、联轴器、速比齿轮组成，其作用是为各辊筒提供所需的转矩和转速。电动机通过三角带传动，经减速箱后，直接由联轴器传入中速辊，再通过速比齿轮来带动快速、慢速两辊作同向旋转。

（2）三辊研磨机的选用

三辊研磨机工作时，三个辊筒在传动装置的驱动下，分别以大小不同的速度彼此相向旋转，如图 8-8 所示，通常三个辊筒的速比为 $1:3:9$。由于相邻两辊间有一个速度差和辊隙间压力的存在，使加入相向旋转慢速与中速辊之间的物料大部分被带入辊隙中，而被辊筒挤压、剪切，并且包在转速较快的中速辊上，再被带入中速与高速辊辊隙，再次被挤压和剪切后，又包在快速辊上，最后由刮刀片刮下。为了达到均匀研细，物料通常需要研磨 $2\sim3$ 遍，研磨的细度可由细度板测定，通常浆料的研磨细度都应达到 $50\mu m$。

三辊研磨机的研磨质量和效率通常与辊筒的直径、辊筒的工作长度、辊筒的转速及速比的大小等有关，因此在选用三辊研磨机时，通常以辊筒的直径、辊筒的工作长度、辊筒的转速及速比的大小等参数来加以选择。三辊研磨机规格大小一般以辊筒直径来表征。表 8-1 所示为常用三辊研磨机的主要参数。

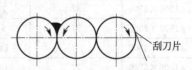

刮刀片

图 8-8　三辊研磨机的旋转状况

表 8-1　常用三辊研磨机的主要参数

项　　目	S-100	S-260	S-405
辊筒直径/mm	100	260	405
辊筒工作长度/mm	200	695	810
辊筒速比(慢速∶中速∶快速)	1∶3∶9	1∶2.85∶8.12	1∶3∶9

续表

项　目		S-100	S-260	S-405
辊筒转速/(r/min)	中速辊	42	18	12
	快速辊	125	51	37
	慢速辊	375	145	114
电机功率/kW		7.5	7.5	15
电机转速/(r/min)		905	750	370
电压/V		380	380	380

8.1.5　球磨机的结构组成如何？球磨机应如何选用？

(1) 球磨机的结构组成

球磨机主要用于颜料与填料的细化处理，适于浆料的研磨。球磨机有多种结构类型，常用的是卧式球磨机，其主要由磨筒、电机、减速机、传动带、机架等组成，如图 8-9 所示。磨筒内都装有许多大小不同的钢球或瓷球、钢化玻璃球等，球体的容积一般占圆筒容积的 30％～35％。转动时，球体对加入的物料产生碰撞冲击及滑动摩擦，使物料粒子破碎，达到研细的目的。经研磨后的浆料通过球磨机的过滤网过滤，再排出。球磨机中过滤器的过滤网一般有三层，目数一般为 80～100 目，应保证浆料的研磨细度在 50μm 以下。

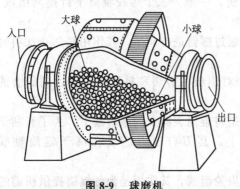

大球　小球　入口　出口

图 8-9　球磨机

(2) 球磨机的选用

球磨机的选用一般可根据其出料粒度及产量大小来选择其规格型号。球磨机的规格型号通常以磨筒的直径及长度大小来表征。表 8-2 所示为几种球磨机的主要技术参数。

表 8-2　几种球磨机的主要技术参数

规格型号	筒体转速/(r/min)	装球量/t	给料粒度/mm	出料粒度/mm	产量/(t/h)	电动机功率/kW	机重/t
φ900×1800	38	1.5	≤20	0.075～0.89	0.65～2	18.5	3.6
φ900×3000	38	2.7	≤20	0.075～0.89	1.1～3.5	22	4.5
φ1200×2400	32	3.8	≤25	0.075～0.6	1.5～4.8	45	11.5
φ1200×4500	32	7	≤25	0.074～0.4	1.6～5.8	55	13.8
φ1500×3000	27	8	≤25	0.074～0.4	4～5	90	17
φ1500×4500	27	14	≤25	0.074～0.4	3～7	110	21
φ1500×5700	27	15	≤25	0.074～0.4	3.5～8	132	24.7

8.1.6　三辊研磨机应如何操作？在操作过程中应注意哪些问题？

(1) 三辊研磨机的操作

① 上岗前必须按规定穿戴好劳动保护用品，检查辊面是否清洁，辊间有无异物。检查下料刮刀是否锋利，检查各润滑部分是否足够润滑。

② 开机前，首先将辊筒依次松开，再将料刀松开，挡尖轻微松开。同时必须清理干净接

浆罐，并且放置在接料位置上。打开阀门，调节冷却水量。

③ 启动三辊研磨机，开始运转后，即可调节三辊研磨机的中辊和后辊之间的间隙，一般间隙调节为 0.3mm 左右。再适当地进行压紧挡料板，然后就适当地加入一定量的浆料。在加料的过程中，观察物料着色的深度，然后再进一步调节后辊，待所有的物料着色均匀分布后，锁紧固定螺母。

④ 调节慢辊和快辊向中间靠拢，观察辊面平行，调节好辊筒松紧。调节压紧下料刮刀，压力大小以刮刀刀刃全部与辊面贴实不弯曲为限。

⑤ 调节挡尖松紧，以不漏为限。同时还应检查出料均匀程度及浆料的细度。如果不合格，应继续进行前后辊的调整。

⑥ 操作过程中应观察电流表指针，不得超过三辊研磨机的额定电流。

⑦ 停机时，待浆料流完后，用少量同品种脂类或溶剂快速将辊筒洗干净。松开辊筒，松开挡尖，松开下料刮刀，按停机按钮停车。

⑧ 关闭冷却水阀门。清洗挡尖、刮刀、接料盘，将机械全部擦拭干净，清理设备现场周围。如长期停车，将辊筒涂上一层 40# 机油，以防辊筒生锈。

(2) 操作注意事项

① 操作前首先检查电源线管、开关按钮是否正常，降温循环水是否有，如一切正常方可开机。

② 不开冷却水严禁开车。注意辊筒两端轴承温度，一般不超过 100℃。

③ 两辊中间严禁进入异物（如金属块等），如不慎进入异物，则紧急停车取出，否则会挤坏辊面或损坏其他机件。

④ 应随时注意调节前后辊，由于辊筒的线膨胀，如不小心，工作时容易胀死，甚至刹住电机产生意外。

⑤ 挡料铜挡板（挡尖）不能压得太紧，随时加入润滑油（能溶入浆料的），否则会很快磨损。

⑥ 当辊筒中部浆料薄，两端厚，可能辊筒中凸，需调大冷却水量。当辊筒两端浆料薄，中间浆料厚，需调小冷却水量。

⑦ 操作中应注意是否有异常，如有异常应即刻停机。

8.1.7　球磨机应如何操作？操作过程中应注意哪些问题？

(1) 球磨机的操作步骤

① 检查润滑站油箱、减速箱内、电机主轴承内、球磨机筒体主轴瓦内、大小齿轮箱内是否有足够的油量，油质是否符合要求；检查减速器、主轴瓦冷却水是否通畅；检查各部连接螺栓、键、柱销是否松动、变形；检查传动齿轮润滑是否良好、有无异物；检查筒体衬板及螺栓是否松动；检查给料、出料装置是否运行正常；检查电动机的接触情况是否良好；检查仪表、照明、动力、信号等系统是否完整、灵活可靠。

② 启动球磨机。启动顺序为：开动给料设备—开动主电机—开始对球磨机给料、供水。注意观察球磨机主轴承、滚动轴承、减速机和电动机各个轴承润滑处是否有过热现象；各个密封处是否严密，有无漏料、漏油、漏水等现象；球磨机运转是否平稳，有无不正常的振动，有无异常声音。

③ 球磨机停车。球磨机停机时，先做好停机的准备工作，首先用预先设定的信号通知各工位的人员，应先做好停机准备工作。停机顺序为：先停喂料设备—停止主电机—停润滑油和冷却水。球磨机的操作流程如图 8-10 所示。

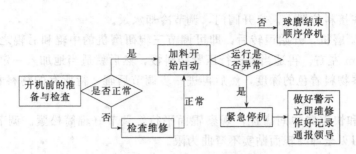

图 8-10　球磨机的操作流程

(2) 操作注意事项

① 启动操作前必须清场，并且做好准备启动警示，先点动试车。

② 停车、出现异常维修操作等需挂警示牌，严禁带电维修作业。

③ 工作期间严禁擅自离开岗位，发现异常应立即按照停车作业顺序停车，并且做好记录上报问题。

8.2　物料混合混炼设备操作与疑难处理实例解答

8.2.1　颜料的混合分散设备类型主要有哪些？各有何特点？

(1) 颜料的混合分散设备主要类型

颜料的混合分散设备类型较多，常用的主要有捏合机、Branetali 混合机、高速分散机、高速混合机、连续混合器等。

(2) 各类混合分散设备特点

捏合机主要用于高黏度物质的混合分散，如粉状颜料、色母料等。物料在可塑状态下，在捏合机的工作间隙中承受强烈的剪切、挤压，使颜料凝聚体破碎、细化、混合分散。捏合机能形成较强烈的纵混和横混，从而表现出强烈的分散能力和研磨能力。

Branetali 混合机主要用于各种黏度乳液的混合和分散，混合机中一般都有温控装置，生产过程中温度容易控制。还有一对同轴不同转速，而且轴心位于混合室中心的框型板，工作时得用框型板与混合室内壁对物料产生的摩擦、剪切、挤压等作用，使物料间相互碰撞、交叉混合，以使其均匀分布。混合机的工作容量范围较宽，可以是总容量的 25%～80%，混合室拆装方便，换料换色容易。但框型板对物料在重力方向的作用较弱，故对超高黏度的乳液混合分散效果不佳。

高速混合机是广泛使用的混合分散设备，主要用于干掺和粉体树脂的混合与分散，如色母料生产中的初混合，颜料与分散剂及树脂的混合或粉状 PVC 树脂与其他助剂的混合等。高速混合机工作时，其混合锅中的搅拌桨叶在驱动电动机的作用下高速旋转，搅拌桨叶的表面和侧面分别对物料产生摩擦和推力，迫使物料沿桨叶切向运动。同时，物料由于离心力的作用而被抛向锅壁，物料受锅壁阻挡，只能从混合锅底部沿锅壁上升，当升到一定的高度后，由于重力的作用又回到中心部位，接着又被搅拌桨叶抛起上升。这种上升运动和切向运动的结合，使物料实际上处于连续的螺旋状上、下运动状态。由于桨叶运动速度很高，物料间及物料与所接触的各部件相互碰撞、摩擦频率很高，使得团块物料破碎。加上折流板的进一步搅拌，使物料形成无规的旋涡状流动状态而导致快速的重复折叠和剪切撕捏作用，达到均匀混合的目的。因此其混合效果好，生产效率高。

连续混合器是一种转子式混合器，它主要用于聚烯烃色母料、聚苯乙烯色母料的配料的混合分散。混合器中有转子，该转子相当于螺杆送料器。当物料加入转子的加料段时，能把物料推到转子的混合段。物料在转子和筒壁之间因强烈剪切力作用而混合分散，并且在转子间的研磨作用下被捏合。一般连续混合器是把多种组分的物料连续地或分批计量加入某种基料中，并且保持连续出料。

8.2.2　高速混合机的结构如何？应如何选用？

（1）高速混合机结构

普通高速混合机主要由混合锅、回转盖、折流板、搅拌桨叶、排料装置、电动机、机座等部分组成，如图 8-11 所示。

(a) 外观　　　　　　　　　(b) 结构

图 8-11　高速混合机

1—回转盖；2—混合锅；3—折流板；4—搅拌桨叶；5—排料装置；6—电动机；7—机座

混合锅是混合机的主要部件，是物料受到强烈搅拌的场所，其结构如图 8-12 所示。其外形呈圆筒形，锅壁由内壁层、加热或冷却的夹套层、绝热及外套层三层构成。内壁通常是由锅炉钢板焊接而成，有很高的耐磨性。为避免物料的黏附，混合锅内壁表面粗糙度 $Ra \leqslant 1.25\mu m$。夹套层一般用钢板焊接，用于通入加热或冷却介质以保证物料在锅内混合所需的温度。夹套外部是保温绝热层，与管板制成的最外层组成隔热层，防止热量散失。

混合锅上部是回转盖，回转盖通常为铝质材料制成。其作用是安装折流板，封闭锅体以防止杂质的混入、粉状物料的飞扬和避免有害气体逸出等。为便于投料，回转盖上设有 2～4 个主、辅投料口，在多组分物料的混合时，各种物料可分别同时从几个投料口投入而不需要打开回转盖。

折流板的作用是使作圆周运动的物料受到阻挡，产生旋涡状流态化运动，促进物料混合均匀。折流板一般是用钢板做成，而且表面光滑，断面呈流线型，内部为空腔结构，空腔内装有热电偶，以控制料温。折流板上端悬挂在锅盖上，下端伸入混合锅内靠近锅壁处，而且可根据混合锅中投入物料的多少上下移动，通常安装高度应位于物料高度的 2/3 处。

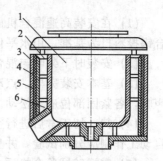

图 8-12　混合锅的结构示意图

1—混合锅；2—混合锅内壁；
3—外层；4—保温绝热层；
5—夹套层壁；6—加热夹套

搅拌装置是混合机的重要工作部件，其作用是在电动机的驱动作用下高速转动，对物料进行搅拌、剪切，使物料分散。搅拌装置一般由搅拌桨叶和主轴驱动部分组成，通常设在混合锅底部。

在混合锅底部前侧设有排料装置，其结构如图 8-13 所示。排料阀门与汽缸内的活塞通过活塞杆相连，当压缩空气驱动活塞在缸内移动时，可带动排料阀门迅速地实现排料口的开启和关闭。排料阀门外缘一般都装有橡胶密封圈，排料阀门关闭时，阀门与混合锅成为一体，形成密而不漏的锅体。当物料混合完毕，经驱动排料阀门与混合锅体脱开而实现排料。安装在排料口盖板上的弯头式软管接嘴连接压缩空气管，可在排料后，通入压缩空气，用以清除附着在排料阀门上的混合物料。

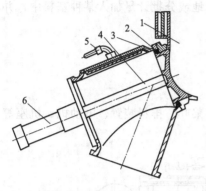

图8-13 排料装置的结构示意图
1—混合锅；2—排料阀门；3—密封圈；
4—活塞杆；5—软管接嘴；6—汽缸

(2) 高速混合机的选用

高速混合机有蒸汽加热、电加热及油加热三种加热的方式，应根据生产条件的情况加以选择。

① 蒸汽加热的高速混合机，加热时升温、降温速度快，易进行温度控制，但当蒸汽压力不稳定时，锅壁温度也不稳定，易使物料在锅壁处结焦，对混合质量有一定影响。此外，还需增设蒸汽发生的设备。

② 电加热的高速混合机操作方便，卫生性好，无须增添其他设备，但升温、降温速度慢，热容量较大，温度控制较困难，使锅壁温度不够均匀，物料易产生局部结焦。

③ 油加热的高速混合机在加热时，锅壁温度均匀，物料不易产生局部结焦，但升温、降温速度慢，热容量大，温度控制较困难，并且易造成油污染。

生产中还应根据压延设备大小、生产速度及产量的大小等选择合适规格大小的混合机，压延生产中常用高速混合机的规格主要有 200L、300L、500L、800L 等。

搅拌桨叶的结构形式有普通式和高位式。普通式的搅拌桨叶装在混合锅的底部，传动轴为短轴；高位式的搅拌桨叶装在混合锅的中部，传动轴相应长些。搅拌桨叶结构、安装对物料的搅拌混合效果有较大的影响，在选用时应根据物料的特性来选择搅拌桨叶的结构形式和组合安装的形式，尽量减少搅拌死角，提高搅拌的效果。对于搅拌桨叶是高位安装的高速混合时，物料在桨叶上下都形成了连续交叉流动，因而混合速度快，效果好，而且物料装填量较多。

8.2.3 高速混合机应如何进行安装调试？

(1) 在安装高速混合机前，应仔细阅读使用说明书。混合机应安装于牢固的地坪上，以混合锅投料口为基准，用水平仪校平后，将机座与地坪上的地脚螺栓紧固。

(2) 安装时下桨叶与混合室内壁不允许有刮碰，排料阀门启闭应灵活可靠。

(3) 基本安装完毕，点动电动机，检查搅拌桨旋向是否正确。整机运转时应平稳，无异常声响，各紧固部位应无松动。

(4) 待一切正常后进行空运转试验，混合机的空运转时间不得少于 2h，其手动工作制和自动工作制应分别试验，并且按 JB/T 7669 规定进行检验。

(5) 空运转试验合格后，应进行不少于 2h 的负荷试验，并且按 JB/T 7669 规定进行检验。

(6) 负荷试验时的投料量由工作容量的 40% 起，逐渐增加至工作容量。

(7) 整机负荷运转时，主轴轴承最高温度不得超过 80%，温升不得超过 40%，噪声不应超过 85dB（A）。

(8) 加热、冷却测温装置应灵敏可靠，测温装置显示温度值与物料温度实测值误差不大于 ±3℃。

8.2.4 高速混合机操作过程中应注意哪些问题？

高速混合机操作应注意的问题主要有以下几方面。

（1）开机前需认真检查混合机各部位是否正常。首先应检查各润滑部位的润滑状况，及时对各润滑点补充润滑油。检查混合锅内是否有异物，搅拌桨叶是否被异物卡住。如需更换产品的品种或颜色时，必须将混合锅及排料装置内的物料清洗干净。检查三角带的松紧程度及磨损情况，应使其处于最佳工作状态。还应检查排料阀门的开启与关闭动作是否灵活，密封是否严密。检查各开关、按钮是否灵敏，采用蒸汽和油加热的应检查是否有泄漏。

（2）检查设备一切正常后，方可开机。开机时首先调整折流板至合适的高度位置，然后打开加热装置，使混合锅升温至所需的工艺温度。

（3）投料时严格按工艺要求的投料顺序及配料比例分别加入混合锅中，投料时应避免物料集中在混合锅的同一侧，以免搅拌桨叶受力不平衡。物料尽量在较短的时间内加入混合锅内，锁紧回转锅盖及各加料口。

（4）启动搅拌桨叶时应先低速启动，无异常声响后，再缓慢升至所需的转速。在高速混合机工作过程中严禁打开回转锅盖，以免物料飞扬。如出现异常声响应及时停机检查。

（5）在物料混合过程中要严格控制物料的温度，以避免物料出现过热的现象。

（6）物料混合好后，打开气动排料阀门排出物料，停机时应使用压缩空气对混合锅内壁、排料阀门进行清扫，再关闭各开关及阀门。

8.2.5 PVC物料混合时为何需热混合和冷混合装置串联使用？冷混合装置结构如何？

PVC物料混合时通常需热混合和冷混合装置串联使用，这主要是由于物料高速混合时为了能使组分充分吸收、渗透，通常需适当给物料加热，再加上物料在高速混合时的剪切、搅拌作用下会产生大量的摩擦热，这样应使得混合物料的温度较高。当混合好的高温物料不能及时进行下一步塑化而积存下来时：如果这些高温物料内部不能及时散热、降温，就会引起PVC的过热分解，甚至出现烧焦现象；如果物料在热混合后，再立即进行冷混合，就能使热混合的高温物料在较短的时间里均匀冷却，从而有效地避免PVC的过热分解现象，同时还可排除热混物料中的残余气体，并且使混合物料的组分进一步均匀化。

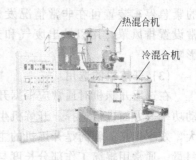

热混合机

冷混合机

图8-14 冷热混合机组合

冷混合装置的结构与普通的高速热混合装置基本相同，而且通常与热混合设备配套使用，如图8-14所示。工作时，混合锅夹套通水冷却，将热混合机混合好的热混物料加入混合锅内，在搅拌桨作用下使物料混合均匀。通常冷混合时，冷混合装置中一般通入冷却水进行冷却，冷却水的温度为0～20℃，物料冷却后的温度一般为40～60℃，搅拌桨工作转速一般在200r/min左右。

8.2.6 塑料混炼设备主要类型有哪些？开炼机的结构组成如何？开炼机应如何选用？

（1）塑料混炼设备主要类型

塑料混炼设备主要有开炼机、密炼机和挤出机等。开炼机结构简单，加工适用性强，经开炼机混合、塑炼的物料具有较好的分散度和可塑性，可用于造粒等。密炼机是密闭式操作的混炼塑化设备，相对于开炼机来说，密炼机具有物料混炼时密封性好、混炼条件优越、自动化条件高、工作安全与混炼效果好、生产效率高等优点。挤出机具有良好的加料性能、混炼塑化性能、排气性能、挤出稳定性等特点。

（2）开炼机的结构组成

开炼机通常主要由机座、机架、接料盘、前辊筒、后辊筒、挡料板、调距装置、传动装置、加热冷却装置和紧急停车装置等部件组成。其结构如图 8-15 所示。

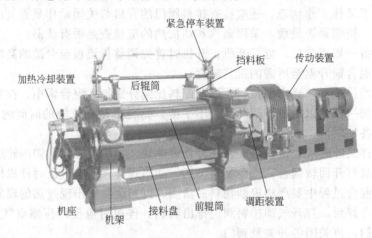

图 8-15　开炼机的基本结构

开炼机的前、后两辊筒分别在水平方向上平行放置，并且通过轴承安装于机架上。两个辊筒由传动系统传递动力，使其相向旋转，对投入辊隙的物料实现滚压、混炼。机架上安装有调距装置，以调节两个辊筒之间的距离，两辊间安装有挡料板以防止物料进入辊筒轴承内。辊筒内腔设有加热装置，由加热载体通过辊筒使混炼时辊筒能保持恒温。开炼机的紧急停车装置可在非常情况发生时迅速停机。由于开炼机是开放式的操作，故机器上通常设置排风罩，用以抽出废气和热气，以改善工作环境，减少有害气体对操作人员健康的影响。

（3）开炼机的选用

在选用开炼机时通常应根据开炼机的生产能力、辊筒直径与长度、辊筒线速度与速比、驱动功率等方面进行选择。开炼机生产能力是指开炼机单位时间内的产量（kg/h）。生产能力越大，效率越高。辊筒是开炼机的主要工作零件，辊筒工作部分长度与辊筒直径直接决定一次装料量。通常用辊筒工作部分长度与辊筒直径来表征开炼机的规格。辊筒直径是指辊筒最大外圆的直径，而辊筒长度是指辊筒最大外圆表面沿轴线方向的长度。一般开炼机的规格都已标准化，我国常用开炼机的规格及技术参数如表 8-3 所示。

表 8-3　我国常用开炼机的规格及技术参数

型　号	辊筒直径/mm	工作长度/mm	前辊线速度/(m/min)	速比	一次加料量/kg	电机功率/kW
SK-160	160	320	1.92～5.76	1:1.5	1～2	5.5
SK-230	230	630	11.3	1:1.3	5～10	10.8
SK-400	400	1000	18.65	1:1.27	30～35	40
SK-450	450	1100	30.4	1:1.27	50	75
SK-550	550	1500	27.5	1:1.28	50～60	95

辊筒线速度是指辊径上的切线速度。开炼机前辊的速度一般小于后辊速度，两辊筒速度之比简称速比。速比的存在可提高对物料的剪切塑化效果，同时使物料产生一个包覆前辊的趋势。前后辊的速比为 1.2～1.3。辊筒工作的线速度主要根据被加工材质、工艺条件及开炼机的规格与机器的机械化水平选取。辊筒的线速度与辊筒直径成正比，如表 8-4 所示。

表 8-4　辊筒直径与线速度

前辊直径/mm	辊筒线速度/(m/min)	前辊直径/mm	辊筒线速度/(m/min)
150~200	10~12	600~660	25~32
300~400	12~20	750~810	34~40
400~600	20~28		

开炼机是能耗较大的设备，合理确定其功率对机器选型、电机匹配及生产经济指标制定都很重要。开炼机的功率消耗通常与被加工材料的性能、辊筒规格的大小、加工温度、辊距大小、辊速、速比等有关。一般物料黏度大、辊筒规格大、温度低、辊距小、辊速大时，功率消耗大。

8.2.7　开炼机的操作步骤如何？操作过程中应注意哪些问题？

（1）开炼机操作步骤

① 开机前首先检查所有润滑部位，并且检查各传动部分有无阻碍，检查各部位有无泄漏。检查安全装置中安全片完好情况，以免在安全片损坏后继续使用调距装置造成不良后果。同时还必须检查制动装置的可靠性，空运转制动行程不得超过辊筒的四分之一圈。还应检查开炼机及周围环境是否清洁，以免将金属等杂物带入辊隙而损坏辊筒和设备等。

② 在开炼机启动时，应先调开辊距，把辊筒转速调低，启动油泵运转数分钟，使减速器获得充分润滑，再开动主电动机，低速运转辊筒。

③ 打开加热装置，使辊筒在低速运转中缓慢通入蒸汽，进行加热升温，直至工艺控制温度。

④ 调节辊距至合适位置，注意调节辊距时左右两端要均匀，不要相差太大，否则易损坏辊筒轴颈和铜轴瓦。调节两侧挡料板的宽度，保证混炼物料的幅宽和防止物料的外泄。

⑤ 投料。投料时应先沿传动端少量加料，待包辊完毕，再逐渐增加，以避免载荷冲击，引起安全片或速比齿轮的损坏。物料在混炼过程中应注意应不断翻动、折叠物料，以使物料混炼更加均匀，提高混炼效率等。

⑥ 停机时，应先停止加料，再关闭加热装置停止加热，然后调开辊距，卸下物料，调低辊筒的转速，让辊筒在低速运转中缓慢冷却。

⑦ 待辊温低于 70~80℃时停机，清扫设备和场地。

（2）操作注意事项

① 操作人员应注意保持周围环境清洁，以免将杂物带入辊缝中轧坏辊筒和机器，一旦有其他物品混入时，禁止用手或其他工具攫取，应立即拉动安全拉杆，使机器停车。

② 事故停车装置主要用于发生故障或事故时才用。注意，一般停车时不要使用，以免制动带磨损。

③ 投料时不要使用过小的辊距，并且两端辊距应尽量均匀，避免机器超载。

④ 辊筒的加热与冷却必须在运转中缓慢进行，不得在静止状态时进行加热和冷却。否则冷铸铁辊筒会因温度的突变而产生变形甚至断裂。另外，在加热时应使辊隙有一定距离，以防止辊筒受热膨胀，产生挤压变形。

⑤ 机器工作时，传动装置或运动部件若出现噪声、撞击声、强烈震动时应立即停车，检查处理，开炼机轴承、传动齿轮、速比齿轮等承载较大，操作中要经常检查其温升和润滑情况，保证良好的润滑。

⑥ 操作开炼机的劳动强度较大，温度高，有粉尘。所以应注意通风和劳动保护，设法减轻劳动强度。

8.2.8　开炼机应如何维护与保养?

开炼机的维护与保养主要包括机械、电气两部分。

(1) 机械部分的维护与保养

开炼机在使用过程中合理、科学地进行维护与保养是主要零部件免于受损破坏、延长机器使用寿命的必要条件。开炼机的辊筒、辊筒轴承、调距机架、机架及停车装置等均承受较大的载荷。通常机械部件的维护与保养主要有以下几方面。

① 要经常检查调距装置,检定刻度与实际辊距是否相符,以免造成左、右端辊距相差太大,从而造成辊筒轴颈和铜瓦的破坏。

② 每次开车前,应先启动油泵电动机,使减速机获得充分的润滑条件下才开动主电动机。在工作中要注意减速机的润滑情况,当压力表的压力过高或过低时,都应检查管路是否渗漏或堵塞,并且及时消除故障。

③ 万向联轴器要经常注意补加润滑油。若调距时万向联轴器有阻碍现象,则应及时检修。

④ 经常注意调节制动器制动轮间的间隙,以保证在使用事故停车装置时,辊筒继续转动不大于四分之一转。

⑤ 使用中要经常注意辊筒轴承的温升,其最高温度不应大于7℃。如果温度过高,应适当减少负荷量并补加润滑油,然后还应检查轴承润滑系统和轴承座冷却系统情况。

⑥ 每月至少检查1～2次减速机、万向联轴器以及辊筒轴承等。即打开视孔盖或盖板检查齿轮工作面情况及润滑油的清洁情况。

⑦ 新机器使用3个月后(以后每隔半年),至少要详细检查一次减速机、调距装置等使用情况,打开箱盖或盖板检查齿面或工作面有无麻点、擦伤、胶合等缺陷,齿轮、滚动轴及密封装置的磨损情况及润滑油的质量等。还应将减速机内壁进行清洗,换新油。

⑧ 如机器停用时间较长(如数十天),则应将减速机内及万向联轴器的润滑油及辊筒内部积水排除干净,并且在辊筒工作表面轴承等处涂上防锈油。

(2) 电气部分的维护与保养

① 定期检查控制柜内的各接触器及继电器等触点,其接触必须良好,动作灵活。如有烧损等情况,应及时加以修复。

② 注意各导线接头是否松动脱落,各电气设备的温升和绝缘是否符合标准,电磁铁制动器的动作是否灵活,运行是否可靠。

③ 确保各电气设备的外壳可靠接地。

④ 电气设备必须保持清洁,定期进行清扫和检修,并且检验绝缘电阻值。

⑤ 按电动机专用维护保养规则对电动机进行保养。

⑥ 按润滑细则要求进行定期加油及换油。

8.2.9　开炼机工作过程中为何突然闷车不动?应如何处理?

(1) 产生原因

① 温度出现下降,没有达到设定温度。

② 辊间加料太多,负荷太大。

③ 机械部件有故障。

(2) 处理办法

① 首先"反车",取出物料,待温度达到要求后,找出故障部位予以修理后再行开车。

② 检查辊筒温度,适当提高辊温。

③ 减少辊间的物料。

④ 检查机械部件，出现断裂、磨损等问题及时更换或修复。

8.2.10　辊筒轴承座的温度过高，是何原因？应如何解决？

(1) 产生原因

① 辊间加料太多，负荷太大。

② 辊筒水冷却通道不畅或冷却水温太高。

③ 润滑系统的润滑油太少或润滑系统故障，造成润滑不良。

(2) 解决办法

① 减少辊筒间的物料，降低开炼机的负荷。

② 检查冷却管路，清理或维修冷却管路。

③ 检查润滑油情况及润滑管路。

8.2.11　密炼机有哪些类型？结构如何？

(1) 密炼机的类型

密炼机有多种类型，按密炼机混炼室的结构形式，可分为前后组合式和上下组合式。按转子的几何形状，可分为椭圆形转子、三棱形转子和圆转子密炼机。椭圆形转子密炼机相对其他类型有更高的生产效率和塑炼能力，应用较为广泛。按转子转速大小，可分为低速密炼机（转子转速在 20r/min 左右）、中速密炼机（转子转速为 30～40r/min）、高速密炼机（转子转速大于 60r/min）。按转速的调节，可分成单速、双速和多速密炼机。

(2) 密炼机的结构

密炼机主要由密炼室和转子部分、加料和压料部分、卸料部分、传动部分及加热冷却系统、液压传动系统、气压传动系统、电气控制系统和润滑系统等组成。S(X)M-30 型密炼机的基本结构如图 8-16 所示。

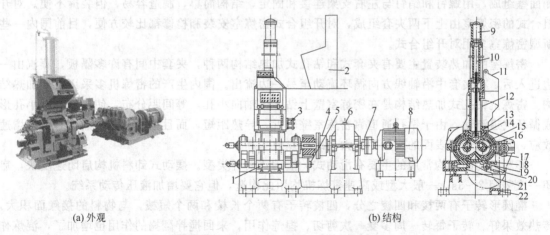

(a) 外观　　　　　　　　　　　　　(b) 结构

图 8-16　S(X)M-30 型密炼机的基本结构

1—卸料装置；2—控制柜；3—加料门摆动油缸；4—万向联轴器；5—摆动油缸；

6—减速机；7—弹性联轴器；8—电动机；9—氮气缸；10—油缸；11—顶门；

12—加料门；13—上顶栓；14—上机体；15—上密炼室；16—转子；17—下密炼室；

18—下机体；19—下顶栓；20—旋转轴；21—卸料门锁紧装置；22—机座

密炼室和转子部分一般包括密炼室、转子、密封装置等。密炼室壁是由钢板焊接而成的夹套结构，在密炼室空间内，完成物料混炼过程，夹套内可通加热循环介质，目的是使密炼室快速均匀升温来强化塑料混炼。

密炼室内有一对转子，转子是混炼室内塑炼物料的运动部件，通常两转子的转速不等，转向相反。转子固连在转轴上，转子内多为空腔结构，可通加热介质。密炼室转子轴端设有密封装置，以防止转动时溢料。常用的有填料式或机械迷宫式密封装置等。加料和压料部分处于密炼机上方，加料部分主要由加料斗和翻板门所组成。压料部分主要由活塞缸、活塞、活塞杆及上顶栓组成。上顶栓与活塞杆相连，由活塞带动能上下往复运动，可将物料压入密炼室，在混炼时对物料施加压力，强化塑炼效果。

卸料部分主要由下顶栓与锁紧装置组成。下顶栓与汽缸缸体相连，由汽缸驱动，使缸体底座上的导轨往复滑动而实现卸料门的启闭，锁紧装置实现卸料门锁紧或松开。下顶栓内部还可通入加热介质。

传动部分主要由电动机、弹性联轴器、减速齿轮机构、万向联轴器、速比齿轮等组成。电动机通过弹性联轴器带动减速机、万向联轴器等使密炼室中的两转子相向转动。密炼机加热冷却系统通常由管道及各控制阀件等组成，一般采用蒸汽加热。液压传动系统在密炼机中主要由叶片泵、油箱、阀件、冷却器和各种管道组成。气动控制系统的部件主要由压缩机、气阀、管道等组成，主要完成加压与卸料机构的动力与控制。电控系统主要由控制箱和各种仪表组成。

润滑系统主要由油泵、分油器和管道等组成，主要作用是完成对传动系统齿轮和轴承、转子轴承及导轨等各运动部件的润滑。

8.2.12 密炼机应如何选用？

生产中选用密炼机时，通常从结构形式和规格参数两方面综合考虑。

(1) 结构形式的选用

密炼室的结构通常有前后组合式和对开组合式两种类型。前后组合式由前后正面壁和左右侧面壁组成，用螺钉和销钉与左右支架连接和固定，结构简单，制造容易，但装拆不便。对开组合式的密炼室由上下两夹套组成，对开组合式密炼室安装和检修都比较方便，目前国内一些新型密炼室多用对开组合式。

密炼室的加热装置主要有夹套式和钻孔式加热结构两种，夹套中间有许多隔板，蒸汽由一边进入后，在夹套中沿轴线方向循环流动至另一边流出。国内生产的密炼机多采用夹套加热结构。密炼机钻孔式加热结构是在密炼室壁上钻多个轴向小孔，等间距分布，使蒸汽能沿小孔形成循环气道流动，由于钻孔通道靠密炼室壁较近，导热距短，而且钻孔通道中蒸汽有节流增速效应，蒸汽与金属表面的接触面积大，故导热效率高。

卸料机构的结构常用的主要有滑动式、摆动式两种类型。摆动式卸料机构启闭速度快，启闭一次需用 2~3s，一般大型或高速密炼机均用此构造，但它要增加液压传动系统。

椭圆形转子有两棱和四棱之分，四棱转子有两个长棱和两个短棱，与物料的接触面积大，传热效果好。转子每转一周多受一次剪切、捏炼作用，来回搅拌翻捣的作用也增加了，混炼作用加强，所以混炼效果远比两棱椭圆形转子好。

(2) 规格参数的选用

密炼机的规格参数主要包括生产能力、转子的转速、转子的驱动功率及上顶栓压力等。这些参数是选择和使用密炼机的主要依据。

密炼机生产能力与密炼机总容积及一次装料量有关，为了保证密炼效果，密炼机的装填量一般为密炼机总容积的 50%~85%。通常生产能力越大，密炼机的产量越大。

转子的转速是衡量密炼机性能的主要指标。密炼机工作过程中，物料所受的剪切作用的大小与转子的转速成正比，转子转速提高可增大混炼剪切作用，缩短混炼时间，从而可大大提高生产效率。

为了增强混炼的效果，通常密炼机两转子之间存在一定的速差，以椭圆形转子密炼机为例，两转子的速度比值（速比）一般为 $1 : 1.15 \sim 1 : 1.19$。

上顶栓对物料的压力对密炼机的工作效率和质量都极为重要，是强化混炼过程的主要手段之一。加大上顶栓的压力，可使一次加料量增大，并且可使物料与密炼机工作部件表面、各物料之间更加迅速接触，产生挤压，从而加速物料的混合。同时使物料之间及物料与密炼机各接触部件表面之间的摩擦力增大，剪切作用增强，从而改善了分散效果，提高了混炼质量，也缩短了混炼周期。但上顶栓压力过大会使物料填塞过紧而没有充分的活动空间，引起混炼困难。

上顶栓压力的取值可根据加工物料的软硬来选，一般硬料比软料取值大。目前常用的上顶栓压力在 $0.2 \sim 0.6MPa$ 之间，国际上较先进的密炼机也有用到 $1MPa$ 的。

8.2.13 密炼机应如何进行操作与维护？

(1) 密炼机的操作

① 开车前应检查传动、蒸汽、水等是否到位；润滑油位是否正常。

② 上顶栓移动是否灵敏，下顶栓关闭是否严密等。

③ 一切正常即可接通电源，通入蒸汽升温至所需温度，再保持温度恒定一段时间后方可投料。

④ 停机前需关闭蒸汽阀门，打开排气管排出回气，然后通冷却水让转子在转动过程中降温至 $50℃$ 方能正式关机。

⑤ 关机后需清理工作台，将上顶栓升起，插入保险销并打开下顶栓，关上加料门。

(2) 密炼机的维护

① 平时注意保持各运转部位处于良好的润滑状态，尤其是转子轴承和密封装置。

② 密炼机加料口应与负压通风畅通，应及时清理工作散出的粉料以维护环境清洁。

③ 密炼机应定期检修，平时应经常检修各连接与紧固件、密封装置、上下顶栓密封填料、各阀门与仪表。

④ 若设备长时间停止使用时，应在加热系统中将一个空气阀门打开，通入压缩空气，将部分残存的冷凝水排出。

⑤ 定期调整上顶栓及轴承间隙。检查齿轮箱，定期换油。按大修定期修复密炼室壁、转子，检修电机、轴承。

8.2.14 密炼机的自动密封装置是如何对密炼室侧壁进行密封的？密炼机的侧壁密封处漏料应如何处理？

(1) 自动密封装置的密封

为防止密炼机混炼时漏料，通常在密炼机的轴颈和密炼室侧壁间环形间隙处设置密封装置，常用的密封装置有内压端面自动密封式、液压式、填料式和机械式。密炼机密封装置的性能与使用寿命将直接影响塑料密炼质量与车间的环境。

密炼机工作时能自动密封轴颈和密炼室侧壁间环形间隙，如内压端面自动密封装置中套圈固定在转子轴颈上，套圈上套内密封圈，由压板、螺钉、弹簧固定，套圈随转子转动，外密封圈则通过一组螺钉固定在端面挡板上。挡板固定在机架上，表面堆焊耐磨合金。内密封圈、端面挡板与物料接触的表面镀铬。密封装置工作时由于密炼室中的物料向外挤压而产生较大的压力，使内、外密封圈紧密接触，以实现密封的作用，并且处于良好的密封状态。密封圈上有软化油入口和润滑油口，软化油可使密炼室漏出的物料变为黏状物（半流体）而使密封保持压力，润滑油可润滑内、外密封圈的接触处。密封装置的密封压力和密封程度一般可由密炼室内的压力来自动调节。

(2) 密封处漏料处理办法

密炼机的侧壁密封处如果出现密封件磨损或转子的轴颈磨损时，可能出现密封处漏料现象。生产中出现密封处漏料时应首先检查密封装置和转子轴颈，及时更换或修复密封装置、轴颈；其次检查密封圈上的润滑系统。

8.2.15　密炼机的密炼室内出现异常声响是何原因？应如何解决？

(1) 产生原因

① 转子与密炼室壁间的间隙不太小，产生了碰撞、刮擦。

② 间隙装置中青铜环破损，转子调隙失灵。

(2) 解决办法

① 调整合适转子与密炼室壁间的间隙。

② 更换青铜环。

8.2.16　密炼机工作过程中上顶栓动作为何失灵？应如何解决？

(1) 产生原因

① 上顶栓密封圈损坏。

② 气压不足。

③ 活塞磨损，密封性不好。

④ 上顶栓入口通道不畅通。

(2) 解决办法

① 更换密封圈。

② 修复活塞及电气设备。

③ 清理通道。

④ 维修压缩空气供应系统。

8.3　造粒及废料回收设备操作与疑难处理实例解答

8.3.1　切粒设备有哪些类型？有何特点？

(1) 切粒设备的类型

粒料的生产工艺不同，切粒装置的结构也有所不同，目前的切粒设备主要有料条切粒机、机头端面切粒机等类型。

(2) 不同类型的特点

料条切粒机的结构如图 8-17 所示，它主要由切刀、送料辊和传动部分等组成。工作时，熔体经条料机头或带料机头出来后进入水槽冷却，经脱水风干后，通过夹送辊按一定的速度牵引并送到切粒机中，在切刀的作用下，切成一定大小圆柱粒状。在切粒过程中，粒料的长度则是由送料辊的速度确定，通常牵引速度不应超过 $60\sim70\text{m/min}$，料条数目不超过 40 根。这种切粒机一般需与条料机头或带料机头的挤出机配合，料条需用强力吹风机干燥，切粒机具有多把切刀。其操作简单，适合一般的人工操作。但需要相对较大的空间，运转时噪声较大。

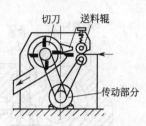

图 8-17　料条切粒机结构示意图

机头端面切粒是在熔体从机头挤出后，直接送入与机头端面相接触的旋转刀而切断，切断的粒料输送并空冷或落入到流水中进行水冷，是属于热切造粒。其结构简单，安装和操作简便，但颗粒易发生粘连。

8.3.2　机头端面切粒装置主要有哪些？各有何特点？

(1) 机头端面切粒装置的主要形式

机头端面切粒装置根据冷却方式和切刀形状的不同可分为中心旋转切粒空气冷却切粒、中心旋转切刀水冷切粒、平行轴式旋转刀水冷切粒、环形铣齿切刀水冷模头面切粒、水环切粒装置五种形式。

(2) 特点

① 中心旋转切粒空气冷却切粒　中心旋转切粒空气冷却切粒装置的结构如图 8-18 所示。其造粒方式简单，由于出料孔分布在一个或多个同心圆上，易产生粒料粘连现象，而且产量较低（约 100kg/h），只限于 HDPE 和 LDPE 的造粒。

② 中心旋转切刀水冷切粒　中心旋转切刀水冷切粒装置是一种应用较为普遍的造粒系统，旋转刀旋转切粒。为防止粒子间互相粘连，最后应落入水槽中冷却。出料孔分布在一个或多个同心圆上，要求出口平面比较大，所以机头体也就相应增大，但切刀的定位和制造较简单，采用弹簧钢刀片即可直接与模头面相接触。

③ 平行轴式旋转刀水冷切粒　平行轴式旋转刀水冷切粒装置类似中心旋转切刀水冷切粒系统，主要用于聚烯烃的切粒。其结构如图 8-19 所示。机头中心与旋转刀的轴心不同轴，互相平行。机头板较简单，在一个很小的横截面上可分布很多出料孔，出口平面和机头都较小，但切刀的结构要相对大些，而且与模头板之间要精确控制一定的间隙。

图 8-18　中心旋转切粒空气冷却切粒装置

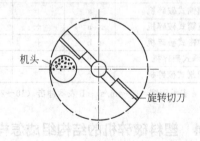

图 8-19　平行轴式旋转刀水冷切粒装置

④ 环形铣齿切刀水冷模头面切粒　环形铣齿切刀水冷模头面切粒装置是用螺旋铣齿切刀作切粒机构，机头的出料孔直线排列。适合所有热塑性塑料包括 PA、PET 和 PVC 的切粒。其结构如图 8-20 所示。

⑤ 水环切粒　水环切粒装置既可是垂直式又可是水平式。由于自机头出来的物料能在模头面被切断，切断后的粒料同时已经水冷，故不易产生粘连团。因机头与水直接接触，所以必须考虑密封。为防止切刀与模板间的磨损，模板的表面硬度要求比较高。粒料的形状可以是圆粒状、围棋子状或球状，长度由切刀速度确定，直径由出料孔径来定。其结构如图 8-21 所示。

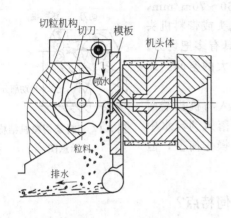

图 8-20　环形铣齿切刀水冷模头面切粒装置

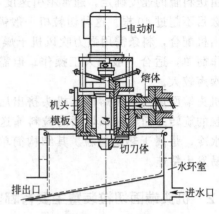

图 8-21　水环切粒装置

8.3.3　塑料破碎机有哪些类型？各有何特性？

塑料破碎机类型有很多，通常按破碎机所施加外力的种类可分为压缩式、冲击式和切割式三种类型，按破碎机的运动部件的运动方式可分为往复式、旋转式和振动式三种类型，按旋转轴的数目和方向可分为单轴式、双轴式两种类型，按破碎机的结构可分为圆锥式、滚筒式、叶轮式及锤式破碎机等，按机型设计分为卧式、立式破碎机。目前国内外使用较为普遍的塑料破碎机为单轴回转式剪切破碎机。

对于不同类型的破碎机，其结构和使用特性也是不同的，而且破碎的条件、粉碎物的粒度也有相当大的差别，因此在实际工作中要根据塑料的种类、塑料的物理性能，如强度、硬度、柔软性及脆性等来选择破碎机及其所用过滤网的尺寸和刀具的数量、角度等。几种常用塑料破碎机的使用特性如表 8-5 所示。

表 8-5　几种常用塑料破碎机的使用特性

破碎机类型	施力方式	被粉碎物料					破碎品粒度/mm	磨耗程度		
		脆弱	坚韧	橡胶状	纤维状	柔弱		大	中	小
压碎机	a	+					15～500		+	
圆锥式破碎机	a	+					10～100			+
滚筒式破碎机	a	+	+		+	+	>20		+	
冲击式破碎机	b	+	+		+		>30		+	
锤式破碎机	b		+				>20			+
切割式破碎机	c	+	+	+	+		1～10	+		

注：a 表示压缩（0～4m/s）；b 表示冲击（10～200m/s）；c 表示切割、剪断；+ 表示与该项物料特性相对应。

8.3.4　塑料破碎机的结构组成怎样？工作原理如何？

（1）塑料破碎机的组成

塑料破碎机的组成通常都包括进料仓、剪切装置、机座、机架、筛网、出料仓等部分，如图 8-22 所示。

① 进料仓　进料仓的作用是添加物料，以及防止物料在破碎过程中碎片的飞溅。一般由板材焊接而成，并且用螺栓固定在机架盖上。较先进的进料仓采用双层结构，中间充填隔声材料，使破碎机的噪声明显减少。

② 剪切装置　剪切装置由旋转刀、固定刀、筛网等组成。旋转刀具有锐利的刃口；在破碎室内壁上亦装有固定刀，通过刀具的相对运动将破碎物剪断。根据筛网上筛孔的大小，可以

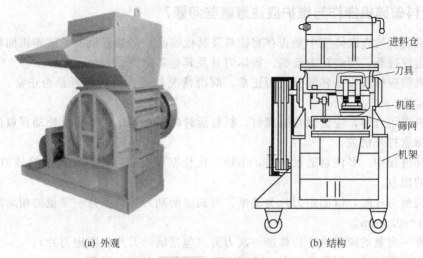

(a) 外观　　　　　　　　　　　　　(b) 结构

图 8-22　塑料破碎机

得到各种粒度不同的破碎物。旋转刀基本有平板刀片和分片螺旋式刀片两种形式，如图 8-23 和图 8-24 所示。其中分片螺旋式的刀体组装形式破碎力大，适用范围广。

由于废旧塑料中的杂质含量多，在破碎过程中很容易被磨损，若是使用磨损大的刀具，则会出现大尺寸的破碎片，降低破碎机的产量，同时在再生利用时还会带来加料和输送的困难，如后续挤出造粒。因此刀具必须有足够的耐磨性和硬度等。为了保持刀刃的锋利，每破碎一定量的塑料后应对刀刃进行修磨。

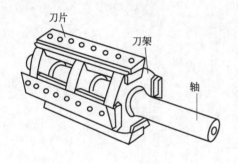

图 8-23　平板刀片

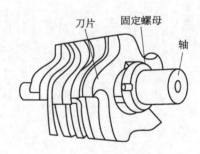

图 8-24　分片螺旋式刀片

筛网是保证破碎得到粒度大小合适的破碎物，破碎机的产量是随筛网孔尺寸的增大而提高的；而比能耗则随筛网孔尺寸的增大而降低。但筛网孔尺寸较大时，会得到颗粒大、松密度较低的破碎物，这会影响到后续挤出造粒等。

③ 机座及机架　机座一般采用铸件，用以支承、安装旋转刀轴。机座上、下盖用铰链连接，上盖可自由开启，便于维修及调整旋转刀、固定刀。机座下边装有筛网。机架由角钢焊接而成，是连接、支承所有零件的基础。其底部装有活动轮架，便于设备的安装、移动。出料仓由板材焊接而成，其作用是集装破碎物。

(2) 塑料破碎机的工作原理

塑料破碎机在工作时，由电动机经传动装置驱动旋转刀轴旋转，使安装在旋转刀轴上的旋转刀与固定在机座上的固定刀组成剪切副，当需破碎废旧塑料经进料仓进入破碎室时，在旋转刀与固定刀的不断剪切作用下逐渐被剪碎，当剪碎后的物料粒度小于筛网孔径时，经筛网筛滤后经出料仓被挤出，最后装袋包装即得到一定粒度大小的破碎废旧塑料。

8.3.5 塑料破碎机操作与维护应注意哪些问题？

（1）开机前应检查破碎室中是否存有物料及其他物品，严禁开机前给破碎机加料，以免启动时电动机出现过载，而烧坏电动机、损坏刀具及其他零部件。

（2）开机前应检查设备各部分是否正常，润滑情况如何，机器声音是否正常，发现异常，应立即停车检查。

（3）上机壳闭合后，应紧固止退螺钉，机器运转时，止退螺钉不得有松动现象出现。开机过程中不得随意打开机盖。

（4）破碎过程中，要注意适量加料，不得一次性塞满破碎室，以免造成旋转刀具被卡死，而出现过载的现象。

（5）在调整刀片时，以固定刀片为基准，可调整活动刀片，保持一定量的相对间隙。一般间隙量为 0.1～0.3mm。

（6）破碎一定量的废料后，应修磨一次刀刃（包括活动刀片和固定刀片）。

（7）停车后进料斗内不得有存料，应对刀片周围的物料进行清理。

（8）应经常清洗机器的外壳，每3个月必须按时检修、拆洗零件，检查密封圈与轴承的磨损程度并及时更换零件。整机一般一年大修一次。

参 考 文 献

[1] 刘廷华. 塑料成型机械使用维修手册. 北京：机械工业出版社，2000.
[2] 周殿明. 塑料挤出工艺员手册. 北京：化学工业出版社，2008.
[3] 于丽霞，张海河. 塑料中空吹塑成型. 北京：化学工业出版社，2005.
[4] 刘西文. 塑料挤出成型技术疑难问题解答. 北京：印刷工业出版社，2012.
[5] 北京化工学院，天津科技大学合编. 塑料成型机械. 北京：中国轻工业出版社，2004.
[6] 吴念. 塑料挤出生产线使用与维修手册. 北京：机械工业出版社，2007.
[7] 赵义平. 塑料异型材生产技术与应用实例. 北京：化学工业出版社，2006.
[8] 吴梦旦. 塑料中空吹塑成型设备使用与维修手册. 北京：机械工业出版社，2007.
[9] 吴清鹤. 塑料挤出成型. 北京：化学工业出版社，2009.
[10] 杨安昌. 塑料异型材制品缺陷及其对策. 北京：化学工业出版社，2006.

参 考 文 献

[1] ...
[2] ...
[3] ...
[4] ...
[5] ...
[6] ...
[7] ...
[8] ...
[9] ...
[10] ...